KB073282

손자병법

정독

일러두기

역주 부분의 표점과 원전 정리, 체제와 구성, 역주 내용은 다음의 원칙하에 진행하였다.

1. 표점 작업은 어절과 어절의 사이에는 쉼표[,], 한 문장이 끝나는 종류에 따라 콜론[:], 마침표[.], 쉼표[,], 물음표[?], 느낌표[!], 병렬어가 계속될 때에는 가운데 점[·], 단어·구절·문장의 강조와 인용이 필요할 경우에 따옴표[" ", ' '], 서명은 『 』, 편명은 「 」로 표시한다.

2. 독자들이 언제어디서든 글의 위치를 정확하게 파악하는 데 도움을 주기 위하여 글이 시작되는 각 문단의 앞에 편명과 숫자(예컨대 「계」1-1, 「지형」10-1 등)를 표시한다.

3. 번역은 원문과 주석 내용 모두 절대적으로 직역을 원칙으로 하였으며 직역으로 인해 발생할 수 있는 이해의 불철저함을 돕기 위해 필자가 보충한 내용은 반드시 ()로 표시하여 그 안에 넣었고, 역주 부분에서 인용한 역대 주석가들의 주석은 따옴표[" ", ' ']로 처리한다.

4. 『孫子兵法』의 체제와 구성에 관한 원전정리 작업은 『十一家注孫子校理』(1999年)를 기본 텍스트로 삼아서 편집하고, 주로 銀雀山漢墓 『竹簡本』과 曹操의 『魏武帝註孫子』, 宋代의 『武經七書-孫子』 등을 비교하였다. 따라서 본문의 끊어 읽기는 거의 전적으로 『十一家注孫子校理』의 체제에 의거해서 통일성을 기하고, 굳이 끊어 읽기가 불필요한 부분은 〈역주〉에서는 하지 않는다.

5. 역주 작업은 위의 네 번째 항의 자료 이외에도 李零이 책임 편집한 『《孫子》古本硏究』(北京大學出版社)의 銀雀山 漢簡本, 曹操注集校, 杜佑注集校의 古注集校와, 楊丙安이 校理한 『十一家注孫子校理』의 曹操의 『孫子略解』, 梁나라의 『孟氏解詁』, 唐나라의 李筌, 杜牧, 陳皥, 賈林, 宋나라의 梅堯臣, 王皙, 何延錫, 張預, 杜佑의 『通典』本 『孫子兵法』, 淸나라 孫星衍의 주석과 더불어, 明나라 劉寅의 『孫武子直解』(『武經七書-中國古代兵法經典』, 歐陽軾 主編, 三環出版社, 1991年/韓國國立中央圖書館 소장본, 成百曉 外 譯註, 전통문화연구회), 그리고 郭化若의 『孫子今譯』(上海人民出版社), 周亨祥의 『孫子全譯』(貴州人民出版社) 등을 비교 소개하며, 필자의 주석을 제외한 주석인용 내용은 모두 출처를 밝힌다.

고전의 향기 ④

손자병법 정독

김예호 역주

(주) 삼양미디어

저 자 서 문

중국의 고대문화를 이해하는 데 매우 중요한 고전인 『손자병법』은 역대로 많은 중국인들에게서 사랑을 받았을 뿐만 아니라, 중국을 벗어난 여타 지역의 독서인들에게도 매우 높은 관심의 대상이었다. 그동안 발표된 『손자병법』에 대한 연구 자료가 약 2천여 종에 이르는 것을 통해서도 알 수 있듯이 시공간을 불문하고 『손자병법』은 중국문화가 파급되는 흐름을 따라서 동서양을 막론하고 유행하였다. 그리고 한국인들도 언제 어디서 들었는지 확실하지 않더라도 누구나 『손자병법』의 한 구절 정도는 접해보았을 것이다. 그리고 그 한 구절을 접하고 나면 각자 사는 일에 치여 하는 일이 바쁠지라도 막연하게나마 언젠가 시간을 꼭 한번 내어 읽어보리라 하는 마음을 들게 하는 매력적인 고전이다. 그러나 막상 『손자병법』을 접하고 나면 죽고 사는 문제를 다룬 병법서의 면모를 유감없이 체험하게 해줌으로써 애초의 가볍게 읽어보리라 생각했던 마음이 어느덧 사라지고, 책을 읽어내려가는 내내 꼬리에 꼬리를 물며 일어나는 여러 생각들로 인해 묘한 번민마저 더해준다.

필자가 『손자병법』을 본격적으로 연구해보리라 마음먹은 것은 석사과정 때였다. 당시 필자는 유가와 도가 위주의 한국 동양철학계의 단조로운 학풍에서 벗어나 뭔가 새로운 학문적 시도를 해야겠다고 고민하던 차에, 마침 한(漢)나라 시대 고분에서 출토된 대량의 죽간(竹簡)의 정리 작업이 한 단계 마무리되었다는 중국학계의 소식을 접하였다. 필자는 출토된 자료 중 병가(兵家)에 관한 죽간(竹簡)을 연구하리라 마음먹었지만, 당시 학문 외적인 개인적인 일들과 사회적 상황들은 차분하게 나에게 죽간본을 연구할 시간을 허락하지 않았고, 결국은 서둘러 도망치듯 석사논문을 내고서 박사과정에 입학하였다. 그러나 박사과정 입학 후에도 연구원에 근무하게 됨으로써 당시 본교 인문학 근간사업이었던 『한국경학자료집성』 편찬사업을 비롯한 연이은 학술지와 연구서 발간, 학술대회 개최준비 등으로 바쁜 나날을 보내면서, 어느덧 『손자병법』에 대한 애초의 관심과 기억은 점점 흐릿해져 갔다. 연구원을 퇴직한 이후에도 중국 유학 준비와 박사논문 작성 그리고 연이은 한국연구재단 R&D사업 수행으로 인해 죽간본(竹簡本)에 대한 연구 기회를 마련하기가 생각만큼 쉽지 않았다. 그리고 한참의 시간을 지나 지금 짧은 시간 동안 집중해서 『손자병법』을 읽고 있다 보니 젊은 날에 대한 감회가 새삼스럽다.

이 책의 기획 의도에 대해서는 일러두기를 보면 대강 파악할 수 있겠지만 몇 마디를 더 보태자면 다음과 같다.

우선, 이 책은 통행본과 현존하는 가장 오래된 자료인 죽간본(竹簡本)을 비교 대조하는 작업과, 현재까지 『손자병법』에 관한 한 최초의 주석가라 할 수 있는 조조(曹操)의 간단명료하고도 함축적인 주석을 역주 부분에서 최대한 다루고자 하였다. 또한, 조조(曹操) 이래로 진행된 중국의 대표적인 학자들의 주석을 간략하게나마 소개하여 독자들이 역대 『손자병법』 주석

(註釋)에 대한 흐름을 자연스럽게 접할 수 있게 하였다.

반면, 역대 학자들의 주석들 중에서 『손자병법』의 사상적 세계관에 대한 문맥의 고려 없이 유학자들의 습관적인 글쓰기 버릇에서 비롯한 주석 내용의 경우에는 부득이한 경우를 제외하고는 지양하였다. 예컨대 손무가 말한 인의(仁義)를 유가적 관점의 도덕개념으로 습관적으로 해석하는 것이 그러한 예이다. 손무가 말하는 인(仁)은 유가에서 말하는 전통적 도덕 법규인 예(禮)를 준수하자는 것이 아닌, 상(賞)을 두텁게 하여 병사들을 위무하는 것이고 의(義)는 일의 결단력을 의미한다. 즉, 묵자(墨子)가 '열 사람한테는 각기 다른 열 가지의 의로움이 있다(十人十義)'고 말하였듯이, 동양철학에서는 같은 글자라도 사상가들마다 지향하는 세계관에 따라 모두 다른 의미가 부여된다는 점에서 역주 작업 또한 그들의 사상적 세계관에 대한 이해가 선행되어야만 문헌의 진의를 제대로 전달할 수 있다. 부연하면, 문헌의 작자인 사상가의 고유한 사상적 세계관에 대한 포괄적 이해가 선행될 때 그 문헌에 대한 역주작업 또한 비로소 저자의 본의를 올바르게 반영해 낼 수 있다. 따라서 필자는 이 점에 주의하여 제1부에서 각 학파의 사상적 세계관과 전쟁관념을 배경으로 『손자병법』이 지니는 고유한 사상적 세계관에 대해 간략하게나마 살펴보았다.

이전에 필자가 『한비자 정독』을 출판할 때 될 수 있으면 전공자가 아닌 일반 독자들도 쉽게 접할 수 있도록 서술하고자 노력하였지만 막상 책이 출간되자 역주자의 여전한 불성실함이 문제였는지 많은 독자들이 더욱 쉽게 풀어써 줄 것을 요구하였다. 이번에는 일반 독자들의 요구를 수용하고자 최대한 인내력을 유지하는 가운데 제2부 역주 부분의 경우에는 구절 하나하나 풀어서 해설하려고 노력하였다. 단지 제1부는 사상을 다룬 부분이라 전공자가 아닌 일반 독자들이 다소 어렵게 받아들일까 조금은 필자의 걱정이 앞서고, 제2부의 원전을 번역한 본문과 주석가들의 주석을 번역한 내용 또한 모두 절대 직역을 원칙으로 작업하였기 때문에 일반 독자들이 조금은 딱딱하게 받아들일 수도 있겠다는 생각이 든다. 그러나 한편으로 이런 경우를 대비해서 필자는 본문에 최대한 많은 역주를 달고 다시 풀이하여 소개함으로써『한비자 정독』이 출판된 후 일반 독자들이 요구한 사항을 모두 수용하고자 노력하였다. 즉, 한자에 대한 기초 상식이 전혀 없는 일반 독자라도 이해하는 데 전혀 무리가 없게 서술해야 한다는 생각을 작업하는 내내 필자는 곱씹으며 역주작업을 하였다.

마지막으로 동양철학을 전공하려는 독자들이 만약 이 책을 접하게 된다면,『손자병법』,『노자』,『한비자』를 비교하며 주의 깊게 한번 살펴보길 권한다. 곧 혹여 노자(老子)의 사상이『손자병법』의 허실(虛實)을 비롯한 변화 내지 변증관념의 영향을 받는 가운데 안티테제로 형성된 것이 아닌지, 그리고 손무가 강조한 장수의 은밀한 용병술(用兵術)의 내용과 세(勢)의 창출에 관한 전략이 선행법가인 신불해(申不害)와 신도(愼到)를 경유하여 한비자에 이르러 술치론(術治論)과 세치론(勢治論)으로 체계화된 것은 아닌지 등등, 이와 같은 내용을 비교하며 전문적으로 살펴보는 것도 동양철학 전공자라면 한 번쯤 시도해볼 만한 연구 주제가 아닌가 하는 생각을 개인적으로 해보며 글을 마친다.

역주자 **김 예 호**

손자병법 정독

제2부 『손자병법』 역주

고전의 향기 청고고아(清古高雅)

孫子兵法

제 1 부

손무와 『손자병법』

제 1 장

손무(孫武)의 생애와 사적

『손자병법(孫子兵法)』의 저자는 춘추(春秋)시대 말기에 접어들 무렵 오(吳)나라에서 활동한 제(齊)나라 출신의 손무(孫武, 기원전 559년~?)이다. 그는 공자(孔子)보다 7년 앞선 기원전 559년에 태어나 중국 춘추시대에 활동한 인물로서 제(齊)나라 전씨(田氏) 집안 출신이다. 본래 전씨(田氏) 집안 출신인 그가 손(孫)씨 성을 지닌 것은 그의 조부인 전서(田書)가 전쟁에서 세운 공로를 인정받아 제(齊)나라 경공(景公)으로부터 손(孫)이라는 성(姓)과 낙안(樂安) 지역을 하사받은 데서 유래한다.

손무는 기원전 517년경 가문의 내분으로 자신의 고향인 제(齊)나라를 떠나 오(吳)나라로 건너가게 되는데, 기원전 515년경 오나라에서 관직에 등용되고 기원전 512년 무렵 그의 출중한 능력을 알아본 오나라 재상 오자서(伍子胥, ?~기원전 484년)의 추천으로 당시 오나라 제24대 왕 합려(闔廬, 기원전 544년~기원전 496년, 재위 기간 기원전 514년~기원전 496년)를 대면한다. 오나라 왕 합려는 손무를 처음 대면하는 자리에서 그의 능력을 시험해 볼 요량으로 제안을 하나 하는데, 이 내용은『사기(史記)』를 비롯해 손무를 소개하는 대부분의 중국 문헌에 단골로 등장하는 장면이다.

『사기(史記)』에서는 손무의 사적에 대해서 많은 분량을 할애하고 있지 않지만 손무와 오나라 왕 합려가 처음 대면하는 장면에 대해서만큼은 비교적 자세하게 서술한다.

손무가 지은 병법서 13편을 본 오나라 왕 합려는 손무를 처음 대면하는 자리에서 그의 능력을 시험해 볼 생각에 그의 용병술이 부녀자를 대상으로도 통할 수 있는지 보고 싶다고 말한다. 손무가 그 제안을 수락하자 합려는 궁녀 180명을 불러 모은 뒤 그의 용병술을 보여줄 것을 부탁한다.

합려의 부탁을 받은 손무는 모인 궁녀들을 우선 두 편으로 나눈 후 합려가 가장 총애하는 애첩 두 명을 각각 두 편의 대장으로 삼는다. 그리고 모든 궁녀들에게 창을 들게 하고는 명령을 내리는데, 우선 군령의 내용이 무엇인지를 설명하고 궁녀들이 모두 알았다는 확답을 받은 뒤에 군령을 선포하지만 궁녀들은 그것을 장난으로 알고 크게 웃기만 하였다. 그러자 손무는 형벌용 도끼(鈇鉞)를 갖추어놓고서 결정된 군령의 내용에 대해서 다시 여러 차례 되풀이하여 설명했지만 궁녀들은 여전히 장난으로만 여겼다. 손무가 "군령이 분명하게 전달되지 않고 호령이 숙달되지 않은 것은 장수의 잘못이다."라고 하고서 다시 반복해서 설명하길 여러 차례 한 후, 북을 치면서 구령을 내리지만 여전히 궁녀들은 크게 웃기만 할 뿐이었다. 이에 손무는 "군령이 분명하지 않고 호령이 숙달되지 않은 것은 장수의 잘못이지만, 군령이 이미 분명함에도 불구하고 구령대로 따르지 않는 것은 두 편의 대장 잘못이다."라고 하며 좌우 양쪽의 대장으로 삼은 애첩을 참수하려 하자, 누대 위에서 이 광경을 지켜보던 합려는 급히 전령을 보내 손무의 용병술이 능하다는 것을 충분히 알았으니 자신이 아끼는 두 명의 애첩만은 죽이지 말아달라고 간청한다. 그러자 손무는 임금의 명을 받은 장수가 군중에 있을 때에는 임금의 명이라도 받들지 않을 경우가 있는 것이라 하고서, 대장인 두 애첩을 참수하여 군령을 불복종한 본보기로 삼는다. 그 모습을 지켜본 궁녀들은 이후 군령이 하달되자 일사불란하게 움직였고 이를 확인한 손무는 전령을 보내 합려에게 직접 그들을 시험해보도록 권하지만 손무의 처사에 이미 기분이 상할 대로 상한 합려는 그의 제안을 거절한다. 그러자 손무는 합려에게 "왕께서는 단지 저의 이론만을 좋아하실 뿐 저의 실제를 사용하실 줄은 모릅니다."라고 말하자, 그 말을 들은 합려는 손무의 용병술을 인정하고 마침내 그를 장군으로 삼는다. 그리하여 오나라는 서쪽으로 강국인 초(楚)나라를 격파하고 초나라의 수도인 영(郢)에 진입하였으며, 북쪽으로 제(齊)나라와 진(晉)나라를 위협하여 제후들 사이에 명성을 드날렸는데 여기에는 손무의 힘이 컸다.

이상과 같이 『사기』에서는 손무와 합려가 처음 만나 벌어지는 일화에 대해 많은 분량을 할애하고 있는 반면 손무의 사적에 대해서는 말미에서 간략하게 소개하는 데 그친다.

손무의 기록이 나오는 다른 문헌들을 참고하여 그의 행적에 대해서 좀 더 살펴보면, 기원전 512년 손무는 오나라의 장군 곧 군사(軍師)가 되자마자 체계적으로 오나라 군제를 개편하고 병사들을 훈련시키며 군사력을 양성하는 데 힘쓴다. 손무가 군사가 된 후 거의 7년 가까이 온 힘을 쏟은 결과 오나라는 당시 대국인 초나라를 공격할 만한 전력을 갖추게 된다. 손무가 군사가 된 후에 오나라와 초나라 사이에는 잦은 전쟁이 있었지만 대부분이 비교적 소규모 전쟁이었다. 기원전 506년에 이르러 손무는 초나라와 전면적으로 전쟁할 준비가 충분히 되었다고 판단하고 합려와 오자서와 함께 약 6만 명의 군사를 이끌고 초나라 정벌을 본격적으로 개시한다.

초나라 정벌에 나선 6만의 오나라 군대는 군사(軍師)인 손무의 전략에 의해 초나라 소왕(昭王)의 20만 대군에게 연전연승을 거둔다. 오나라는 백거전투(栢擧戰鬪)에서 초나라에 결정적 승리를 거둠으로써 그 수도인 영도(郢都)를 함락시키기에 이른다. 초나라에 승리를 거두고 그 수도까지 함락시킨 오나라 왕 합려는 초나라의 수도인 영도의 화려함에 푹 빠져 거의 1년 동안 환락에서 빠져나오지 못한다. 그러던 중 북쪽의 진(晉)나라가 적극적으로 개입하려는 움직임을 보이고 월나라가 군주가 자리를 비운 오나라의 수도를 기습 공격했다는 소식을 듣고 합려는 급히 자신의 나라로 회군한다. 초나라로부터 회군한 뒤 오나라는 강력한 군대를 바탕으로 당시에 강국으로 군림하던 중원 이북의 제(齊)나라와 진(晉)나라를 끊임없이 위협하며 춘추시대 패자로서의 위세를 떨친다. 즉, 오나라가 초나라를 정벌한 사건을 기점으로 오나라는 제후국들의 중심에 위치하게 되었고, 이후 중원의 패권을 다투는 오나라와 월나라의 지난한 전쟁은 춘추시대 말기를 대표하는 역사적 특징으로 자리하게 된다.

손무의 전략으로 초나라와의 전쟁에서 대승을 거둠으로써 바야흐로 오나라 왕 합려는 춘추의 패권을 거머쥐고 제후국들 사이에서 패자로서의 지위를 누리면서 점차 자만해진다. 그는 손무의 반대에도 불구하고 제위 19년인 기원전 496년 무리하게 월(越)나라 정벌을 나선다. 합려는 월나라 왕 윤상(允常)이 죽었다는 소식을 듣고 월나라가 국상으로 어수선할 것이라는 판단 하에 승리를 자신하며 월나라 정벌에 나선다. 그러나 합려(闔閭)는 월나라 왕 윤상의 뒤를 이어 왕위에 오른 그의 아들 구천(勾踐, ?~기원전 465년, 재위 기간 기원전 496년~기원전 465년)에게 대패하고 자신도 전투 중 화살에 맞아 중상을 입고 결국 부상의 후유증으로 사망한다. 합려는 죽으면서 그의 아들 부차(夫差, ?~기원전 473년)에게 원수인 월(越)나라를 절대 잊지 말고 복수할 것을 부탁한다.

아버지 합려의 뒤를 이어 왕위에 오른 오나라 제25대 왕 부차는, 아버지를 죽인 월나라에 대한 복수를 다짐하고 월나라에 당한 치욕을 잊지 않기 위해 가시덤불로 된 장작더미 위에서 잠을 자는 '와신(臥薪)'의 고통을 자처한다. 또한 부차는 자신의 신하들에게 자기 방에 들어올 때는 월나라 왕 구천이 너의 아비를 죽였다는 것을 잊어서는 안 된다는 부왕의 유명을 외치게 하였고 그때마다 부차는 복수를 다짐하며 대답하길, 결코 잊지 않고 3년 안에 꼭 원수를 갚겠노라 외쳤다. 당시 손무와 오자서는 합려가 사망한 후에도 여전히 아버지의 복수를 다짐하는 그의 아들 부차(夫差, ?~기원전 473년)의 곁에 계속 남아 보좌하면서 오나라의 군사력을 재정비하고 국력을 양성하는 데 온 힘을 기울인다.

한편 오나라와 전쟁에서 승리한 지 2년이 지난 후에 월나라 왕 구천은, 오나라 왕 부차가 아버지의 복수를 위해 군사력을 양성하며 월나라를 침공할 기회만을 시시탐탐 엿보고 있다는 정보를 접하고서, 당시 월나라 군사(軍士)인 범려(范蠡)의 만류에도 불구하고 오나라 정벌에 나선다. 그러나 구천은 오나라의 군사인 손무의 지략에 말려들어 대패하고 회계산(會稽山)으로 도망가지만 이내 오나라 군사들에게 포위된다. 이때 구천에게 전쟁을 만류했던 월나라의 현명한 군사인 범려는 자신의 왕인 구천의 목숨을 구하기 위해 하나의 계략을 낸다. 그 계략은 바로 월나라 대부 문종(文種)을 시켜서 재물을 밝히기로 소문난 오나라 재상 백비(伯嚭)를 뇌물로 매수한 후 그의 도움을 받아 자신의 왕인 구천의 목숨을 구하는 것이었다. 이러한 범려의 계획은 예상대로 적중한다. 월나라가 부차에게 항복을 청원하며 구천의 목숨을 보전해줄 것을 간청하자 손무와 오자서는 후환을 남겨서는 안 된다고 여러 차례 부차에게 진언을 하며 반대한다. 그러나 월나라로부터 뇌물을 받고 이미 매수된 재상 백비가 부차를 설득하자, 부차는 백비의 말을 듣고서 월나라의 항복 청원을 받아들이는 것뿐만 아니라 구천의 목숨마저 보전해주면서 그의 귀국을 허락한다.

손무는 합려와 그의 아들인 부차 두 세대에 걸쳐 오나라 왕을 보좌하면서 오나라를 춘추시대 패자로 만들었지만 그가 보좌한 왕들은 그가 거둔 성과를 보존할 능력이 못되었다. 손무와 오자서의 도움으로 월나라와 전쟁에서 승리하여 아버지 합려의 복수를 하는 데 성공한 오나라 왕 부차는 춘추 패자의 지위에 오른 이후 점차 독선적으로 정사를 처리하고 충신보다는 백비 등과 같은 간신의 무리를 가까이하였다. 점차 변해가는 부차의 모습을 곁에서 지켜보던 손무는 오나라의 멸망을 예감하고 관직을 버린 후 자취를 감춘다. 그가 오나라의 관직을 버리고 떠난 이후의 행적에 대해서는 지금까지 정확한 기록이 전해지지 않는다. 오나라 관직을 버린 후 손무의 행적에 대하여 그가 부차에게 그전에 처형당했다는 설, 오나라의 산림에 은거하며 기원전 504년 『손자병법』 82편 6천 80자를 완성했다는 설, 고국인 제나라로 돌아갔다는 설들이 무성하지만 이 또한 모두 정확한 기록은 아니다.

손무가 떠난 이후 오나라는 그의 예상대로 패망의 길로 빠르게 접어든다. 오나라 왕 부차는 미인계를 쓰기 위해 월나라에서 보내준 미녀 서시(西施)에 빠져 방탕한 생활을 일삼고 간신들의 말에만 귀를 기울이며 정사는 돌보지 않으며 세월을 보낸다. 한편, 회계산에서 범려의 지략으로 간신히 목숨을 구한 월나라 왕 구천은 자신의 나라로 돌아간 후 항상 자신의 자리 옆에 쓸개를 놓아두고 맛보면서(嘗膽) 회계산의 치욕을 복수하겠다고 다짐하며 군사력을 양성한다. 그 와중에 부차는 간신들의 모함을 믿고 손무가 떠난 후에도 여전히 그의 곁을 지키고 있던 충신 오자서마저 죽이는 결정적인 잘못을 범한다. 그의 아버지인 합려를 왕위에 오르게 하고 부차의 복수까지 도운 오자서를 죽였다는 정보를 들은 구천은, 회계산에서 치욕을 당한 지 12년이 지난 기원전 482년 몸소 군사를 이끌고 오나라 정벌에 나선다. 손무가 떠나고 오자서마저 죽고 난 후 오나라는 본격적으로 쇠퇴의 길에 들어서다 결국 초나라와 월나라의 연이은 침공으로 부차가 재위한 지 23년 되던 해인 기원전 473년 월나라 왕 구천에 의해 멸망된다.

제 2 장

❖

『손자병법(孫子兵法)』 문헌 해제

그동안 학계에서는 『손자병법』의 저자에 대해서 손무인지 그의 후손인 손빈(孫臏)인지에 대해 설왕설래하며 많은 논의가 있었다. 그러나 1972년 4월 중국 산동(山東)성 임기(臨沂)현 은작(銀雀)산에서 기원전 140년에서 기원전 118년 사이에 조성된 것으로 추정되는 두 개의 한(漢)나라 시대 무덤에서 대량의 죽간(竹簡)들이 출토되었는데, 그 속에서 저자가 각기 다른 두 권의 『손자병법』 죽간본이 함께 발견됨으로써 『손자병법』의 저자에 대한 논쟁은 일단락된다.

과거 동한(東漢)시대 학자인 반고(班固)의 『한서(漢書)』「예문지(藝文志)」에서는 "『오손자병법(吳孫子兵法)』은 82편, 『제손자병법(齊孫子兵法)』은 89편"이라고 기록하고 있다. 즉, 오손자는 손무를 가리키고 제손자는 손무의 후손인 손빈를 가리키는 것으로서 『오손자병법』은 제나라가 고향이지만 기원전 6세기와 5세기에 걸쳐서 오나라에서 활동한 손무의 저술을, 『제손자병법』은 기원전 4세기 무렵 전국시대의 제나라에서 활동한 손빈의 저술을 말한다.

『사기』「손무오기열전(孫武吳起列傳)」에서는 "손무가 죽은 후 백여 년이 지나 손빈이 있었으며", "빈(臏) 또한 손무의 후세 자손"으로 "손빈(孫臏)은 이것(계릉(桂陵)의 전투와 마릉(馬陵)의 전투)으로써 천하에 이름을 드러내고 대대로 그의 병법(兵法)이 세상에 전해지게 되었다."라고 기록하고 있다. 이 기록은, 손빈은 손무의 후손으로 손빈 또한 직접 전장에 참여해서 큰 공을 세운 인물이자 그의 병법서가 단순히 이론서가 아닌 실전에 기초하여 탄생한 것임을 보여준다.

현재 우리가 접하는 손무의 『손자병법』 통행본은 모두 13편으로 구성되어 있다. 중국 임기현 은작산에서 출토된 죽간본 『손자병법』은 통행본과 비교해 볼 때 「용간」과 「화공」의 순서가 다른 것 등 일부 차이가 있다. 앞서 언급한 동한시대 학자인 반고의 『한서』「예문지」에서는 '『손자병법』 82

편과 그림(圖) 9권' 등의 내용이 있다고 기록하고 있지만 현재 그 원형은 전해지지 않는다.

잠시 1972년 산동성 남부 은작산 한나라 시대 무덤에서 발견된 죽간에 대해서 살펴보자. 죽간(竹簡)이란 중국에서 종이가 발견된 한나라 시대 말기 이전에 대나무를 쪼개서 그 위에 문자를 쓰고 끈으로 엮어 책으로 만든 것을 말한다. 은작산 죽간에 쓰인 글씨체는 전국시대 말기에 발생해 진(秦)나라를 경유하여 한(漢)나라 시대에 이르러서는 표준 글씨체로 통용된 예서체(隸書體)이다. 『손자병법』에 관한 죽간은 모두 305개로 현재 통행본에서 볼 수 없었던 「사변(四變)」, 「황제벌적제(黃帝伐赤帝)」, 「형이(刑二)」, 「현오왕(見吳王)」 등을 비롯한 손무와 오나라 왕의 문답을 기록한 「오문(吳問)」, 그리고 약 4백여 자의 「손무전(孫武傳)」 등 6편의 단편(斷片)이 새롭게 발견되어 현재 약 2천 3백자 이상이 판독된 상태이다. 또한, 은작산에서 함께 발견된 440여 개의 『손빈병법』 죽간은 현재 1만 1천 자 이상이 판독된 상태로서, 현재도 중국 학계에서는 나머지 문자들에 대한 판독과 연구를 계속 진행하고 있다.

이와 같이 『손자병법』과 『손빈병법』이 함께 발견됨으로써 그동안 『손자병법』의 저자를 둘러싼 학계의 역사적 논쟁은 종식된다. 즉, 과거 중국역사서 『사기』와 『한서』 「예문지」에서는 손무와 손빈의 두 권의 『손자병법』에 대해 명확하게 분류하여 언급하고 있으나, 이후 2세기 전후로 활동한 조조가 손무의 『손자병법』만을 주석하고 7세기 초에 쓰인 수(隋)나라 시대 역사서인 『수서(隋書)』의 도서목록에서 『손빈병법』이 또한 사라짐으로써, 이후 『손자병법』의 저자에 대한 논쟁은 역사적으로 끊임없이 재현되었는데, 이와 같이 긴 시간 동안 지속된 『손자병법』의 저자를 둘러싼 논쟁이 1972년 산동성 은작산 한대 묘에서 두 권의 『손자병법』 죽간이 발견됨으로써 완전히 종식된다.

만당(滿唐) 시대 전기의 유명한 시인 두목(杜牧, 803년~852년)에 의하면 손무는 본래 수십만 자의 글을 남겼지만 위무제(魏武帝) 조조(曹操, 155년~220년)가 번잡한 부분을 빼버리고 핵심적인 부분 13편만을 추려서 한 권의 책으로 만들었다고 전한다. 즉, 통행본『손자병법』의 구성은, 위(魏)나라를 황제의 나라로 격상시키고 스스로 황제의 자리에 앉은 아들 조비(曹丕)에 의해 사후 무제(武帝)로 추존된 인물인 조조, 곧 한나라 말기 활동한 위무제(魏武帝) 조조가 원본을 요약하고 해석을 붙인『위무제주손자(魏武帝註孫子)』13편과 체제가 같다. 조조는 한나라 학자들의 교감을 거친『손자병법』을 얻어서 다시 본인이 교감하면서 후학에 의해 번거롭게 덧붙여졌다고 생각되거나 문헌의 본래 요지에 벗어났다고 생각되는 내용을 뺀 후 자신의 의견을 덧붙여『손자병법』주석서를 편찬한다. 이후 조조가 주해한『손자병법』은 후학들에게 가장 뛰어난 주해본으로 인정받음으로써 당(唐) 이후에 다른 인물들의 주해본은 점차 사라지고 위진(魏晋)시대 이후의 학자들은 조조의 주해본을 근간으로 연구를 진행한다. 따라서 조조가 정리하고 주석한『위무제주손자』13편은 현존하는『손자병법』의 가장 오래된 주석서가 되었다.

즉, 조조의『위무제주손자』13편을 기점으로『손자병법』은 구성의 측면에서 큰 역사적 전환을 맞이한 것으로, 현재 우리가 접하는 현존하는 통행본『손자병법』13편은 모두 조조의 영향을 받아 편찬된 송(宋)나라 판본(板本)『손자병법』13편을 근간으로 형성된 것이다. 여기서 송(宋)나라 판본(板本)이란 송(宋)나라 신종(神宗) 3년(1080년)에 국자감(國子監)에서 중국 고대 병서 7종을 모아 교정(校訂)을 진행한『무경칠서(武經七書)』의『손자병법』을 말한다. 부연하면, 현재 유행하는 통행본『손자병법』13편은 송나라 시대에 유행한 3종의 판본인『위무제주손자(魏武帝註孫子)』,『무경칠서(武經七書)』중의『손자(孫子)』, 그리고 청(淸)나라 손성연이 재정리한『십일가주손자(十一家注孫子)』의 영향을 받은 것이다. 즉, 조조의 『위무제주손자(魏武帝註孫子)』 13편의 구성은 위진(魏晋) 이래 송대(宋代) 판본들의 근간이 되고, 송대 이후 나온 판본들 또한 송대에 유행한 판본들과 구성이나 내용면에서 큰 차이를 발견할 수 없다.

우선, 여기서 『손자병법』 13편의 편명과 중심 주제를 간단하게 살펴본 후 각 편의 자세한 내용은 제2부 해제와 역주 부분에서 논의하기로 한다.

제1편의 편명은 「계(計)」인데 송대(宋代)에 나온 『위무제주손자(魏武帝註孫子)』와 『무경칠서(武經七書)』의 『손자』에는 '시계(始計)'라는 편명으로, 은작산 한대 묘 죽간본과 송대의 『십일가주손자(十一家注孫子)』에는 '계(計)'라는 편명으로 되어 있다. '계(計)'란 기본적으로 전쟁을 수행하는 데 필요한 총체적인 계책을 세우는 것을 의미한다. 「계」에서는 전쟁의 중요성, 전쟁 수행의 큰 다섯 가지 요소(五事), 피아(彼我)간의 실정을 비교하는 일곱 가지 기준(七計), 정도(正道)가 아닌 궤도(詭道) 즉 전쟁에서 속임수를 운용하는 필요성에 대해 서술한다.

제2편 「작전(作戰)」에서는 전쟁은 빨리 끝내야 된다는 속결전의 원칙을 밝히고 용병과 군수물자의 경제적 운용 전략에 대해 서술한다.

제3편 「모공(謀攻)」에서는 싸우지 않고 승리하는 전쟁(全爭)의 대원칙 하에 적의 계략을 무너뜨리는 즉 피아간 상호 손실이 없이 계략으로 적을 굴복시키는 벌모(伐謨), 적의 동맹관계를 무너뜨리는 즉 적의 외교관계를 정벌하는 벌교(伐交), 적의 군대를 공격하는 벌병(伐兵), 적의 성을 공격하는 벌성(伐城), 그리고 전쟁의 승리를 아는 다섯 가지 방법에 대해 서술한다.

제4편의 편명은 「형(形)」인데 『위무제주손자』와 『무경칠서』의 『손자』에는 '군형(軍形)'으로, 은작산 한대 묘 죽간본에는 '형(刑)', 『십일가주손자』에는

'형(形)'으로 되어 있다. 여기서 '형(形)'이란 '형세(軍形)'를 의미한다. 이 편은 '형세(軍形)'를 객관적으로 파악하여 승리의 조건을 갖춘 뒤 전쟁에 임해야 한다는 만전주의 사상을 담고 있다.

제5편 「세(勢)」는 『위무제주손자』와 『무경칠서』의 『손자』에는 '병세(兵勢)'로, 한대 묘 죽간본에는 '세(埶)', 『십일가주손자』에는 '세(勢)'라는 편명으로 되어 있다. '세'의 운용을 병법사상 최초로 제기한 인물은 『손자병법』의 저자인 손무로서, '세'란 곧 '전략적 이로움'을 의미하며 전쟁에서 상대방보다 우위를 점유할 수 있는 상황을 창출하는 것을 말한다. 이 편에서는 군의 객관적 상황을 파악하는 가운데 '기(奇)', '정(正)', '허(虛)', '실(實)'의 원리에 입각한 세(勢)를 활용하는 용병술에 대해 서술한다.

제6편 「허실(虛實)」에서는 피아간의 허(虛)와 실(實)의 상태를 객관적으로 파악하는 가운데 공수(攻守)의 전략을 운영하는 것에 대해 서술한다.

제7편 「군쟁(軍爭)」에서는 전쟁의 부단한 정세의 변화에 대처하며 승리하는 조건을 창출하는 문제를 변증적 관점에서 서술하는 가운데, 우회하면서도 직행의 효과를 거두는 것과 위태로운 상태를 유리한 상태로 전환하는 용병술의 중요성을 강조한다.

제8편 「구변(九變)」에서는 용병의 아홉 가지 변칙적인 방법인 '구변(九變)'과 더불어, 다섯 가지 승리할 수 있는 유리한 조건인 '오리(五利)', 장수가 경계해야 할 다섯 가지 위험인 '오위(五危)'에 대해 서술하며 만전주의를 강조한다.

제9편 「행군(行軍)」에서는 나라를 떠나 진주(進駐)하는 군대가 행군과 주둔할 때 유의하고 대처할 사항에 대해 논의함과 아울러 적과의 대치 상황에서 적의 실정을 파악하는 방법에 대해서 매우 구체적으로 논의한다.

제10편 「지형(地形)」에서는 지형의 유리하고 불리한 상태를 살펴서 활용하는 용병술과 그것을 운용하는 장수의 책임에 대해서 서술한다.

제11편 「구지(九地)」에서는 아홉 가지 지리적 형세 곧 '구지(九地)'를 이용하는 작전 원칙과 대처 방법에 대해 서술한다.

제12편 「화공(火攻)」에서는 현대적 의미에서 화력전이라 할 수 있는 불을 사용하여 적을 공격하는 화공의 원칙과 방법에 대해 서술한다. 전쟁에서 화공은 인명과 재산을 해치는 매우 위험한 방법이기 때문에 신중을 기하여 부득이한 경우에 사용하는 것임을 강조한다.

제13편 「용간(用間)」은 적의 실정을 알 수 있는 정보의 중요성을 강조하며 이를 위한 간첩을 이용하는 다섯 가지 방법에 대하여 서술하면서, 간첩의 이용은 용병의 요체로서 군사를 일으키는 데 매우 중요한 역할을 하는 것임을 강조한다.

위와 같이 『손자병법』 13편의 편명 해석을 간략하게 살펴보는 것만으로도 『손자병법』이 병법서로 지니는 가치를 대략적으로나마 파악할 수 있다. 즉, 『손자병법』 13편의 대강은, 정치적 최고 수단으로 지니는 전쟁의 의미, 정치와 외교와 전쟁의 연관성, 전쟁의 수행에 필요한 물질적 · 경제적 토대의 중요성, 전장에서 변화하는 상황에 대처하는 객관적 인식태도와 끊임없이 변화하는 상황에 대처하며 전략과 전술을 운용하는 변증법적 사고와 지도자의 주관적 능동성의 문제, 전쟁의 의미를 정형화된 도덕적 관점에서 파악하기보다는 최상의 이익을 추구하는 정치의 연장선상에서 파악하고 있음을 보여준다. 즉, 『손자병법』의 편명을 살펴보는 것만으로도 『손자병법』이 단순히 호전적 태도로 전쟁 수행에 필요한 전략과 전술만을 다루는 단순한 병법서의 차원을 뛰어넘는 정치, 외교, 철학 등 다방면의 관점에서 전쟁을 논의하는 사상서라는 점을 알 수 있다. 바로 이러한 점 때문에 많은 역대의 학자들은 중국 최고의 병법서로 서술 연대를 불문하고 『손자병법』을 단연 최고로 꼽으며 병서들의 수위(首位)에 위치시킨다.

중국 고대문화 형성의 한 축을 담당한『손자병법』은 중국학계에서는 물론 역대로 많은 학자들이 연구 주석하였을 뿐만 아니라 세계적으로 중국문화가 파급되는 시간과 흐름을 따라서 유행하고 중국 고대문화를 이해하는 중요한 문헌으로 다루어진다. 예컨대 중국 '군사과학출판사(軍事科學出版社)'에서 그동안 역대로 진행된『손자병법』에 대한 다양한 연구 자료를 종합적으로 정리한『손자학문헌제요(孫子學文獻提要)』(1994)에 의하면, 은작산 한대 묘 죽간이 발견된 이후 죽간 연구 열풍에 힘입어,『손자병법』을 주제로 중국 내에서 약 1천 명 이상의 연구자가 대략 1,500여 종의 연구업적을 발표하였고, 중국 외에서는 약 2백 5십여 명 이상의 연구자가 대략 350여 종 이상의 연구 자료를 발표하였다고 한다.

역대로『손자병법』 연구는 그 유명세만큼이나 다양한 방면에서 연구가 진행되었는데 그 과정에서 간혹『손자병법』의 본의를 벗어나 무리한 해석이 시도된 경우, 특히 유교문화가 지배한 이래로 병법가적 관점에서 벗어나 유가적인 관점에서 해석되는 경우가 많았다.『손자병법』을 오독하지 않기 위해서는 그 저자인 손무(孫武)라는 사상가의 철학적 세계관 즉『손자병법』이 본래 추구하는 그 사상적 면목에 입각해서 연구하는 것이 요구된다.

따라서 이 책에서는 역주에 앞서 춘추전국시대에 활동한 대표적인 사상가들의 철학에 내재한 전쟁 관념과 비교하며『손자병법』 사상의 특징을 살펴본다. 이러한 작업이 필요한 이유는 앞서 밝혔듯이『손자병법』은 단순히 전쟁을 추구한 병법서가 아닌 정치, 외교, 철학 등 다방면의 관점에서 전쟁을 논의한 사상서이기 때문이다. 즉,『손자병법』에 내재한 철학적 세계관에 대한 이해가 선행되지 않고『손자병법』에 대한 역주를 시도하는 작업은 자칫 오독을 낳을 뿐이다. 특히 유교문화가 동양사회에 드리운 이래로 유교적 관점과 가치에 의거해서 진행된 대부분의『손자병법』 연구는 여러 면에서 사상적 차이를 지닌『손자병법』의 본의를 왜곡시킬 소지가 다분하다. 따라서『손자병법』에 대한 이해는 전술적 차원에 의거해서 단순히 기술적 분석만을 진행하기보다는 문헌에 내재한 고유한 철학적 내지 사상적 세계관에 대한 포괄적 이해가 선행될 때 역주작업 또한 그 본의에 충실할 수 있을 것이다.

제3장

제자백가(諸子百家) 철학의 전쟁론[1)]

1) 제3장과 제4장의 내용은 필자의 저술인 『고대 중국의 사상문화와 법치철학』(한국학술정보, 2007), pp.299~368.의 내용을 일반 독자들이 읽기 쉽도록 내용을 보완하고 수정하여 재구성한 것임.

인류역사에서 전쟁은 인간의 경제력이 발전하여 잉여생산력이 창출됨으로써 점차 조직적으로 정치적인 내용과 형식을 갖추며 발전한다. 한 집단이 일단 생존의 문제에서 일정 정도 벗어날 수 있는 잉여생산력을 확보한 단계에 이르면, 그들은 자신의 잉여생산력을 바탕으로 또 다른 이익 창출 방법을 모색하게 되고, 이 과정에서 무력을 동원하여 폭력으로 자신의 이익을 강제적으로 타 집단에게 관철시킴으로써 인류의 전쟁이 탄생된다. 즉, 인류사회에서 전쟁의 기원은 역사적으로 폭력이란 정치적 수단을 이용하여 타 집단에게 자신의 이익을 관철시키려는 경제적 동기에서 비롯한다.

중국의 대표적인 사상가이자 혁명가인 마오쩌둥(毛澤東, 1893년~1976년)은, “사유재산과 계급이 존재한 이래 존재해 온 것으로 계급 간, 민족 간, 정치집단 간에 발생한 모순이, 일정 단계까지 발전했을 때 그것을 해결하는 최고의 투쟁형식”[2]이라고 전쟁을 정의한다. 또한, 현대 사회에서 직업 군인들의 필독서가 된 『전쟁론』의 저자이자 프로이센의 군사이론가인 클라우제비츠(Carl von Clausewitz, 1780년~1831년)는 전쟁을 정치의 연속선상에서 파악하며 “전쟁은 단순히 정치행동일 뿐만 아니라 정치의 도구이고, 정치적 제 관계의 연속이며, 다른 수단을 가지고 하는 정치의 실행이다.”[3]라고 정의한다. 그는 전쟁의 발생을 경제적 동인보다 정치적 동인에서 찾고 있다. 그리고 현대 사회주의 사회를 선도한 마르크스 유물론의 총결자인 엥겔스(Friedrich Engels, 1820년~1895년)는 그의 저서 『반뒤링론(Anti-Dühring)』에서 전쟁이란 생산력의 우열에 의존하여 조직적 폭력의 승리를 거두기 위한 것이라 규정한다. 그는 언제 어디서나 폭력이 승리하도록 돕고, 폭력을 폭력으로 존재하게 만드는 것은 경제적 제반 조건과 경제적 권력수

2) 『毛澤東選集』(第1卷) 人民出版社, 1953年(제1판). p.155.

3) グラウゼヴイツ, 淡德三郎譯,『戰爭論』, 德間書店, 1965. p.43.

단이라고 말하면서[4] 폭력의 발생 원인을 경제적 동기에서 찾는다. 즉, 그는 근본적으로 생산력과 생산관계의 모순으로 인해 발생하는 계급이해의 모순이 전쟁을 비롯한 무장투쟁의 일반적인 원인이 된다고 주장한다.

두말할 필요도 없이 사실상 전쟁이란 정치적으로 어느 한 집단이 자신의 경제적 목적을 실현하고자 다른 집단에게 조직적으로 폭력을 가하는 정치행위이다. 침략전과 방어전을 모두 폭력이라는 하나의 범주에서 파악할 수 있는 것이다. 역사적으로 대내외적으로 강자가 약자를 폭압하기 위한 무력동원은 물론, 대외적으로 강대국의 침략에 맞선 약소국의 무력동원이나, 대내적으로 고대사회에서 노예들이 일으킨 무력투쟁이나 중세 봉건국가 체제 하의 농민저항 역시 전쟁논리로 파악할 수 있는 정치 현상이라 할 수 있다. 즉, 자신들의 이익을 실현하고자 조직적인 형태로 폭력을 가하는 집단뿐만 아니라 그에 대항하기 위한 피해 집단의 무력동원 곧 자기 방어운동 등의 모든 형식 또한 전쟁이라는 범주에 속하는 명백한 정치 행위이다. 곧 이해가 상충하는 사회에서 폭력이 동원되는 일은 필수적으로 나타나는 역사적인 현상이었다는 점에서 이를 부정하는 것은 하나의 커다란 역설이라 할 수 있다.

『손자병법』의 저자인 손무가 활동한 중국 춘추시대는 새로운 사회질서가 창출되는 격동의 시기였다. 춘추시대는 중국 역사상 대변혁의 시기로, 춘추 중기 이후로 철제농구 및 우경(牛耕)이 출현하고 보급되어 생산력이 꾸준히 상승함으로써 매우 급속한 사회경제 발전을 이룬다. 그리고 이 시기 급속한 생산력의 발전은 대내적으로 이해가 상충하는 계급들 사이의 모순을, 대외적으로 이해가 상충하는 제후국들 사이의 모순을 심화시켰

4) 프리드리히 엥겔스, 김민석 역, 『반뒤링론』, 새길, 1987. p.183.

고 결국 이러한 모순의 심화는 폭력을 동원하는 형식으로 극단화된다. 중국의 역사에서 춘추시대와 전국시대만큼 많은 전쟁이 발생한 시기는 없다.[5]

예컨대, 중국사회는 기원전 644년 노(魯)나라에서 역인(役人)이 폭동을, 심(沈)나라에서 백성들이 난을, 기원전 624년, 기원전 478년과 470년에는 위(衛)나라에서 장인(匠人)들이 폭동을 일으킨 것을 비롯해 대내적으로 발생한 수많은 갈등이 무력을 동원하는 형식(현대 중국의 역사 서술 방식은 생존권 차원에서 일으킨 무력투쟁을 '난'이나 '폭동'이 아닌 기의(起義)라고 표현함)으로 표출된다. 이는 당시에 매우 보편적으로 발생하는 사회현상이었다. 『사기(史記)』에서는 이러한 현상 중 하나인 도척의 사례를 기록하고 있는데, 도척은[6] "무리를 수천 인씩 모아 천하를 횡행하였으며"[7] "그 명성이 해와 달과 같았다"[8]고 기록하고 있다. 대내외적 갈등이 무력으로 표출된 춘추시대의 기록을 살펴보면, 대내적 갈등으로 제후국 내부에서 군주가 시해당하는 사건이 36회 발생하고,[9] 대외적으로도 제후국들 사이의 이해 갈등으로 인해 발생한 전쟁이 연평균 2회를 넘는다.

중국 춘추전국 시기에 발생한 전쟁의 양상은 급변하는 중국사회의 다

---

5) 춘추(春秋)시대 300여 년간 크고 작은 전쟁이 약 800여 차례 발생하고, 전국(戰國)시대 230여 년 동안에는 크고 작은 전쟁이 약 300여 차례 발생하였다. 高銳, 『中國上古軍事史』, 軍事科學出版社, 1995. p.124, p.374.

6) 도척(盜跖)은 공자와 같은 시대에 활동한 중국 춘추시대의 큰 도둑으로서 노(魯)나라의 대부이자 현인으로 존경받던 유하혜(柳下惠)의 아우이다. 당시에 도척은 그를 따르는 9천 명의 무리와 떼 지어 온 나라를 휩쓸고 다니었다고 전해짐.

7) 『史記』「伯夷列傳」 참조.

8) 『荀子』「不苟」 참조.

9) 『論衡』「死僞」 참조.

방면의 흐름을 민감하게 반영한다는 점에서[10] 당시 계급 사이에서 그리고 제후국 사이에서 발생한 이해 모순이 폭력이라는 구체적이고 현실적인 형식으로 표현되는 정점에 이르렀음을 보여준다. 일반적으로 춘추시대 초기에 제후국 내부의 이해관계에서 비롯된 전쟁은 이후 제후국 또는 지배계급 내부의 세력 재편이라는 경향을 지니고 진행되는데, 전국(戰國)시대에 이르러 이러한 흐름은 정치적 신흥 세력이 주도한 겸병(兼倂)전쟁이라는 새로운 폭력 형식을 창출한다. 전쟁이란 사회적 · 경제적 모순이 상호 타협할 수 없는 단계에 이르렀을 때 그것을 동시에 해결하기 위해서 동원되는 폭력형식의 최고 정치형태이다. 따라서 그 시기에 활동한 제자백가(諸子百家)의 전쟁론을 비교하는 일은 당시 매우 치열하게 진행된 각 학파의 사상논쟁의 특징과 더불어, 당시 사상가들의 상호 모순된 다양한 계급적 관점을 매우 효과적으로 보여줄 것이다.

역사적으로 중국 춘추전국시대에 이르러서는 천자(天子)의 혈연관계를 중심으로 형성된 서주(西周)시대의 통치 질서가 해체되는 것과 비례해서 각 제후국들이 중앙집권화를 추진하면서 중국사회는 점차 관료 사회로 이행한다. 당시 서로 경쟁하던 제후국들은 각자 자신의 존립을 위해 대내외적 상황에 대처할 수 있는 효과적인 지배방식을 모색하고 이를 보조할 수 있는 인물들을 찾게 된다. 각 제후국들이 처한 이러한 사회정치적 상황은 혈연과 관계없이 능력 본위의 지식인(士)들의 정치 참여와 사회적 상승을 더욱 강하게 촉진시킨다. 이 결과 춘추전국시대에는 다양한 사회적 계층에서 형성된 지식인과 지식인 무리를 의미하는 제자백가들이 나타나고 중국 역사상 가장 눈부신 학술과 사상의 발전을 낳는다.

당시 각 학파들이 주장하는 학설의 특징은 사회정치적 측면에서 볼 때

10) 中國軍事史編寫組編, 『中國軍事史』第二卷 「兵略(上)」, 解放軍出版社, 1986, p.96.

대체로 세 가지 유형으로 분류할 수 있는다. 그중 첫 번째로 퇴행적 역사관을 지닌 과거 회귀형 학파로 천자를 중심으로 한 구질서의 복원을 통해 사회정치 혼란을 종식시키려는 공자(功者)를 위시한 유가학파와 원시공동체로 복귀하자는 순환론의 역사관을 지닌 노자를 위시한 도가학파를 들 수 있다. 두 번째, 당시 기존 질서 안에서 평화를 모색한 기존질서 수호형 학파로 주로 하층민의 이익을 대변하며 당시 사회정치적 질서 안에서 평화를 모색한 공인(工人)의 이익을 대변한 묵적(墨翟)을 위시한 묵가학파와 농민의 이익을 대변한 허행(許行)을 위시한 농가학파를 들 수 있다. 그리고 마지막으로 직선적 역사관을 표방하며 현실 변혁에 적극 참여하는 개혁형으로 기층사회의 변화에 대응할 수 있는 상부의 사회정치질서 변화 작업에 적극적으로 동참한 상앙(商鞅)을 위시한 법가와 손무(孫武)를 위시한 병가학파를 들 수 있다. 특히 춘추전국시대가 대내적으로 제후국들 내부의 사회정치질서 전반을 바꾸는 변법(變法)운동과 대외적으로 겸병(兼併) 전쟁을 통해 제후국들이 서로 자웅을 겨루던 시대였다는 점을 고려할 때, 단연 세 번째 유형의 학파들이 중국사회의 변화를 주도한 유형임을 알 수 있다. 주전론에 속하는 두 학파의 활동 성향을 보면, 법가의 이론이 주로 변법에 관한 정치사상의 측면을 중점적으로 논의하고 있다면, 병가의 이론은 정치의 연장선상에서 발생하는 겸병전쟁 즉 군사론에 대하여 중점적으로 논의를 전개한다.

예컨대, 첫 번째로 퇴행적 역사관을 지닌 과거 회귀형 학파로서 천자를 중심으로 한 구질서의 회복을 추구한 유가학파의 경우, 주대(周代)의 봉건제도(封建制度)를 이상화하여 천자시대의 예제(禮制)를 준수하는 도덕정치(道德政治) 이론을 전개한다. 유가를 대표하는 공자와 맹자는 주대(周代) 혈연적 질서에 의거한 종법(宗法)의 질서를 존중하는 것이 도덕관념의 중요 요소라고 인식하고, 종법에 근거한 예제를 따르는 덕(德)으로 백성들을 교화시킬 때 당시 사회정치적 혼란을 억제할 수 있다고 주장한다. 공자와 맹자는 전쟁 자체를 부정하지 않았지만, 전쟁을 일으키는 정당성을 천자(天子)의 예법(禮法) 즉 주나라 예제(周禮)의 회복에서 찾는다. 그들이 주장하는 '의전론('義戰論)'이란 주왕조(周王朝) 체제의 신분질서를 파괴하는 세력을 '도덕적으로 의롭지 못한 불의(不義)한 세력으로 규정하고 그들을 주살하고 토벌하는(誅討) 전쟁만이 정당화될 수 있다는 것이다.

다시 말해 유가에서 주장하는 '정벌(征伐)'은 천자(天子)에 의해서만 정당화될 수 있는 바로 '어진 군대(仁師)'의 발동이라고 할 수 있다. 이와 더불어 또 다른 퇴행적 역사관의 유형으로 파악할 수 있는 순환론적 역사관을 지닌 과거 회귀형 학파로서 지식과 문명을 거부하며 원시 공동체 사회를 동경한 도가학파의 경우, 전쟁에 대하여 근본적으로 부정적이고 소극적인 관점을 견지한다. 도가학파의 창시자 노자(老子)는 사물 간의 조화를 추구하는 입장에서 최상의 정치형식이란 무력을 동원하지 않는 형태라고 주장하며 싸우거나 다투지 말자는 '비투론(非鬪論)' 내지 '부쟁론(不爭論)'의 관점을 견지한다. 인위적인 모든 행위에 반대한 '무위(無爲)'의 철학을 주장하는 노자의 입장에서 볼 때 전쟁이란 바로 인간이 행하는 최대의 '작위(作爲)'이기 때문이다. 따라서 그는 대규모 집단 사회의 정치논리에 의거한 겸병(兼倂)전쟁을 통한 사회 통합이라는 전진적 역사관점을 반대하고 '자급자족이 가능한 작은 나라에서 적은 백성들이 살아가는' '소국과민(小國寡民)'이라는 소규모 자유방임적인 원시공동체적 질서의 회복을 추구한다.

두 번째, 기존 질서 안에서 서로가 침략하지 않고 당시 사회정치적 질서 안에서 화해와 평화를 주장한 묵가학파의 경우, '모두가 서로의 사랑을 아우르자는' '겸애(兼愛)'의 사상을 주장하며 '침략전쟁을 반대하는' '비공론(非攻論)'을 주장한다. 그가 말한 '비공(非攻)'의 논리는 '비투(非鬪)'로 표현할 수 있는 노자식의 관념론적 평화의식과 차이가 있다. 묵가는 공인계층의 이익을 대표하는 만큼 그들의 공인기술을 전쟁무기 개발에 적용하여 침략공격에 대비하는 방어무기 개발에 매우 적극적인 입장이다. 어떤 점에서 묵가의 '비공론'에 비례하는 강력한 '수어(守禦)'의식, 곧 방어의식은 침략전쟁에 대응하는 적극적 자세에서 기인한 것으로 침략 세력의 어떠한 공격도 격퇴시켜야 한다고 주장하는 점에서 매우 적극적이고도 단호한 폭력 긍정론의 유형이라 할 수 있다. 즉, 묵가학파는 결코 어떠한 침략전쟁도 용인하지 않으며 침략전쟁에 맞선 적극적인 방어전쟁을 긍정하는데, 이는 묵가 집단이 약자의 '이익'과 위배되는 어떠한 형태의 명분(名分)논리도 철저하게 배격하고 있음을 보여준다.

마지막으로, 직선적 역사관을 표방하며 현실 변혁에 적극 참여하는 개혁형으로는 기층사회의 변화에 대응하며 상부의 정치질서 재편작업에 적극적으로 동참한 상앙(商鞅)을 위시한 법가학파와 손무(孫武)를 위시한 병가학파를 들 수 있다.

우선, 법가가 주도한 '변법(變法)'이란 사회질서 전반의 제도 개혁을 말한다. 제후국이 서로 자웅을 겨루던 춘추전국시대에 가장 먼저 변법운동을 시작한 제후국은 위(魏)나라였다. 위나라 문후(기원전 445년 즉위)는 이회(李悝), 오기(吳起) 등을 임용하여 예치(禮治)보다는 법치(法治)로써 정치개혁을 실행하였는데, 이회 등은 '먹는 데는 노고가 있고 봉록에는 공이 있어야한다는 원칙' 아래에서 관리를 선발하고, '공이 있으면 반드시 상을 주고 죄가 있으면 반드시 벌을 내린다는 정책을 실행'하여 위나라를 강성하게 한다.[11] 이 외에도 제후국들이 전개한 변법운동의 대략적 흐름을 살펴보면, 기원전 403년 조(趙)나라의 열후(烈侯)는 공중련(公仲連)을, 기원전

11) 『說苑』「政理」 참조.

389년 초(楚)나라의 도왕(悼王)은 오기(吳起)를, 기원전 361년 진(秦)나라의 효공(孝公)은 상앙(商鞅)을, 기원전 357년 제(齊)의 위왕(威王)은 추기(鄒忌)를, 기원전 355년 한(韓)나라의 소왕(昭侯)은 신불해(申不害)를 임용하여 변법(變法)운동을 전개한다.[12] 당시 사상계는 변법을 하려는 자와 수구하려는 자의 정치적 입장을 대변하며 전개된다. 즉, 당시는 사회제도 전반을 변혁하자는 '변법(變法)'과 구질서를 회복하자는 '복례(復禮)' 세력의 대립이 정점에 달한 시대라 정의할 수 있으며 이러한 흐름은 진시황(秦始皇)이 중국을 통일함으로써 비로소 마감된다.

법가의 사상가들은 당시 사회정치적 상황에서 '반전(反戰)'의식은 일종의 관념적인 환상이라고 비판하면서 '부국강병(富國强兵)'만이 전쟁을 비롯한 당시의 혼란한 사회정치 상황을 종식시킬 수 있다고 주장한다. '부국강병'은 법가의 군사정치철학에서 절대적인 명제이다. 관중(管仲)은 '비전(非戰)'의 논리를 부정하고, 전쟁에 미치는 경제적 제 요소를 중시하여 과학적이고 조직적으로 전쟁을 준비해야 한다고 주장한다. 상앙(商鞅)은 경제적 측면(農)과 정치적 측면(戰)이 결합된 농전론(農戰論)을 바탕으로 '전쟁으로 전쟁을 소멸시켜야 한다는' '이전거전(以戰去戰)'의 주전론(主戰論)의 논리를 내세워 전쟁 수행의 필연성을 역설하며 겸병전쟁을 주도한다. 법가의 이러한 사상적 흐름은 전국시대 말기에 활동한 한비자(韓非子)까지 계승되는 가운데 도덕적 명분을 내세운 유가와 첨예한 사상적 대립관계를 형성한다.

또한, '부국강병(富國强兵)'과 '변법(變法)'이 당시 사회 모순을 해결하는 보편적인 정치형태라고 이해한 법가 이외에도 당시 겸병전쟁을 수행하며 성장한 신흥 세력은 바로 손무(孫武), 오기(吳起), 손빈(孫臏) 등의 병가(兵家)

---

12) 『中國軍事史』編寫組編, 『中國軍事史』第二卷「兵略(上)」, 解放軍出版社, 1986. p.92~94.

이다. 병가의 철학은 손무가 주장한 '싸우지 않고 전쟁에 이긴다는' '전쟁론(全爭論)'[13]과 '전쟁은 국가의 중대한 일로 백성의 생사와 국가의 존망이 달려 있으니, 신중하게 살피지 않을 수 없다는'[14] '전쟁 신중론'과 '만전주의'를 대전제로 삼으면서도 법가가 주장한 무력 동원에 의한 사회경제적 모순의 해결이라는 의식을 공유한다. 손무는 전쟁의 본질을 싸우지 않고 적을 굴복시키는, 즉 정치가 주체이고 군사작전은 객체로서 정치목적을 달성하기 위한 수단으로 인식한다. 위(魏)나라의 문후와 초(楚)나라의 도왕(悼王)의 변법운동을 보좌하면서 겸병전쟁에 적극 참여한 오기(吳起)나 손무의 후예인 손빈(孫臏)은 모두 당시의 반전주의 학설을 정면으로 부정하고 무력 동원의 정당성을 주장한다. 전쟁의 정당성을 주장하는 그들의 관점에서 볼 때 병법가의 '의(義)'란 바로 전쟁에서의 승리를 의미한다.

법가와 병가는 모두 권문세족의 특권을 박탈하고 중앙집권적인 법치질서 내지 정치질서를 확립하고자 하였다. 그들은 평화 시에는 경제적 노동에 종사하며 국가의 주 세수원이 되고 전쟁 시에는 군사로 군대의 주 보급원이 되는 백성들의 입장을 대변하며 군공서열에 입각한 새로운 신분질서를 정립하는 데 심혈을 기울인다. 즉, 그들은 한편으로 인민의 신분상승욕구를 고취시키는 가운데 인민의 자발적인 전투의욕을 불러일으킴으로써 상대국과의 경쟁에서 힘의 우위를 확보하고자 하였으며, 변법운동과 겸병전쟁은 대내적으로 정치적 안정과 대외적으로 제후국 간의 경쟁에서 주도권을 확보하는 중요한 사회정치적 수단이라고 생각하였다.

당시 각 제후국들이 전개한 변법운동의 성공적 결과는 전쟁의 양상을 빠르게 변화시키게 된다. 변법운동으로 인해 당시 중국 사회의 생산력은 가파르게 발전하고 국가가 거두어들이는 부세의 수입 또한 그것과 상

13) 『孫子兵法』「謀攻」 참조.

14) 『孫子兵法』「計」 참조.

응하며 늘어난다. 그 결과 각 제후국들은 풍부하게 군수물자를 조달받을 수 있게 되고 각종 병기를 제작하는 기술 또한 날로 향상된다. 전쟁의 양상 또한 차전(車戰)을 위주로 한 춘추시대와 달리 전국시대에 들어서면서 점차 보병전(步兵戰) 위주로 전환되고 전쟁은 더욱 대규모화되고 지구전화되는데 전국시대 중기 이후에는 한 전투에 수십만의 병력이 동원되기도 하고 전쟁이 수년간 지속되는 일도 발생하였다.[15] 따라서 전쟁이 점차 대규모화되고 지구전화되어가는 상황에서 겸병전쟁을 주도하는 세력은 변화하는 전쟁의 양상에 대응하여 부단하게 군대의 전투력을 제고할 필요성을 느끼게 된다. 이러한 요구는 자연스럽게 사회정치적으로 법제(法制)와 정령(政令)과 군령(軍令)의 강화는 물론 군공(軍功)에 의거한 상벌제도가 더욱 확고하게 실행되는 결과를 낳는다. 제후국들 사이에 전쟁이 빈번하게 발생하는 당시의 상황을 직시한 전국(戰國) 말기의 사상가 순자(荀子)는 장수, 정령(政令), 백성, 사상, 형벌, 용병(用兵) 등의 방면에서 총체적인 신뢰가 확보될 때 국가는 비로소 부강하게 될 것이라고 지적한다.[16]

1. 유가(儒家)의 의전론(義戰論)

유가의 창시자인 공자(孔子, 기원전 551년?~기원전 479년)는 손무(孫武)보다 7년 뒤에 태어나 거의 동시대에 활동한 인물로서 그의 중심사상은 '인(仁)'이다. 그의 후학들이 공자의 언행을 정리 편찬한 『논어(論語)』에 의하면 그가 주장한 '인(仁)'의 실행이란 바로 '자신의 생물학적 욕구를 극복하여 궁극적으로 서주(西周)시대 천자의 예제를 회복해야 한다는' '극기복례(克己復

15) 서울大學校東洋史學硏究室, 『講座中國史』Ⅰ, 지식산업사, 1989. p.122~125. 위의 『中國軍事史』第二卷「兵略(上)」, p.96 도표 참조.

16) 『荀子』「議兵」 참조.

禮)'를 의미한다. 공자는 주(周)나라 종법(宗法)질서에 기초한 국가정치제도가 가장 이상적인 사회정치질서라 생각한다.

서주(西周)시대의 '예치(禮治)'는 '친친(親親)', '존존(尊尊)', '장장(長長)', '남녀유별(男女有別)'을 정치의 기본 원리로 삼는 것으로서, 이 중 '친친(親親)'과 '존존(尊尊)'은 사회정치질서의 가장 근본적인 뼈대가 된다. 여기서 '친친(親親)'은 종법(宗法) 원칙이고 '존존(尊尊)'은 계급 원칙이라고 할 수 있는데, '친친(親親)'은 '부(父)'를 으뜸으로 하는 가부장제(家父長制)를, '존존(尊尊)'은 군주를 으뜸으로 하는 군주제(君主制)의 유지를 의미한다. 두 가지는 모두 다 종법(宗法)의 준수를 공고히 하는 사회정치적 인식에서 비롯한 것이다.

공자는 당시 군웅이 할거하면서 전쟁이 빈번하게 발생하는 원인은 천자의 예악(禮樂)이 붕괴되고 천하에 도(道)가 무너졌기 때문이라고 생각하여 천자시대에 주공(周公)이 펼친 주(周)나라의 도(道)를 회복하자고 주장한다. 주나라의 예제가 회복될 때 비로소 당시 혼란한 사회 상태가 극복될 수 있다고 생각한 그의 퇴행적 역사의식으로는 당시 사회변혁을 주도하는 겸병전쟁의 역사적 의미를 이해하기 힘들었다. 공자 스스로도 "예교(禮教)의 일은 일찍이 잘 알고 있으나, 전쟁에 관해서는 배운 것이 없다"[17]고 자인하면서 전쟁에 대해서 매우 신중한 태도를 취하며[18] 가급적 전쟁이나 무력의 사용에 대한 언급을[19] 회피한다.

공자의 사명의식은 주로 과거 중국문화와 고전을 정리하고 보존하여

---

17) 『論語』「衛靈公」에 위령공(衛靈公)이 전쟁 시에 진(陳)을 치는 방법을 묻자 공자는 이에 대해 "예교(禮教)의 일은 일찍이 잘 알고 있으나, 전쟁에 관해서는 배운 것이 없다(俎豆之事則嘗聞之矣, 軍旅之事未之學也)"라고 대답하며 언급을 회피한다.

18) 『論語』「述而」에서는 "공자가 신중하게 여긴 것은 재계와 전쟁과 질병이다(子之所愼齋戰疾)"라고 기록하고 있다.

19) 『論語』「述而」: 子不語怪力亂神.

후세에 전하는 것이었는데, 공자가 보기에 당시 제후 간의 전쟁은 그것을 파괴하는 '불의(不義)'한 것이었다.[20] 따라서 공자가 보기에 의로운 전쟁이란 제후들이 자신들의 이로움을 추구하기 위해 영토를 확장시키는 부정(不正)하고 불의(不義)한 겸병전쟁에 대항하여 맞서는 것이다. 즉, 공자에게 정의(正義)의 기준은 바로 주대(周代) 예법(禮法)을 수호하는 것이며 그것을 훼손하는 모든 전쟁은 불의(不義)한 것이다. 천자의 예법이 이미 의미를 퇴색한 전국시대에 활동한 유학자인 맹자(孟子) 또한 '전쟁을 즐기며 잘하는 자'인 '선전자(善戰者)'는 죽어도 그 죄를 다 씻지 못한다고[21] 주전론자(主戰論者)들을 비판한다.

그러나 유가가 모든 전쟁을 부정하는 것은 아니다. 공자는 "천하에 도(道)가 있으면 예악(禮樂)과 정벌(征伐)은 천자(天子)로부터 나오고, 천하에 도가 없으면 예악과 정벌은 제후(諸候)로부터 나온다."[22]고 하며 천자(天子)의 명(命)에 의해서만이 전쟁의 수행이 정당화될 수 있으며 정의로운 것이라고 주장한다. 공자는 바로 천자(天子)로부터 나온 '정벌(征伐)전쟁'만이 불의(不義)와 부정(不正)을 응징하는 정의로운 전쟁이라고 생각하였다. 서주(西周)시대 문화에 대한 동경에서 비롯한 공자의 철학은 사회정치적 방면에서도 서주시대 천자정치에서 중시된 혈연적 위계에 의거한 복종관념과 혈연적 의리관념으로 점철되어 있다. 그의 이러한 생각은 경제와 국방보

---

20) 유가에서 말하는 군사철학 '무(武)'의 이념은 '전쟁에서 반드시 승리하고 공격해서 반드시 취한다(戰必勝, 攻必取)'는 의미가 아닌 글자 그대로 '전쟁을 억제하기 위해 노력한다는' '지과(止戈)'(『설문해자(設文解子)』)의 의미를 담고 있다. 李雲九, 「先秦諸子의 戰爭哲學批判」, 『大東文化硏究』第25輯, 1990. p.299.

21) 『孟子』「離婁上」: 君不行仁政而富之, 皆棄於孔子者也, 況於爲之强戰, 爭地以戰, 殺人盈野, 爭城以戰, 殺人盈城. 此所謂率土地而食人肉, 罪不容於死. 故善戰者服上刑, 連諸候者次之, 辟草萊任土地者次之.

22) 『論語』「季氏」: 天下有道則禮樂征伐自天子出, 天下無道則禮樂征伐自諸候出.

다도 군주와 백성의 신의를 정치의 가장 중요한 요소라고 생각한 데서도 확인할 수 있다.

> "자공이 정치를 묻자 공자는 '식량을 충족시키고, 군비를 충분히 하고, 백성들을 믿게 하는 것이다.'라고 대답한다. 자공이 '반드시 부득이하게 버린다면 이 셋 중에 어느 것을 먼저 버려야합니까?' 라고 물었다. 공자가 '무기를 버려야 한다.'라고 대답하였다. 자공이 '부득이하게 버린다면 이 둘 중에 무엇을 먼저 버려야합니까?' 라고 물었다. 공자가 '식량을 버려야 하는데, 자고로 사람은 누구나 다 죽지만 백성이 믿지 않으면 (나라가) 서지 못한다.'라고 말하였다."[23]

위의 공자와 그의 제자인 자공과의 대화에서도 알 수 있듯이 공자는 정치에서 '신의'의 문제를 절대적으로 중시한다. 백성(民)에 대한 신망을 끝까지 잃지 않는 것이 위정자로서 해야 되는 최선의 정치이다. 그러나 공자는 '경제적 토대(食)'와 '군사적 토대(兵)'를 잃은 정치적 상황에서도 어떻게 하면 백성(民)의 신뢰를 끝까지 유지할 수 있는지에 대해서 더 이상 설명하고 있지 않다. 그러나 위의 대화를 통해서 그의 정치 관념이 신뢰에 입각한 철두철미한 의리 관념를 토대로 형성된 것임을 충분히 짐작할 수 있다. 이러한 공자의 관념론적 정치사유는 경제적 토대(食)와 군사적 토대(兵)의 확립 곧 '부국 · 강병(富國·强兵)'을 주장하는 가운데 변법과 겸병전쟁에 참여하며 정치적 입지를 확장시켜나간 당시 신흥사상가들의 생각과는 큰 차이가 있음을 발견할 수 있다.

또한, 유가의 의전론(義戰論)에 보이는 관념적 성향은 당시 생산력의 발

---

23) 『論語』「顏淵」: 子貢問政, 子日是食足兵民信之矣. 子貢日必不得已而去, 於斯三者何先. 日去兵. 子貢日必不得已而去. 於斯二者何先. 日去食. 自古皆有死 民無信不立.

전에서 기인한 전쟁 발생 원인이나 전쟁의 사회정치적 내지 역사적 맥락에 대한 이해를 요구하지 않는다. 즉, 유가는 각자가 모두 자기 자신을 도덕적으로 바르게 다스리고자 한다면 전쟁이 발생하지 않을 것이라고[24] 관념론적 차원에서 사회정치적 투쟁 현상을 이해한다. 다시 부연하자면 공자사상의 핵심은 '극기복례'를 통한 '인(仁)'의 실행이고 그가 지향한 사회정치적 이상은 바로 '인정(仁政)'을 펼치는 것이다. 공자의 후학인 맹자(孟子, 기원전 372년~기원전 289년) 또한 '인자무적(仁者無敵)'[25]이라고 하며 "요(堯)와 순(舜)의 도(道)로 어진 정치(仁政)를 하지 않았으면 천하를 평화롭게 다스릴 수 없었을 것이다."[26]라고 말한다. 그의 주장에 의하면 삼대(三代) 하(夏) · 은(殷) · 주(周)나라가 천하를 얻을 수 있었던 것도 바로 '인정(仁政)'을 베풀었기 때문이다.[27] 유가의 무력 동원의 정당성 곧 폭력 긍정론은 바로 '어질지 못한' '불인(不仁)'과 '의롭지 못한' '불의(不義)'에서 기원한다. 군신의 의리관계를 저버리고 신하인 주나라의 무왕(武王)이 은(殷)나라의 주왕(紂王)을 살해한 것에 대해서 맹자는 군주가 아닌 불인(不仁)하고 불의(不義)한 세력을 무력을 동원해 주살(誅殺)한 의로운 폭력으로 규정한다.[28]

이와 같이 유가가 주장하는 의전론(義戰論)은 서주시대 문화와 천자의 예법(禮法)을 파괴하는 정의롭지 못한 전쟁에 대항하는 차원에서 전개된다. 즉, 유가의 의전론(義戰論)은 신흥세력들이 전쟁을 통해 서주시대 예제(禮制)에 의거한 상부의 상하 수직적 정치질서를 파괴하는 무력 동원의 정치

24) 『孟子』「盡心章下」: 征之爲言正也, 各欲正己也焉用戰.

25) 『孟子』「梁惠王上」: 仁人無敵於天下.

26) 『孟子』「離婁上」: 堯舜之道不以仁政, 不能平治天下.

27) 『孟子 · 離婁上』: 三代得天下以仁, 其失天下也, 以不仁.

28) 『孟子』「梁惠王下」: 賊仁者謂之賊, 賊義者謂之殘, 殘賊之人謂之一夫, 聞誅一夫紂矣, 未聞弑君也.

형식을 반대한 것이지 그에 맞서는 '무력동원(誅殺)' 자체를 반대한 것은 아니다.[29] 다시 말해 유가는 전쟁이 정치투쟁의 한 형식이라는 점을 인정하면서도 춘추 이래로 천자(天子)가 아닌 각 제후(諸侯)들이 일으킨 전쟁을 예법에 벗어난(非禮) 의롭지 못한(不義) 폭력이라고 반대한다. 공자와 맹자가 주장하는 '의로운 전쟁(義戰)'이란 바로 주(周)나라 예법(宗法)에 의거한 세습의 가계를 잇는[30] 이른바 '어진 군대(仁師)'의 발동을 의미한다.

2. 도가(道家)의 부쟁론(不爭論)

춘추전국시대 원시도가를 대표하는 인물은 도가의 창시자인 노자(老子, 생졸연도 미상)와 전국시대에 활동한 장자(莊子, 생졸연도 미상)이다. 노자는 생졸연대 미상으로, 『사기』「노자한비열전(老子韓非列傳)」에서 공자가 주(周)나라에 갔을 때 노자한테 예(禮)에 관한 가르침을 받았다는 기록과 『논어』에 자주 등장하는 은자(隱者)들에 대한 언급을 근거로 노자가 공자보다 앞선 시대의 인물로 본다. 그러나 『노자』는 유가 학설에 대한 안티테제 형식으로 구성되어 있다는 점에서 공자의 유가학파 이후에 나온 것으로 볼 수 있으며, 그 글의 문체 또한 춘추시대에 유행한 운문체와 전국시대 유행한 산문체가 섞여 있는 것으로 볼 때 춘추시대에서 전국시대에 걸쳐 소수의 손을 거치며 형성된 문헌으로 보인다.

원시도가 철학 곧 노장철학은 인간의 정형화된 의식과 판단, 획일화된 지식과 편향적 가치기준, 인식 주체와 대상 간의 정형화된 사유 체계 등을 비판하는 부정과 회의 정신이 충만하다. 도가 철학의 핵심개념은 '인간의 인위적 행위를 부정하고 자연의 원리에 충실'해야 한다는 '무위자연

29) 『論語』「子路」: 善人教民七年, 亦可以卽我矣.

30) 『論語』「堯曰」: 興滅國, 繼絶世, 擧逸民.

(無爲自然)'의 '도(道)'이다. 대내외적으로 상호 간의 이익이 충돌하던 중국 춘추전국의 혼란한 시대 상황은 사상계에 당시 혼란을 종식시킬 보편타당한 사회질서 원리란 무엇이며 사회가 지향해야 될 보편적 원리란 과연 무엇인가라는 문제에 대한 대답을 요구하게 되는데, 도가는 이에 대해 사물 간의 가치의 우열이 없는 무차별적이고 보편적인 원리란 바로 자연의 원리(道)일 뿐이라고 대답한다.

즉, 그들은 사회 속에서 인간의 인위가 낳은 '성현의 지혜(聖)'와 '현자의 지식(智)' 그리고 '문명의 정교함(巧)'과 '문명의 이로움(利)'은 물론, 특히 유교의 핵심 사상인 정형화된 예법의 준수를 강조한 '인의(仁義)'개념을 주요 비판과 부정의 대상으로 삼는다.[31] 따라서 그들이 추구한 이상향은 가장 문명화된 사회와 거리가 멀고 극히 자연의 상태에 가까운 것으로 '작은 규모의 원시공동체 속에서 적은 백성들이 사는' '소국과민(小國寡民)'[32]이나

---

31) 노자는 "성인의 지혜를 끊고 지식을 버리면 백성의 이익은 백배가 되고 인을 끊고 의를 버리면 백성은 본래의 효성과 자애로 돌아갈 것이다. 도구의 정교함을 끊고 제도의 이로움을 버리면 세상에 도둑은 생기는 일이 없을 것이다.(『老子』「19章」: 絕聖棄智, 民利百倍, 絕仁棄義, 民復孝慈, 絕巧棄利, 盜賊無有)"라고 말한다.

32) 노자는 자신이 지향한 이상향에 대해서 "작은 나라의 적은 백성은 수많은 도구가 있어도 사용하지 않게 하고 생명을 소중히 여기고 먼 곳으로 떠나는 일이 없도록 한다. 비록 배와 수레가 있어도 타는 일이 없고 갑옷과 무기가 있어도 진을 칠 일이 없다. 사람들에게 새끼줄을 묶어 사용하도록 하고, 그 음식을 달게 여기고, 그 의복을 아름답게 여기고, 그 사는 곳을 편안하게 여기고, 그 풍속을 즐겁게 여기게 한다면, 이웃 나라가 서로 바라보이고 닭과 개의 소리가 서로 들려도 백성들이 늙어 죽을 때까지 서로 왕래하는 일이 없을 것이다.(『老子』「80章」: '小國寡民', 使有什佰之器而不用, 使民重死而不遠徙. 雖有舟輿, 無所乘之, 雖有甲兵, 無所陳之, 使人復結繩而用之, 甘其食, 美其服, 安其居, 樂其俗, 隣國相望, 鷄犬之聲相聞, 民至老死不相往來.)"라고 설명한다.

'어떠한 유위(인위)도 존재하지 않는 세계'인 '무하유지향(无何有之鄕)'[33]이다. 자연의 원리가 충실히 실현된 '소국과민'이나 '무하유지향'에서는 서로가 차별하지 않고 서로가 서로의 가치를 인정해주기 때문에[34] 어떠한 다툼도 발생하지 않는다. 따라서 그들은 춘추전국시대의 혼란과 격동 속에서 사회를 통합하기 위해 벌어지는 각국의 무력 충돌에 대하여 매우 부정적인 심정을 토로하며[35] 서로 다투지 말 것(不爭)을 주장한다.

그렇다고 그들이 사물의 대립 상태를 완전히 부정한 것은 아니다. 왜냐하면 자신들이 추구하는 자연의 원리는 그들이 보기에 정적(靜的)인 것이 아닌 동적(動的)인 상태로 항상 상반된 상태로 변화하고 순환하며 잠시도 멈추지 않기 때문이다.[36] 즉, 네 계절이 누구의 간섭도 받지 않고 순환하듯이 도가는 사회 또한 원초적인 자연의 상태로 나아가기 위하여[37] 끊임없이 움직이고 변화하는 과정에 있다고 주장한다.

따라서 노자는 "도(道)가 사라지면 덕(德)이 나타나고 덕이 사라지면 인(仁)이 나타나고 인이 사라지면 의(義)가 나타나고 의가 사라지면 예(禮)가 나타난다. 예라고 하는 것은 인간의 참다운 마음과 믿음(忠信)이 엷어진 것

---

33) 장자는 그와 절친한 친구인 혜시와의 대화에서 "어떠한 유위도 작용하지 않는 마을의 광막한 들판에 상수리나무를 심고서 그 곁에서 한가로이 쉬고 그 아래에 누워 소요하는 것(『莊子』「逍遙遊」: 今子有大樹, 患其无用, 何不樹之於'无何有之鄕', 廣莫之野, 彷徨乎无爲其側, 逍遙乎寢臥其下)"이 좋은 것이라고 말한다.

34) 장자는 "도의 입장에서 보면 사물에는 귀하고 천함이 없다(『莊子』「秋水」: 以道觀之, 物無貴賤)"고 말하면서 '만물은 모두 동등한 가치를 지니기에 차별을 거부하는' '만물제동(萬物齊同)'을 주장한다.

35) 『老子』「30章」: 師之所處, 荊棘生焉, 大軍之後, 必有凶年. 『莊子』「徐無鬼」: 夫殺人之士民, 兼人之土地, 以養吾私與吾神者, 其戰不知孰善. 勝之惡乎在.

36) 『老子』「25章」: 獨立而不改, 周行而不殆.

37) 『老子』「40章」: 反者, 道之動.

으로 세상을 어지럽히는 시초이다."[38]라고 주장하면서, 곧 자신이 염원하는 세계가 도래할 것이라고 말한다. 왜냐하면 노자가 보기에 정형화된 예법(禮法)으로 인간의 자연적 본성을 얽매는 사회는 도의 움직임이 원래의 상태로 복귀하기 위한 가장 극단의 상태 곧 가장 인위가 발달한 말단의 세계에서 나타나는 상태이기 때문이다. 이 점에서 노자가 비록 순환론적인 사고에 입각하여 자연과 사회의 경계를 의식하지 않고 있지만, 자연과 사회 그리고 모든 사물을 변화 발전하는 것으로 파악했다는 점에서 사물의 상반된 성격을 인정한 변증법의 철학을 피력한 사상가라고 정의할 수 있다. 즉, 노자철학의 중심개념인 도(道)는 인간을 주재하는 상제(上帝)관념이나 신(神)관념이 사물에 개입하지 않는 물 자체에 내재한 운동의 법칙을 의미한다. 노자는 자연과 사회를 항상 대립하는 상태에서, 모순된 쌍방에서 한쪽의 존재는 다른 한쪽의 존재에 의존하는 가운데, 또 다른 상태로 반전(反轉)하려는 운동 상태에[39] 놓여 있다고 생각했다. 따라서 그의 순환론적 변증법 사고는 사물이 장성하면 반드시 쇠하는 대립적 상태로 전화한다고 보았는데[40] 이것은 바로 모든 사물의 운동을 하나의 근원으로 복귀하는 과정으로 이해해야 한다는[41] 결론에 도달한다.

그러나 노자의 변증법적 사고는 모순 대립면의 무조건적이고 절대적인 전환(轉化)만을 상정하는 가운데 대립면의 통일 관계 곧 조화로움만을 추구함으로써, 모순 대립하는 쌍방은 오로지 일정하고 구체적인 조건하

38) 『老子』「38章」: 故失道而後德, 失德而後仁, 失仁而後義, 失義而後禮. 夫禮者, 忠信之薄, 而亂之首.

39) 『老子』「2章」: 有無相生, 難易相成, 長短相形, 高下相傾, 音聲相和, 前後相隨.

40) 『老子』「30章」: 物壯則老.

41) 『老子』「40章」: 反者道之動, 弱者道之用.

에서 현실적으로 상호 전화할 수 있다는 점을 이해하지 못하였다.[42] 분명 노자는 일정하고 구체적인 조건하에서 현실적으로 상호 전화하는 '전환의 계기', '피 · 아(彼·我)간의 대립'을 일종의 투쟁 관계로 파악하지만 그는 투쟁의 논리를 정치문제(전쟁논리)로 적극적으로 확장시키지 않고 오히려 대립면의 통일 곧 조화로운 세계만을 관념적으로 추구하였다. 그의 이러한 생각은 바로 "최고의 선(善)은 물과 같다. 물은 능히 만물을 이롭게 하지만 다투지 않는다."[43]라는 그의 주장에서 알 수 있듯이 '비투(非鬪)'와 '부쟁(不爭)'의 철학을 낳기에 이른다.

또한 노자가 "그가 다투려 하지 않기 때문에 천하(사람)가 그와 더불어 다툴 수가 없는 것이다."[44]라고 주장하는 것을 볼 때 그의 주된 철학적 관심사는 당시 사회의 현실적 정치문제보다는 스스로의 삶의 방식이나 실존적 문제에 있었음을 알 수 있다. 즉, '비투(非鬪)'와 '부쟁(不爭)'은 노자 자신의 삶의 방식이었기 때문에, 그는 자신의 내면세계의 투쟁에는 적극적이었지만 이러한 자세를 외부 사회정치적 범주로까지 확장시키지 않는다. 따라서 노자의 철학은 부득이한 경우를 제외하고는[45] 전쟁에 대하여 반대와 부정의 태도를 견지하는 가운데 무력을 동원하지 않는 최상의 정치형태만을 시종일관 견지한다. 그의 입장에서 보면 어차피 당시 사회는 순환하여 다시 '무위자연(道)'의 세계로 돌아가는 과정에 놓였다는 점에서 당시 사회에 발생하는 무력대결 양상들은 말단의 시기에 나타나는 하나의 현상일 뿐 만물이 지향하는 궁극적인 목적이 아니라고 생각했기 때문이었는지도 모른다.

---

42) 侯外廬, 『中國哲學史』(上), 일월서각, 1988. p.85.

43) 『老子』「8章」: 上善若水, 水善利萬物而不爭.

44) 『老子』「66章」: 以其不爭 故天下莫能與之爭.

45) 『老子』「31章」: 不得已而用之, 恬淡爲上.

"훌륭한 사관(士官)은 무력(武)을 앞세우지 않고, 잘 싸우는 자는 성내지 아니하고 적을 잘 이기는 자는 어울리지 않고, 사람을 잘 쓰는 자는 그 아래로 둔다. 이를 일러 다투지 않는(不爭)의 덕(德)이라 한다."[46]

"싸움을 잘하는 자는 목적을 달성하는 데 그칠 뿐이고, 구태여 강함을 취하려 하지 않는다. 목적을 달성하되 교만하지 말고, 목적을 달성하되 마지못해서 해야 하고, 목적을 달성하되 강하게 굴지 말아야 한다."[47]

이와 같이 노자는 결코 싸워서 이기려해서도 안 되고, 무력을 자랑해서도 안 된다고 하며 침략이 저지되고 중단되길 관념적으로 호소한다. 따라서 그는 전쟁에 대하여 부정적이고 소극적인 자세로 일관하며 전쟁과 무력의 사용을 지적하며, 전쟁은 많은 인명을 살상하고 생산력의 발전을 심각하게 훼손할 뿐만 아니라 대군이 주둔한 지역은 크게 황폐해지고 전쟁을 치른 다음에는 반드시 기근과 질병이 휩쓸기[48] 때문에 무기는 상서롭지 못한 연모라고[49] 비판한다. 그러나 또 다른 한편으로 노자나 장자 모두 무력 동원할 때 그 밖에 다른 욕심이 있어서는 안 되고 전쟁에 이겼다고 자랑거리는 아니며 그것으로 그만이라는,[50] '폭력'의 사용을 긍정하는

46) 『老子』「68章」: 善爲工者不武, 善戰者不怒, 善勝者不與, 善用人者爲之下. 是謂不爭之德.

47) 『老子』「30章」: 善(戰)者果而已矣, 不敢以取强焉. 果而勿矜, 果而勿伐, 果而勿驕, 果而不得, 果而勿强.

48) 『老子』「30章」: 師之所處, 荊棘生焉, 大軍之後, 必有凶年.

49) 『老子』「31章」: 夫佳兵者, 不祥之器.

50) 『老子』「31章」: 不得已用之, 恬淡爲上, 勝而不美. 장자(莊子) 또한 "성인이 군대를 동원하여 다른 나라를 멸망시켜도 사람들의 마음을 잃지 않고, 이로움과 혜택

애매모호한 태도를 견지한다. 즉, 그의 변증법적 사고는, 사물의 상반된 성격의 상호 대립과 투쟁이라는 하나의 과정을 중시하기보다 대립과 투쟁 이후의 조화롭고 통일된 결과만을 중시하는, 곧 그의 변증법적 사고는 과정보다는 결과에만 중점을 두며 일정한 균형감을 유지하지 못한 데서 비롯한다. 따라서 노자는 대립과 투쟁의 과정에 대해 설명하기보다는 그 결과가 낳은 이상적 사회인 '전쟁이 없는 사회로서 비록 갑옷과 무기가 있어도 진칠 곳이 없는 곳'[51]을 중점적으로 묘사하는 데 치중한다.

이와 같이 도가철학은 자연 사물의 내적인 대립과 투쟁 상태를 강조하면서도 인간 사회에서 인간과 인간의 대립과 투쟁 상태를 간과하는 단점을 지닌다. 장자 또한 노자 '부쟁론'의 연장선상에서 근본적으로 무력의 사용에 대해 부정적인 입장을 견지한다.

> "성인은 반드시 그렇게 되는 일도 반드시 그렇게 된다고 고집하지 않기 때문에 무력에 의존하지 않는다. 그러나 보통 사람들은 반드시 그렇게 되지 않는 것을 반드시 그렇게 되지 않으면 안 된다고 하기 때문에 전쟁을 많이 일으킨다. 무력에 따르기 때문에 전쟁을 일으켜 밖에서 찾게 되는데 무력에 의지해서 그것을 찾는다면 멸망하게 된다."[52]

다시 말해 노자와 장자 모두 사물의 개체 내부에서 진행되는 내적인 대립과 투쟁의 갈등상태는 자연의 원리에 의한 '무위(無爲)'의 과정으로 인

이 만대에 미쳐도 사람들을 사랑하는 일이 없다(『莊子』「大宗師」: 故聖人之用兵也, 亡國而不失人心, 利澤施乎萬世, 不爲愛人)"고 말한다.

51) 『老子』「80章」: 雖有甲兵, 無所陣之.

52) 『莊子』「列禦寇」: 聖人以必不必, 故無兵. 衆人以不必必之, 故多兵. 順於兵故行有求, 兵恃之則亡

정하면서도, 사회 속에서 개체와 개체들 사이에 발생하는 갈등은 최대의 '작위(作爲)' 내지 '유위(有爲)'로 파악한다. 그리고 그는 사회에서 이러한 유위가 발생하는 근본적인 원인을 지적하며 이를 제거할 때 비로소 '무위(無爲)'의 상태가 실현될 수 있다고 주장한다. 그는 최대의 '유위'한 정치적 행동이 전쟁이라 규정하고 이러한 전쟁을 발생시키는 근본 원인은 바로 통치계급의 끊임없는 욕심에서 비롯한 것이라[53] 주장한다.

> "재앙은 만족함을 모르는 것보다 더 큰 것이 없으며, 허물은 얻으려는 욕심보다 더 근심스러운 것이 없다. 그러므로 만족할 줄 아는 족함이라야 항상적인 만족함이다."[54]

> "조정은 매우 잘 다스려지나, 밭은 몹시 황폐하고, 창고는 심히 비어있다. 문채(文采)나는 옷을 입고 날카로운 칼을 차고 음식물을 배불리 먹고, 재화는 여유가 있으니 이를 일러 도적(盜跨)이라 하니, 이는 도(道)가 아니다."[55]

위의 인용에서 알 수 있듯이 노자는 '유위'한 정치적 행동의 사례로 백성을 착취하는 지배층의 욕심을 강력하게 비난한다. 그러나 노자가 제시한 해결책은 '무위(無爲)'의 자세에 입각해 다투지 말아야 한다는 '부쟁(不爭)'의 소극적인 방법이다. 또한 그가 제시한 '소국과민(小國寡民)'의 정치적 이상향을 통해서도 그가 당시 신흥세력에 의해 주도된 변법(變法)운동과 겸병(兼倂)전쟁에 대해 매우 부정적으로 생각하였으며, 노자의 '비전론(非

---

53) "백성들이 굶주리는 것은 그 위정자가 세금을 많이 거두어들이기 때문에 굶주리는 것이다.(『老子』「75章」: 民之飢, 以其上食稅之多, 是以飢)"

54) 『老子』「46章」: 禍莫大於不知足, 咎莫大於欲得. 故足之足常足矣.

55) 『老子』「53章」: 朝甚除, 田甚蕪, 倉甚虛. 服之采, 帶利劍, 厭飮食, 財貨有餘, 是謂盜誇, 非道哉.

戰論)'은 바로 대국주의를 부정하고 소규모 원시공동체주의를 표방한 것임을 알 수 있다.[56]

3. 묵가(墨家)의 비공론(非攻論)

묵가(墨家)는 춘추시대 말기에 활동한 사상가인 묵적(墨翟)에 의해 창시된 학파이다. 『사기』 「맹자순경열전(孟子荀卿列傳)」에 의하면 묵적은 송(宋)나라 대부(大夫)로 방어전(守禦)에 능숙하고 절용(節用)을 중시한 인물로서 공자와 동시대에 활동한 인물이라고도 하고 대략 공자 사후 10여 년 뒤에 태어나 활동한 인물(기원전 468년?~기원전 381년?)이라고도 한다. 묵적의 생졸 연대에 대해서 현재 구체적으로 밝혀진 것이 없지만, 그와 그의 학파가 남긴 책인 『묵자(墨子)』에 대해서는 『한서』 「예문지」에서 '『묵가』 71편'이라고 기록하고 있으며 현재에는 53편만이 전한다. 『한비자』 「현학(顯學)」에서는 묵자가 죽은 후 묵가는 크게 세 파로 나누어졌다고 기록하는데 내용적 측면에서 볼 때 『묵자』의 구성 또한 대체로 세 부분으로 크게 분류해서 파악할 수 있다. 그것은 첫째, 사상적인 측면에서 주로 유가를 비판하는 부분, 둘째, 묵가의 주요 구성원이 공인(工人)집단인 관계로 직업과 관련된 장비를 비롯 전쟁장비와 병장기 등을 만드는 과학 기술에 대한 부분, 셋째, 『장

56) 장자철학에 이르러 세계 내 모든 개별사물들이 궁극적으로 자신의 고유(固有)한 의미를 보존하면서도 보편의 자연 원리를 실현할 수 있다고 도가철학의 상대주의는 더욱 극단화되는데, 장자는 노자가 제시한 원시공동체보다 더욱 근원적이고 자연적인 상태를 추구한다. 장자는 조금의 무리도 짓지 않는 파편화된 개체들이 서로를 의식하지 않고 자유롭게 살아가는 '무하유지향(无何有之鄕)'을 이상향으로 제시한다. 곧 장자의 부쟁론(不爭論)은 노자가 제시한 최소한의 사회적 의미만을 내포한 원시공동체마저도 거부하며 더욱 철저하고 완전한 자연 상태를 추구하는 방향으로 나아간다.

자』「천하(天下)」에서 남쪽의 묵자가 『묵경(墨經)』을 읽고 궤변을 부렸다고 언급하듯이 전국시대에 활동한 후기 묵가에 의해 덧붙여진 논리학 부분으로 분류할 수 있다.

묵가의 중심사상은 '서로가 차별하지 않고 모두가 함께 사랑을 아우른다는' '겸애(兼愛)'의 사상을 대전제로 삼고서, 경제적 토대를 제고하는 '부(富)', 노동력을 확보하는 '중(衆)', 신분에 상관없이 현명한 자는 등용하는 '상현(尙賢)'과 상하가 모두 공감하는 정치를 하는 '상동(尙同)'의 '치(治)'이다. 이와 같은 내용을 침해하는 어떠한 무력동원에도 철저하게 대응해야 한다고 묵자는 주장하며 '침략전쟁을 비판하는' '비공론(非攻論)'을 제시한다. 침략전쟁을 비판하는 묵가의 '비공론'은 강대국의 침략에 대항하여 적극적으로 폭력으로 맞설 수 있는 무력의 기반을 확실하게 갖추는 '방어론' 곧 '수어론(守禦論)'의 형식으로 전개된다.

우선, 묵가의 중심사상인 '겸애(兼愛)'가 의미하는 내용을 살펴보면 '겸애(兼愛)'의 '겸(兼)'이란 바로 신분상의 차별을 두지 않고 모두가 아우른다는 의미이며, '애(愛)'란 실질적인 측면에서 개인의 '이익(利)'를 보장해 주는 '의로움(義)'을 실현하는 것이다. 따라서 '겸애(兼愛)'란 서로의 이익을 보장하고 함께 나누며 사랑을 아우르는 것을 말한다. 특히 묵가학파가 당시 실천적으로 자신의 이익(自利)보다는 타인의 이익과 소유권을 존중하는 타리(他利)의 수호를 위해 목숨을 걸고 행동함으로써 '겸애(兼愛)'사상을 현실화하고 전파시키기에 노력했다는 점에서, 묵가의 겸애사상은 현대적 용어를 빌리자면 '실천적 박애주의' 내지 '실천적 이타주의'라고 표현할 수 있다.

즉, 묵가의 '비공(非攻)'의 전쟁철학은 그의 중심사상인 '겸애'사상에서 비롯한 것이다.

"무릇 천하의 재앙과 찬탈과 원한이 생겨나는 까닭은 서로가 사랑하지 않기 때문이다. 그래서 어진 자는 그것을 반대한다."[57]

"남의 나라 보기를 자기 나라 보듯이 하고, 남의 집 보기를 자기 집 보듯이 하고, 남의 몸 보기를 자기 몸 보듯이 한다. 그렇게 하여 제후들이 서로 사랑하게 되면 들판에서 전쟁하지 않게 되고, 집안 주인이 서로 사랑하게 되면 서로 찬탈하지 않게 되고, 사람과 사람이 서로 사랑하게 되면 서로 해치는 일이 없게 된다."[58]

이와 같이 묵가의 '겸애(兼愛)'란 바로 나와 너(自·他)를 구별하지 않고 서로가 사랑을 나눈다는 의미이다. 묵자는 사회에서 서로의 이익을 침해하고 차별하는 데서 대립과 투쟁이 발생한다고 주장한다. 『회남자(淮南子)』「요략(要略)」에서는 묵가가 유가의 예(禮)가 너무 번잡하고 재물을 너무 많이 낭비하므로 살아있는 사람마저 상하게 한다고 생각해서 주도(周道)를 물리치고 그 이전의 하정(夏政)을 따랐다고 기록한다. 부연하면 유가의 시조인 공자는 주(周)나라의 문화가 앞선 시대인 하(夏)나라와 은(殷)나라에 비해 번성하였으므로 자신은 주나라를 따르겠다고[59] 단언한 반면, 묵가는 문화보다는 노동의 의미가 더욱 중시된 왕조인 하나라를 자신들의 이상국가로 채택했다는 의미이다. 묵가는 원래 공인집단으로 대표되는 하층 인민의 이익을 대변하는 학파로서 당시 신분사회의 차별의식에 기인하여 기득권 세력으로부터 일방적으로 이익을 침해당하는 피지배 계층의 입장을 변호하면서 지배와 피지배 관계를 떠나 너 · 나 할 것 없이 이해관

57) 『墨子』「兼愛中」: 凡天下禍簒怨恨, 其所以起者, 以不相愛生也. 是以仁者非之.

58) 『墨子』「兼愛中」: 視人之國, 若視其國, 視人之家, 若視其家, 視人之身, 若視其身. 是故諸候相愛, 則野戰 家主相愛, 則不相簒, 人與人相愛, 則不相賊.

59) 『論語』「八佾」: 子曰, 周監於二代, 郁郁乎文哉! 吾從周.

계가 평등하게 적용되는 공동체사회가 건설되어야 한다고 주장한다. 그러한 사회를 구현하기 위하여 묵가가 제시한 방법은 바로 힘 있는 자는 부지런히 남을 돕고 재물 있는 자는 힘써 남에게 나누어 주고 도(道)가 있는 자는 힘써 다른 사람을 가르치는 것이다.[60] 즉, 묵자는 서로 사랑하고(互愛), 서로의 이익을 보존해주고(互利), 서로 돕는(互助) 공동체 의식이 바로 인간관계의 근본인데 이를 해치는 것은 바로 기득권 세력을 비롯한 강자의 폭력임을 강조한다.

특히 묵가의 겸애사상은 항상 이익개념을 동반한다. 즉, 묵자는 '의로움(義)'란 바로 상대방의 이익을 전제한 '이익(利)'이라고 규정하는 점에서 묵자의 겸애사상은 항상 상대방의 소유권을 존중하며 상호 이익을 교환하는 '교상리(交相利)'의 관념이 내포되어 있다. 반면 혈연관계에서 '교리(交利)'의 논리가 성립될 수 없으며 특히 상하 신분질서가 정식화된 정치질서(周禮)를 지향한 유가철학에서 이익(利) 추구의 관념이 매우 부정적으로 인식된다는 점에서 묵가철학은 유가철학의 안티테제로 형성된다. 묵가학파는 상호의 이익을 해치는 어떠한 사회적 정치적 폭력에도 대항할 책무를 스스로 짊어진 집단, 곧 현대적 용어로 무력을 통해서라도 약자를 보호하는 협객집단 내지 결사조직이라고 할 수 있다.

즉, 유가철학에서 공자나 맹자는 모두 '이익(利)'과 '욕구(欲)'는 도덕적 '의로움(義)'과 항상 대조적인 관점에서 파악되며 유가철학의 전반적인 논의의 사상적 핵심은 항상 '의로움(義)'을 강조하는 데 있다.[61] 그러나 묵가

60) 『墨子』「尙賢下」: 有力者疾以助人, 有財者勉以分人, 有道者勸以敎人.

61) 유가철학에서는, "군자는 의로움(義)에 밝고 소인은 이익(利)에 밝다.(『論語』「里仁」: 君子喩於義, 小人喩於利)", "이익(利)을 보면 의로움(義)를 생각하고, 위험에 처하면 목숨을 바친다.(『論語』「憲問」: 見利思義, 見危授命)", "이익(利)만을 바라며 행하면 많은 원망을 받는다.(『論語』「里仁」: 放於利而行, 多怨)", "삶(生)도 내가

학파는 유가의 차별적 사랑의 의미를 내포한 '인(仁)'의 철학에 적극적으로 대항하며 무차별적인 사랑 곧 '겸애(兼愛)'의 철학을 주장하고, '의로움(義)'이 '이로움(利)'과 배치되는 것이라는 유가철학의 주요 논리에 대하여 '의로움이 곧 이익'[62]으로서 '의(義)'와 '리(利)'는 동일한 가치를 지닌 것이라고 주장한다. 묵자는 당시의 혼란한 사회 상황이 가치의 전도 현상 곧 의(義)와 불의(不義)를 구별하지 못하는 데 있다고 지적한다. 묵자는 의(義)와 불의(不義)의 혼란으로 인해 수많은 인명을 살상하는 침략전쟁이 발생하고 그것을 또 정의(正義)의 전쟁이라고 칭송하는 현상이 당시 사회에 만연되었다고 비판한다. '의(義)'가 '리(利)'라고 생각한 묵자의 입장에서 보면 현상적으로 백성의 이익에 부합하지 않는 침략전쟁은 모두 '불의(不義)'에 기인한 것이다. 이와 같이 묵가에서 주장하는 '어진 사람(仁人)'은 도덕적 명분을 중시하는 유가의 '인인(仁人)'과는 차원을 달리하는 '의로움(義)'과 '이로움(利)'를 동일하게 추구하며 그것을 중시하는 인물이다. 이는 묵가가 주장한 "어진 사람(仁人)이 해야 할 일은 반드시 천하의 이익(利)을 일으키고 천하의 해로움(害)을 제거하는 것이다."[63]라는 언표를 통해서도 확인된다.

묵자는 사회에서 폭력과 혼란이 발생하는 근본적인 원인은 바로 '서로가 사랑하지 않는' '불상애(不相愛)'에서 비롯한 것으로 파악한다. '불상애(不相愛)'란 바로 '다른 사람의 이익을 침해하며 자신만의 이익을 추구하는' '휴

욕망하는 바이고, 의로움(義)도 내가 원하는 바이지만, 두 가지를 동시에 가질 수 없다면 삶을 버리고 의로움을 택할 것이다.(『孟子』「告子上」: 生亦我所欲也, 義亦我所欲也. 二者不可得兼, 舍生而取義者也)" 등에서 볼 수 있듯이, '의로움(義)'과 '이익(利)'을 배치되는 관념으로 보거나 '이익(利)' 보다는 '의로움(義)'을 더욱 중시해야 한다는 관념이 강하다.

62) 『墨子』「經上」: 義, 利也.

63) 『墨子』「兼愛下」: 仁人之事者, 必務求興天下之利, 除天下之害.

인자리((虧人自利)'[64]에서 비롯한 것으로, 묵자는 침략전쟁이 바로 다른 사람을 손상시켜 자기의 이익만을 추구하는 대표적인 폭력이라고 생각한다. 따라서 묵자는 당시에 비일비재하게 발생한 제후들의 공벌(攻伐)전쟁은 모두 상대방의 이익을 해치면서 자신의 이익만을 추구하는 '자애자리(自愛自利)'에서 생겨난 것이라 규정하고 공벌전쟁을 강력하게 비판한다.

> "지금 천한 사람들이 그 병기와 독약과 물과 불을 가지고 서로 해치고 있는데, 이것이 또한 천하의 해로움(害)이다."[65]

> "지금 나라를 공격하는 큰 불의(不義)를 행하는데 그것을 비난할 줄 모르고, 그것을 좇아 칭송하며 그것을 의(義)라고 이르니, 진실로 그 불의(不義)를 알지 못한다."[66]

> "지금 작게 그릇된 일을 하면 그것을 비난하고, 크게 나라를 공격하는 그릇된 일을 하면 비난할 줄 모르고, 그것을 좇아 칭송하면서 의(義)라고 이른다면, 이는 의(義)와 불의(不義)를 안다고 이를 수 있겠는가."[67]

이와 같이 묵가가 제시한 '인(仁)'과 '의(義)' 개념은 유가의 도덕적 범주에 제한된 개념과는 차원을 달리하는 가운데, 천하의 가장 큰 폐해(害)는 자신들의 이익만을 위하여 국력이 강한 제후국이 약소국을, 상위의 신분에

---

64) 『墨子』「兼愛上」: 子自愛不愛父, 故虧父而自利, 弟自愛父愛兄, 故虧兄而自利, 臣自愛不愛君 故虧君而自利, 此所謂亂也.

65) 『墨子』「兼愛下」: 令人之賊人, 執其兵刃毒藥水火, 以交相虧賊, 此又天下之害也.

66) 『墨子』「非攻上」: 今至大爲不義攻國則弗之而非, 從而譽之謂之義, 情不知其不義也.

67) 『墨子』「非攻上」: 今小爲非則知而非之, 大爲非攻國則不知而非, 從而譽謂之之義, 此可謂知義與不義之辯乎.

위치한 강자가 약자를 공격하는 폭력이라고 규정한다. 따라서 묵자는 기존의 신분등차질서를 강조하며 '예제(禮制)'의 수호를 강조한 유가의 '차별적 사랑(別愛)'이 또 다른 폭력을 낳는 원인이라고 생각한다. 묵가의 '비공(非攻)'의 논리는 대외적으로 제후들의 침략전쟁을, 대내적으로 신분상의 차이에 근거한 강자의 약자에 대한 폭력 비판을 기반으로 전개되며, 묵가의 사상체계에서 '겸애(兼愛)'사상은 '비공론(非攻論)'의 윤리적 기초가 되며 '비공론(非攻論)'은 '겸애(兼愛)'사상의 사회정치적 관점에 반영된 필연적인 결과라고 할 수 있다.

묵가의 '비공(非攻)'과 '수어(守御)'의식은 군사론의 범주에서 '혼란함(亂)'을 제거하고 '침략(攻)'을 멈추게 하는 것이다. 묵가집단은 전쟁을 흉사(凶事)로 규정하고 침략전쟁에 대항하여 자신들의 목숨까지 바쳐가며 적극적으로 대항한 집단으로 유명하다. 즉, 묵자의 '비공(非攻)'은 도가철학에서 나타난 폭력에 대한 소극적 자세로 대처한 관념적 평화론 곧 '비투(非鬪)'(『장자』「천하(天下)」)의 의식과는 차원을 달리하며 '폭력'의 문제에 매우 적극적으로 대처하는 것이다. 묵자의 '비공론(非攻論)'은 침략전쟁에 대해 반대한다는 의미를 넘어서 침략전쟁에 대해 공격적 자세를 견지한다는 의미를 내포한다. 즉, 묵자는 침략전쟁에 대항할 수 있는 무력의 축적을 통해 침략전쟁이 발생하는 것을 미연에 방지하고자 하였다는 점에서, 당시 형성된 기존 질서 체계 안에서 무력기반에 의거한 화해와 평화를 강조한 사상가라 할 수 있다.

묵가사상의 세계관은 당시의 강(强)·약(弱)의 대립이 혼란한 사회정치적 상황을 야기하는 하나의 객관적 요인임을 인정하고 그 현실적인 해결방식을 약자를 보호하는 데서 찾고자 하였다. 당시 사회경제적 제 조건의 변화는 전쟁의 성격을 변화시켜 전쟁의 양상이 단기전에서 지구전으로 변화하고 지구전에 대응하기 위해 군대의 구성원인 군사의 지속적인 보급을 확보하기 위한 징병제가 실시되기에 이른다. 따라서 전쟁 발생 시에 의무적으로 참여하게 된 백성들이 전쟁에서 대거 살육당하는 현상이 발생하고 전쟁에 참여하지 않은 백성들은 전쟁에 필요한 막대한 군사지출을 감당하기 위한 조세부담의 책임을 지게 됨으로써, 백성들은 정치 군사적으로 위상이 높아진 반면, 그것에 비례한 고통을 감수해야만 하였다. 이러한 현상을 목격한 묵자는 국가가 백성들의 이익을 추구한다는 명분에서 전쟁을 일으키지만 사실상 전쟁은 누구에게도 이익을 주지 않는 무의미한 정치적 행위일 뿐이라는 결론에 이른다.

즉, 사회정치적 질서를 안정시킬 수 있는 경제적 '부(富)'와 생산력 발전을 위한 '노동력 확보(衆)'를 중심사상으로 삼은 묵가의 시각에서 볼 때 전쟁이란 경제적 이익보다 손실이 더 큰 무의미한 정치적 행위였다. 당시 벌어진 전쟁의 무의미성에 대하여 묵자는, 자신의 전승(戰勝)을 헤아려 보면 아무 데도 쓸데가 없는 것이고, 거기에서 얻어진 것을 헤아려 보면 오히려 잃는 것만큼 많지 않다고 지적한다.[68] 즉, 묵자가 보기에 당시 전쟁에서 승리해서 수만 리에 달하는 넓은 땅을 점령해도 그곳에서 살 백성이 부족하기 때문에 땅을 개척할 노동력도 확보할 수 없는 상태가 많았는데, 이는 "부족한 것을 버리고 남음이 있는 것을 소중히 여기는 행위"[69]로 "정치를 이렇게 하는 것은 나라가 힘써야 할 길이 아닌 것"[70]이라고 말한다. 이와 같이 묵자는 공리적(功利的) 측면에서도 침략 전쟁의 무의미함을 역설하며 '비공론'의 타당성을 주장한다.

---

68) 『墨子』「非攻中」: 我貪伐勝之名及得之利, 故爲之. 子墨子言曰, 計其所自勝, 無所可用也, 計其所得, 反不如所喪者之多.

69) 『墨子』「非攻中」: 棄所不足, 而重所有餘也.

70) 『墨子』「非攻中」: 爲政若此 非國之務者也.

그러나 묵자의 겸애주의와 공리주의가 폭력과 전쟁의 사회정치적 역할을 근본적으로 부정할 수는 없었다. 왜냐하면 관념적으로 침략전쟁을 부정하는 것은 '비공론'의 근본적인 해결책이 될 수 없었다는 점에서, 묵자의 '비공론'은 현실적으로 침략전쟁에 맞설 방어전쟁을 강구하게 되고 방어전쟁에 참전할 수 있는 강력한 결사조직의 체계를 구축하는 방향으로 나아간다. 그 결과 묵자는 강대국의 침략으로부터 약소국을 구원하기 위한 방어집단 곧 수어집단(守禦集團)을 조직한다. 묵가의 우두머리인 거자(鉅子)가 주도하는 수어집단은 전쟁에 필요한 병장기를 만드는 숙련된 공인집단인 동시에 실제 전투에 참여하는 무사집단의 성격을 지닌다. 침략전쟁을 사전에 방지하기 위해 무력배양을 주장하는 묵자의 '비공(非攻)'의 논리는 폭력을 부정하는 반전논리에 입각한 '언병(偃兵, 전쟁을 멈추자는 주장)', '비투(非鬪)', '부쟁(不爭)', '비전(非戰)' 등의 절대적인 '반전(反戰)'논리에 입각한 폭력론과는 의미가 다르다. 묵가의 '비공론'이란 대국이 소국을 병탄하는 정치 공학을 거부하기 위한 폭력을 동반한 실력항쟁(實力抗爭)이기 때문에 관념적 내지 절대적 평화주의와는 구별해서 파악해야 한다.[71] 즉, 묵자는 무력 동원의 정당성에 대하여 '공(攻)'(죄가 없는 자에 대한 폭력행사)과 '주(誅)'(무도한 자에 대한 폭력행사)를 분류 파악하며 두 상황에 적용되는 개념을 명확하게 구분한다.[72] 이 점에서 묵자의 '비공(非攻)'은 단순히 공벌전쟁을 억제한다는 '언병(偃兵)'을 통한 절대적 평화주의와는 구별된다. 묵자의 '비공론'은 한편으로 침략전쟁을 반대하고 또 다른 한편으로 백성의 이익을

---

71) 이 점에서 침략전쟁을 사전에 방지하기 위해 무력배양을 주장하는 묵자의 '비공론'은 "옛날의 현명한 왕에게는 의병(義兵)은 있었으나 언병(偃兵, 여기에서는 전쟁을 멈추자는 반전논리에 의해 투입되는 군사를 의미)은 있지 않았다.(『呂氏春秋』「蕩兵」: 古之賢王有義兵而無有偃兵)"는 논리의 연장선상에서 파악할 수 있다.

72) 『墨子』「非攻下」: 若以此三聖者觀之, 則非所謂攻也, 所謂誅也.

침해하는 대상에 대한 주살과 토벌(誅討)은 정당화한다.

즉, 묵가의 '비공론'은 폭력을 배격하지만 폭력을 방기하지는 않는다. "정치란 입으로 말한 것을 몸으로 바로 실행하는 것이다"[73]라고 묵자 스스로 말했듯이, 묵가학파는 침략전쟁을 막기 위하여 공인출신인 자신들의 숙련된 능력을 이용하여 수성(守城) 등을 비롯한 전쟁 방어무기를 만드는 데 노력한다. 묵가집단이 병장기 제작과 방어술에 숙련된 결사조직임을 보여주는 대표적인 사례 한두 가지를 소개하면 다음과 같다.

우선 『묵자』「공수반(公輸盤)」에 나오는 침략을 감행하려는 자와 이를 방어하려는 자 사이에 벌어진 묵자와 공수반(公輸盤)의 일화는 당시 묵자의 방어능력과 기술수준을 가늠하게 해준다. 당시 강대국인 초(楚)나라의 공수반(公輸盤)이 공성(攻城)무기인 '운제(雲梯, 구름높이로 걸쳐서 성안 동태를 내려다볼 수 있는 당시 신종의 공성무기)'를 개발하여 약소국인 송(宋)나라를 공격하려 한다는 소식은 들은 묵자는 제(齊)나라에서 열흘 밤낮을 쉬지 않고 초나라의 도읍인 영도(郢都)로 달려가서 공수반을 만난다. 공수반을 만난 묵자는 그를 설득시켜 초나라 왕 앞에서 모의전투를 통해 자신의 공격과 방어 기술을 선보인다. 모의 전투에서 공수반은 아홉 번에 걸쳐 묵자를 공격하지만 실패하였고 묵자는 방어술이 넉넉하게 남아 있었다. 그래도 묵자를 물리칠 방법이 있다고 주장하는 공수반의 말에 묵자는 그의 의도를 간파하고, 자기를 죽여도 자신과 같은 제자 3백인이 방어무기로 무장하고 송나라의 성을 지키고 있다고 대답한다. 결국 묵자는 초나라의 송나라 공격 시도를 단념케 만든다. 이와 같은 사례는 묵가집단이 전쟁무기를 만드는 공인집단일 뿐만 아니라 실제 전투에서도 방어술이 뛰어난 무사들로 구성된 결사집단임을 보여준다. 또한 묵가학파의 약소국을 지키기 위해 목숨을 바

73) 『墨子』「公孟」: 政者, 口言之, 身必行之.

치며 죽음을 불사하는 결사적 성격에 대하여『회남자(淮南子)』「태족훈(泰族訓)」에서는 "묵자에 복역하는 자가 180인이었고, 그들 모두가 불속에 들어가거나 칼날을 밟게 할 수도 있었는데 죽더라도 그들은 발꿈치를 돌리지 않았다"라고 기록한다.

이와 같이 폭력의 사회정치적 역할을 긍정하며 실천적인 '수어(守禦)'의식으로 무장한 묵가사상의 전쟁론은 당시 변법과 공벌전쟁을 주도하며 새롭게 정치적 기반을 확장해 나아가던 신흥지주계급의 공전(攻戰)의 주전론(主戰論)과는 또 다른 성격의 폭력론임을 알 수 있다.

4. 법가(法家)의 주전론(主戰論)

1) 관중(管仲)

관중(管仲, ?~기원전 645년)은 제(齊)나라 환공(桓公)의 개혁정책을 보좌하여 제나라를 춘추시대의 패자로 만든 인물이다. 그의 저술로 알려진『관자(管子)』는 관중 한 사람만의 저작이 아닌 관중학파 곧 전국시대 관중의 사상을 계승 발전시킨 제나라 후학들의 저술까지 포함된 형태로 전해진다.『관자』는 유가와 법가, 법가와 유가, 도가와 법가 등 여러 학파의 이론이 혼합된 성격의 문헌으로『한서』「예문지」에서는 도가로도 분류하지만,『수서(隨書)』「경적지(經籍誌)」이래로 그를 법가(法家)의 시조로 본다.

관중은 중국사상사에서 기존 예제(禮制) 정치질서의 상부구조를 해체시키는 데 선도적인 정치 역량을 발휘한 선행 법가의 인물이다. 그는 제(齊)나라의 재상으로 있으면서 주대(周代) 이래로 관습으로 자리한 천명(天命)의 이데올로기와 종법(宗法)에 기초한 기존 사회정치질서를 개혁하는 한편, 경제와 군사 등의 제 방면에서도 일련의 개혁을 진행한 정치가이자

사상가이다. 특히 그의 정치사상의 중점은 경제가 정치의 근본이라는 데 있었기 때문에 그의 개혁은 주로 백성들의 삶에 필요한 물질적 토대를 제공하는 경제적 측면에 역점을 두고 전개된다.

> "창고가 가득차야만 예절(禮節)을 알게 되고, 입고 먹는 것(衣食)이 넉넉해야 도덕적인 영예로움과 치욕스러움(榮辱)을 안다."[74]

> "나라를 잘 다스리는 자는 반드시 먼저 백성을 부유하게 한다."[75]

위와 같이 관중은 물질적 토대가 전제되어야 백성들의 도덕적 교화를 실행할 수 있다는, 즉 도덕 등의 정신적 생활문화는 물질적 생존 토대가 가능할 때 비로소 실현가능한 것이기 때문에 백성들의 먹고 입는 의식(衣食) 등의 경제적 토대가 일정한 수준을 확보한 이후에 도덕문화나 사회 풍속이 제고될 수 있음을 밝힌 것이다. 즉, 생산력을 발전시켜 백성이 경제적으로 안정될 때 비로소 예절 등의 도덕문화도 제고될 수 있다는 것으로, 도덕 문화란 물질적 조건의 성숙을 전제한 것임을 밝힌 것이다. 이는 앞서 살펴보았듯이 관중 이후 활동한 유가학파의 시조인 공자가 그의 제자인 자공(子貢)의 질문에 대답하면서 '경제(食)'와 '군사(兵)'와 '도덕(信)'에서 '도덕적 신의(信)'가 가장 중요하다는 관점과 대조된다.[76]

이와 같이 『관자』의 정치철학은 기존 질서를 수호하는 도덕적 당위성보다는 변화하는 사회정치적 환경 속에서도 백성의 경제적 안정을 도모하는 데 중점을 둔다. 『관자』에서는 이를 위해 농업의 보호육성을 강조하며

---

74) 『管子』「牧民」: 倉廩實則知禮節, 衣食足則知榮辱.

75) 『管子』「治國」: 善治國者, 必先富民.

76) 『論語』「顔淵」: 子貢問政, 子曰, 足食足兵民信之矣. 子貢曰, 必不得已而去於斯三者何先, 曰去兵. 子貢曰, 必不得已而去於斯二者何先, 曰去食. 自古皆有死, 民無信不立.

백성이 터를 잡고 안정되게 생활할 수 있게 해야 한다고 주장한다. 왜냐하면 옛날의 군주들이 법제(法制)와 정령(政令)이 일치되지 않았을 때도 모두 천하의 왕자로서 군림할 수 있었던 것은 나라가 부유하고 곡식이 풍부했기 때문이다. 이러한 것이 가능했던 것은 바로 농사 때문이며 따라서 선왕들은 모두 농업을 존중했다고[77] 말한다. 관중은 농업의 보호를 위해 사치품과 상공업을 금지해야 한다고 주장하고,[78] 또한 농업생산의 향상을 위해서는 토지잠재력 개발과 함께 농민의 적극적인 참여를 유도한다. 이러한 그의 관점은 농업을 중시하는 상앙(商鞅) 등을 비롯한 후대 법가 사상가들에게 그대로 계승된다.

관중은 인간은 본래부터 지극히 공리적이며 타산적 존재로서[79] 농민의 노동의욕은 물질적 이익추구에서 비롯한 것으로서 인간의 생존에 필요한 물질재화생산 또한 이러한 물질적 이욕을 추구하는 육체적 노동을 통해서 이루어지는 것이며,[80] 정치란 바로 법(法)의 확립을 통해 물질적 이욕추구 과정에서 발생하는 인간들의 대립적인 이해관계에서 발생할 수 있는 문제들을 해소하는 것이다.

따라서 관중은 사회정치사상적 측면에서 과거를 중시한 '복례(復禮)'관념과 '인의(仁義)'사상보다 시대의 변화에 적응할 수 있는 변법의식과 누구도 침범할 수 없는[81] '법(法)'의 필요성과 존엄성을 더욱 강조한다. 이러한 관

---

77) 『管子』「治國」: 昔者七十九代之君, 法制不一號合不同, 然俱王天下者何也, 必國富而粟多也. 夫富國多粟, 生於農, 故先王貴之.

78) 『管子』「治國」: 凡爲國之急者, 必先禁末作文巧.

79) 『管子』「禁藏」: 夫凡人之情, 見利則莫能勿就, 見害則莫能勿避. 其商人通賈, 倍道兼行, 夜以續日, 千里而不遠者, 利在前也.

80) 『管子』「八觀」: 地非民不動, 民非作力毋以致財, 天下之所生, 生於用力, 用力之所生, 生於勞身.

81) 『管子」「任法」: 不法者, 上之所以一民使下也.

중의 변법의식과 법치관념은 전국시대에 활발하게 활동한 법가사상가들에게도 그대로 계승된다.

> "옛것을 사모하지 않고 지금에 머무르지 않으며, 때(時)에 따라 변하고 습속(俗)에 따라 변화한다."[82]

> "올바른 법을 제정하지 않으면 세상은 원활해질 수 없다. 부당한 법을 제정하면 명령(令)은 지켜지지 않는다."[83]

이와 같이 관중의 사상에 보이는 변법의식, 법치주의, 경제중시 관념은 군사론에도 그대로 반영되어 나타난다. 즉, 국가의 경제 토대가 전쟁의 승패에 결정적으로 작용한다는 주장이나 전쟁의 사회정치적 역할을 중시한 주전론(主戰論)의 주장은 향후 변법과 겸병전쟁을 주장하는 변법 사상가들의 주요한 이론적 토대가 된다. 당시 중국사회는 생산력이 급격하게 발전하면서 하부의 경제 토대가 점차 변화하기 시작함으로써 대내적으로 백성들 사이에서, 대외적으로는 제후국 사이에서 이욕추구의 대립적 갈등관계가 발생하고 이를 해소하기 위한 무력 동원방법은 정치방면에 나타나는 일반적 현상이었다. 매년 2회 이상 발생하는 대내외적 무력 충돌 횟수를 볼 때 당시 전쟁이 이미 정치의 보편적 현상으로 자리하였음을 보여준다. 당시에 전쟁은 군주의 지위를 보존하고 나라를 안정되게 하는 하나의 정치 수단으로 인식되었는데, 즉, 『관자』의 "군주가 비천하게 되거나 존귀하게 되는 것과 국가가 안정되거나 위태로워지는 것에는 군사만큼 중요한 것이 없다. 그러므로 포악한 나라를 징벌하는 데는 반드시 군사를

82) 『管子』「正世」: 不慕古, 不留今, 與時變, 與俗化.

83) 『管子』「法法」: 不法法則事毋常. 法不法則令不行.

이용한다."[84]라고 주장하는 언표를 통해서도 당시에 전쟁이 신흥세력들 사이에 하나의 정치적 문제를 해결하는 수단으로 인식되었고 정치의 보편적 현상으로 자리하였음을 단적으로 알 수 있다.

즉, 『관자』에서는 "대저 전쟁이란 비록 도(道)를 갖추거나 덕(德)에 이르지 않는 것이지만 군주를 도와서 패업을 이루는 수단이다."[85]라고 규정하는데, 이는 전쟁이 단지 도덕의 문제에 국한되는 것이 아닌 국가의 패업을 달성하는 정치수단이라는 점을 분명히 한 것으로서, 전쟁의 승리는 궁극적으로 경제적 토대의 우열에 의해 좌우된다고 주장한 것이다. 즉, 『관자』에서는 전쟁에서 경제가 미치는 영향에 대해서 반복적으로 강조하며 특히 주의한다.

> "나라가 부유해야 군대가 강해지고 군사가 강하면 전쟁에 승리하여 농토를 넓힐 수 있다."[86]

> "국토를 지키는 것은 성(城)에 있고, 성(城)을 지키는 것은 군대(兵)에 있으며, 군대(兵)를 지키는 것은 사람(人)에 있고, 사람(人)을 지키는 것은 식량이다. 그러므로 국토가 개발되지 않아 식량생산이 제대로 되지 않으면 성(城)도 지키지 못한다."[87]

> "앞선 왕들은 백성을 많이 보유하고(衆民), 군대가 강해지고(强兵) 땅을 넓게 확보하고(廣地) 국가가 부유해지는 것(富國) 모두가 반드시 식량의 생산에 의해 이루어진다는 것을 알았다."[88]

---

84) 『管子』「治國」: 君之所以卑尊, 國之所以安危者, 莫要於兵. 故誅暴國必以兵.

85) 『管子』「兵法」: 夫兵, 雖非備道至德也, 然而所以輔王成覇.

86) 『管子』「治國」: 富國强兵, 兵强勝戰, 戰勝地廣.

87) 『管子』「權修」: 地之守在城, 城不守在兵, 兵之守在人 人之守在栗. 故地不僻, 則城不固.

88) 『管子』「治國」: 足以先王知衆民强兵廣地富國之, 必生于栗也

이와 같이 정치와 경제 그리고 그것들이 전쟁에 미치는 영향에 대해서 「권수(權修)」, 「치국(治國)」 등을 비롯한 『관자』의 여러 편에서 반복적으로 강조하며, 특히 『관자』「칠법(七法)」에서는 전쟁에서 이기는 조건으로 '물자를 넉넉하게 갖추는 것(聚財)'을 가장 중요한 요소로 파악하여 수위(首位)에 위치시킨다. 『관자』에서는 법치를 통해 내부의 정치력을 강화하고 경제발전을 토대로 전쟁을 통해 정치상의 승리를 도모해야 한다고 주장한다.

즉, 전쟁의 승패는 정치력과 경제력의 대비 관계에서 결정되기 때문에 정치와 경제력의 우위가 전쟁의 승패를 결정짓는 요소임을 강조한다. 유가에서 주장하듯 전쟁은 도덕적 명분에 의해 승부가 갈린다는 '인자무적(仁者無敵)'이 아닌, 『관자』에서는 상호 간의 경제적 기반이 전쟁의 승패를 좌우한다는 '취재(聚財), 무적(無敵)'이라는 논리를 주장한다.[89] 『관자』에서는 경제활동 중에서도 농업을 중시하여 중농(重農)정책을 주장하고 이러한 중농주의는 법가들의 농업경제와 군사 문제를 결합한 농전론(農戰論)에 그대로 반영된다. 『관자』가 경제활동에서 농업을 중시한 이유는, 바로 농업에 종사하는 백성은 다른 경제 분야와는 달리 주로 땅을 기반으로 삶의 터전을 잡고서 정착생활을 한다는 점에서 그들이 평상시에는 국가의 경제를 부양하는 세금을 내는 주요 원천이자 전쟁이 발생하면 언제든지 군대의 주보급원으로써 전쟁에 참여할 수 있기 때문이다.

이와 같이 『관자』에서는 전쟁을 군주의 귀하고 천함(尊卑)과 국가의 안정과 위태로움(安危)을 결정짓는 가장 중요한 정치수단이라고 인식하는 한편, 또한 군주의 존위와 국가의 부강을 최대한 빠른 시간 안에 실현해주는 사회정치적 첩경(捷徑)이라고 주장한다.[90] 반면, 전쟁은 한 나라를 부

89) 『管子』「七法」: 爲兵之數, 存乎聚財, 而財無敵.

90) 『管子』「參患」: 君之所以卑尊, 國之所以安危者, 莫要于兵. 故洙暴國必以兵 禁僻民 必以刑. 然則兵者, 外以誅暴, 內以禁邪. 故兵者尊主安國之徑也.

강하게 만들어주고 대외적 정치문제를 빠른 시간 안에 해결해주는 주요 수단이지만 역으로 그 폐해 또한 심각하기 마련이다. 이러한 폐해에 대해 『관자』에서는 "한 번 전쟁을 하는 데 드는 비용은 여러 세대의 공(功)을 다 하고",[91] "전쟁이 일어난 그날로 나라 안은 궁핍에 쪼들리고, 싸워서 이긴다 하여도 수많은 사상자를 낸다."[92]고 지적한다. 즉, 전쟁이란 한편으로 군주의 존엄과 국가의 안정을 보장해주는 첩경이지만 또한 '궤물(詭物)'이라는 점에서,[93] 신중하지 못하고 경솔하게 일으킨 전쟁은 오히려 군주와 국가에 대한 크나큰 위해(危害)가 되기 때문에[94] "영토가 크고 나라가 부유하며 인구가 많고 군대가 강한 것은 패왕(霸王)의 근본이 된다. 그러나 위태롭게 되거나 망할 수 있는 것에도 가깝다. …… 가득차면 줄고 흥성하면 쇠퇴한다."[95]라고 경고한다. 따라서 『관자』에서는 전쟁신중론의 입장에서 "가장 좋은 것은 싸우지 않고 이기는 것이며 그 차선책의 하나가 바로 전쟁이다."[96]라고 말하면서 전쟁이라는 정치적 최후 수단을 통하지 않고서 상대방을 굴복시키는 것이야말로 최상의 전략이라는 정치원칙을 제시한다. 이러한 『관자』의 관점은 병법가인 손무의 "싸우지 않고 이기는 것이 가장 최선책"이라는 전쟁론(全爭論)과도 일치한다.

이와 같이 『관자』에서는 폭력에 대한 사회정치적 기능을 인정하면서도 한편으로 폭력의 사용에는 신중을 기해야 한다고 주장한다. 그러나 변법

91) 『管子』「參患」: 一戰之費 累代之功盡.

92) 『管子』「兵法」: 擧兵之日, 而境內貧, 戰不必勝, 勝則多死.

93) 五德敏 外, 『管子硏究』第1輯, 山東人民出版社, 1987. p250.

94) 『管子』「幼官」: 數戰則士疲, 數勝則君驕, 驕君使疲民, 則國危.

95) 『管子』「重令」: 地大國富, 人衆兵强, 此霸王之本也. 然而與危亡爲隣矣. …… 至則反, 盛則衰.

96) 『管子』「兵法」: 至善不戰, 其次一之.

과 겸병전쟁을 주도한 신흥세력들은 모두 한결같이 전쟁신중론의 입장을 견지하지만 전쟁의 사회정치적 역할을 긍정한다는 점에서 절대적 내지 관념적 평화주의를 표방하는 '폐병(廢兵)'주의를 근본적으로 반대한다. 왜냐하면 당시 중국사회에서 사회정치적 역량을 확장하길 원했던 신흥세력들의 관점에서 볼 때 폭력의 발생은 '변법(變法)'의 추동과 '복례(復禮)'의 반동이라는 개혁과 수구의 사상적 대립관계에서 피할 수 없는, 곧 필연적으로 발생할 수밖에 없는 사회정치적인 산물이기 때문이다. 따라서 기존의 예제(禮制)를 법치(法治)로 대체하려는 관중의 변법의식에 비추어 볼 때, 당시의 사회정치적 조건에서 구세력들의 이익을 옹호하는 비전(非戰)의 주장은 결코 수용할 수 없는 것이고,[97] 더 나아가 군대를 없애자는 관념적 평화주의에 의거한 '침병(寢兵)'의 주장이나 기존 정치질서의 옹호를 고수하는 '겸애(兼愛)'의 학설은 단지 사람들의 사상무장을 해제할 뿐 유해하고 무익한 것이었다.[98] 따라서 『관자』에서는 전쟁을 준비하기 위해 갖추어야 할 8가지 필승의 정책을[99] 구체적으로 제시하면서 더욱 적극적이고 조직적인 자세로 전쟁에 대처할 것을 주장한다. 전쟁에서 상대할 적이 없는 무적(無敵)의 상태가 되기 위해서 『관자』에서는 '재물을 모으는(聚財)', 즉 경제적 토대를 확고히 할 것을 수위로 꼽고 있으며 이것은 『관자』의 군사론을 일관하는 원칙이다. 다음으로 '무기제조 기술에 대해 논의하고(論工)',

97) 『管子』「立政」: 寢兵之說勝, 則險阻不守. 兼愛之說勝, 則士卒不戰. 全生之說勝, 則廉恥不立. 私議自貴之說勝, 則上令不行.

98) 邱少華 外, 『先秦諸子軍事論譯註』(上), 軍事科學出版社, 1985. p.295.

99) 『管子』「七法」: 爲兵之數, 存乎聚財, 而財無敵.(경제력) 存乎論工, 而工無敵.(무기제조기술) 存乎制器, 而器無敵.(전쟁무기) 存選乎士, 而士無敵.(지휘자선별) 存乎政教, 而政教無敵.(정치 · 문화) 存乎服習, 而服習無敵.(전투훈련) 在乎偏知天下, 而遍知天下無敵.(첩보활동) 存乎明於機數, 而明於機數無敵.(임기응변의 전략전술) 故兵未出境, 而無敵者八.

‘전쟁에서 사용할 무기를 제조하고(制器)’, ‘군대를 지휘할 수 있는 지휘자를 선별하고(選平士)’, ‘정치에 의한 교화를 통해 민심을 수합하고(政教)’, ‘군사들의 전투훈련을 시키고(服習)’, ‘대외 상황에 대해 첩보활동을 진행하며(偏知天下)’, ‘임기응변의 전략전술을 능통하는 것(明於機數)’ 등의 전쟁에 대비해서 대내적으로 갖추어야 될 8가지 필승 전략을 구체적으로 밝힌다. 이와 같이 만전주의에 입각한『관자』의 강병사상은 법가와 병가에도 중요한 영향을 미치고, 더 나아가 정치적 경제적 우위를 전쟁승리의 요인으로 보는 현대 군사철학과도 일맥상통하는 면모를 보여준다.

2) 상앙(商鞅)

상앙(商鞅, 기원전 390년?~기원전 338년?)은 중국 전국(戰國)시대에 태어나 맹자(孟子, 기원전 372년~기원전 289년)와 거의 같은 시기에 활동한 인물로, 성은 공손(公孫)이고 이름은 앙(鞅)이다. 그는 위(衛)나라 왕실의 후예이기 때문에 위앙(衛鞅)이라고도 불리며, 진(秦)나라 효공(孝公)으로부터 변법의 정치개혁을 성공한 공로를 인정받아 상(商)지방에 봉읍을 얻게 되어 상군(商君) 또는 상앙(商鞅)이라고도 불린다. 상앙은 진나라 효공을 보좌하여 2차례의 변법(變法)을 성공적으로 실행하여[100] 향후 진나라가 중국통일의 과업을 수행할 수 있는 터전을 마련해 놓은 법가의 대표적인 정치가이다. 상앙 변법의 성공적인 결과에 대해서『사기』「상군열전(商君列傳)」에서는 “새로운 상앙의 법이 시행된 지 10년이 되자 진나라 백성들은 모두 기뻐하였다. 길에 떨어진 물건을 몰래 줍지 않았고 산에는 도적이 없어졌으며, 생활이 풍족해졌다. 백성들은 전쟁에 나가서는 용감했고 사사로운 싸움에는 부끄러워했으며 향읍이 모두 잘 다스려졌다.”고 상앙의 업적에 대해서 기록

100)『史記』「秦本記」: 衛鞅說孝公, 變法修刑, 內務耕稼, 外勸戰死之賞罰, 孝公善之.

하고 있다

즉, 춘추전국시대에 진행된 변법운동 중에서도 역사에 가장 큰 족적을 남긴 변법운동은 바로 상앙(商鞅)에 의해 기원전 359년(일설에는 356년)과 350년에 2차례 주도된 진나라의 변법운동으로서, 상앙의 변법은 약소국인 진(秦)나라가 후일 다른 여섯 제후국 곧 산동 6국을 제압하고 중국의 통일을 달성하는 초석을 마련하는 데 중요한 역할을 한다. 상앙 법치사상의 핵심은 현존하는 것을 운동과정으로, 현존 정치권력을 생성과 소멸의 과정으로 파악하는 가운데 기존 정치권력의 절대성이나 불변성을 부정하며 변화의식에 기초한 '변법'과 '법치'의 실행을 주장하는 데 있다. 따라서 상앙학파의 저술로 알려진『상군서(商君書)』의 많은 내용들은 대부분 '변화' 의식에 기초한 법치정치 실현의 당위적인 논거들로 구성되어 있으며,[101] 이는『상군서』의 첫 번째 편부터 변법의 당위성을 설명하는 내용으로 시작되고 있는 것을 통해서도 알 수 있다.

당시 '법치(法治)를 주장하는 변법 세력'과 '과거의 정치전통인 예치(禮治)를 수호하려는 보수 세력'의 팽팽한 정치적 대립 상황을『상군서』의 첫 번째 편인「갱법(更法)」에서 아래와 같이 생생하게 묘사하고 있다.

> "두지가 말하였다. 이익이 백 배가 되지 않으면 법을 바꾸지 않고 공이 열 배가 되지 않으면 도구를 바꾸지 않습니다. '옛것을 본받으면 허물이 없고 옛날의 예(禮)를 따르면 오류가 없다'고 했습니다. 군주께서는 이 점을 충분히 생각하시기를 바랍니다."[102]

---

101)『商君書』「劃策」: "聖人知必然之理, 必爲之勢, 故爲必治之政", "神農非高于黃帝也, 然其名尊者, 以適于時也";「更法」: "苟可以强國, 不法其故(舊法), 苟可以利民 不循禮", "各當時而立法, 因事而制禮."

102)『商君書』「更法」: 杜摯曰, 臣聞之, 利不百, 不變法, 功不十, 不易器. 臣聞, 法古無過, 循禮無邪. 君其圖之.

"상앙이 두지의 말에 응대하였다. 고대의 정치하는 방법이 달랐는데, 우리는 과거 어떤 시대의 법(法)을 본받아야 하는가? 과거 제왕들이 서로 그 이전의 정치 방법을 그대로 답습하여 계승하며 내려온 것이 아닌데, 우리는 누구의 예제(禮制)를 따라야 하는가? …… 그러므로 신은 '세상을 다스리는 데는 한 가지 길만이 있는 것이 아니며, 나라를 위하여 이익을 도모하는 데는 고대를 본받을 필요가 없다'고 말씀드립니다. 탕과 무가 왕이 된 것은 옛 제도를 따르지 않아서 흥성했기 때문이고, 하와 은이 멸망하게 것은 옛 예제를 바꾸지 않아서 망했기 때문입니다."[103]

위의 내용에서 알 수 있듯이 정치상 변법의 핵심은 당시 '예(禮)'와 '법(法)'을 병행하는 기존의 이원적 통치수단을, '법'으로 일원화하여 통일하는 것이다. 따라서 '법제(法制)'가 아닌 과거의 정치제도인 기존 '예제(禮制)'에 의해 보호받으며 특권을 행사하던 당시 기득권 세력들의 저항은 실로 엄청난 것이었다. 당시 정치사상사에서 대립하던 '변법과 반(反)변법'세력을 현대적 용어로 바꾸자면 '혁신과 보수'라 할 수 있고, 그 대립의 핵심 내용은 부연하자면 '예와 법'을 병행한 정치인가, 아니면 '법치' 일원(一元)의 정치인가에 있었다. 이와 같이 법치를 주장하는 상앙의 변법의식은 그가 사회의 흐름을 바라보는 역사인식에서도 그대로 나타난다.

"상고시대에는 혈족을 친근하게 여기고 사적인 이익을 귀중하게 여겼으며, 중고시대에는 현자를 받들고 도덕적인 인(仁)을 좋아하였고, 근고시대에는 귀인을 귀하게 여기고 관리를 존중하였다."[104]

---

103) 『商君書』「更法」: 公孫鞅曰, 前世不同教, 何故之法. 帝王不相復, 何禮之循. ……臣故曰, 治世不一道, 便國不必法古. 湯·武之王也, 不脩古而興, 夏殷之滅也, 不易禮而亡.

104) 『商君書』「開塞」: 上世親親而愛私, 中世上賢而說仁, 下世貴貴而尊官.

상앙은 역사의 발전과정을 상고시대(上世), 중고시대(中世) 근고시대(下世)로 삼분(三分)하여 구분하고 각 시대를 '혈족을 친근하게 여기며 사적인 이익을 추구하는 시대', '현명한 자를 받들며 인(仁)을 따르는 시대', '귀인을 존중하며 관리가 존중받는 시대'라고 규정하면서, 시대의 흐름에 조응하며 사람들의 삶의 양식과 행위가 변하고 상부의 사회정치적 방법 또한 그것에 대응하며 변화했다는 것이다. 즉, 상앙의 '시대의 변화(時變)'에 순응해야 한다는 발전적 사관이 사회정치적인 방면에서 현실적으로 발현된 것이 바로 법치주의의 실현을 중심 내용으로 하는 변법운동이었으며 겸병전쟁을 통해서 '부국강병'을 달성하는 것이었다.

"전쟁으로써 전쟁을 소멸시키면, 비록 전쟁하더라도 옳은 것이다."[105]

위의 내용은 상앙의 전쟁론의 중심 사상을 단적으로 보여주는 문장이다. 상앙의 군사사상의 요지는 '폭력으로써 폭력을 제어한다'는, 즉 폭력에 대하여 적극적인 의미를 부여하는 주전론(主戰論)의 입장을 표방하는 데 있다. 상앙은 제후국 상호 간에 전쟁을 통해 무력경쟁이 심화되어 가는 당시 사회정치적 상황에서 폭력에 대한 방기는 곧 국가의 존립을 위태롭게 하는 것이라고 판단한다. 상앙이 국가의 강대함과 권위를 유지하기 위하여 정치론(治國)의 강령으로 삼은[106] 것은 바로 대내적 측면에서 '농업과 전쟁을 함께 중시'하는 곧 '농전(農戰)'을 장려하는 것이다.

---

105) 『商君書』「劃策」: 以戰去戰, 雖戰可也.

106) 鄭良樹, 『商鞅及其學派』, 上海古籍出版社, 1989. p.184~190.

> "국가를 흥(興)하게 하는 바는 농업과 전쟁(農戰)이다 …… 국가는 농전(農戰)을 대비해야 편안하며, 군주는 농전을 대비해야 존귀하다."[107]

그는 단적으로 "국내(國內)에서 두 가지(農·戰)를 실행할 수 있다면, 패왕(霸王)의 도(道)는 완성된다."[108]고 말한다. 상앙은 농전이야말로 패왕(霸王)의 업적을 이루는 모든 시책의 근본이 되어야 한다고 주장한다. 상앙은, 국가를 잘 다스리는 자는 농업과 전쟁에 힘을 쓸 때 관작(官爵)을 얻을 수 있다는 것을 가르치고 만약 이것이 정확하게 잘 시행된다면 백성들은 상부를 믿고 힘을 다해 농전에 종사하며 그 역량 또한 날로 높아질 것이며, 그 결과 국가는 그것과 비례하여 자연스럽게 강대해질 것이라고[109] 주장한다.

즉, 앞서 살펴보았듯이 당시 농민은 재부(財富)산출의 주력이자 군사력의 보급원으로서 국가의 존망을 좌지우지하는 근본이기 때문에 당시에 활동한 사상가들은 모두 '백성이 국가의 근본'이라는 '민본주의(民本主義)'를 앞세운다. 따라서 당시에 활동한 사상가들이 정치에서 가장 중시한 것은 민심을 확보하는 것이었으며, 상앙 또한 "강한 적을 이길 수 있는 자는 반드시 먼저 그 백성(民)을 이겨야 한다."[110]고 말한다. 이를 위해 상앙은 백성들이 대내적으로 농업에 종사하며 대외적으로 전쟁을 수행하게 하기

---

107) 『商君書』「農戰」: 國之所以興者, 農戰也.……國待農戰而安, 主待農戰而尊.

108) 『商君書』「愼法」: 能行二者于境內, 則霸王之道畢矣.

109) 『商君書』「農戰」: 善爲國者, 其敎民也, 皆作壹而得官爵, 是故不官無爵. 國去言則民樸. 民樸則不淫. 民見上利之從壹空出也, 則作壹, 作壹則民不偷營, 民不偷營則多力, 多力則國彊.

110) 『商君書』「劃策」: 能勝强敵者, 必先勝其民.

위해서는,[111] 반드시 노동과 전쟁에 상응하는 이익과 명예 등의 보상이 전제되어야 한다고 주장한다.[112] 왜냐하면 인간의 본성이란 이익(利)을 추구하고 해로운 것(害)을 피하며, 편안함을 좋아하고 노동을 싫어하기 때문이다. 따라서 상앙은 전쟁에서 공을 세운 자는 상과 작위(賞爵)를 내려 일정한 요역을 면제해 주며, 농업생산에 힘을 다한 사람 또한 요역을 면제해 주도록 규정한다. 상앙은 명예와 이익(名利)의 추구를 인간의 본성으로 보고, '농업에 종사하는 것은 힘들고 전쟁에 참여하는 것은 위태롭다'는 '농고전위(農苦戰危)'의[113] 원칙에 입각하여, 그 일체의 것을 막고 농전에 즐겁게 복무할 수 있게 해야[114] 한다고 주장한다.

대체로 상앙의 군사사상의 핵심은 첫째, 과거의 전통을 중시하여 『시』·『서』 등을 비롯한 유가에서 강조하는 열 가지 문화가 유행하면 백성들은 전쟁을 기피하여 국가는 반드시 약해져서 멸망할 것이고,[115] 둘째, 법제를 간략하게 정비하고 중벌주의에 입각하여 백성들을 효과적으로 통치할 수 있으면 나라는 반드시 강해질 것이며,[116] 셋째, 앞서 논의한 '농전'에서 살펴보았듯이 농전 정책에 입각하여 군공(軍功)을 장려하며 국가에 공로가 있는 인물을 발탁하여 임용하면 국가가 강해질 것이라는 점을 들 수 있다.

즉, 상앙의 변법의식은 과거의 정치질서(禮制)를 수호하려는 세력과 끊

---

111) 『商君書』「算地」: 入令民以屬農, 出令民以計戰.

112) 『商君書』「算地」: 利出於地, 則民盡力. 名出於戰, 則民致死.

113) 『商君書』「算地」: 夫農, 民之所苦. 而戰, 民之所危也.

114) 『商君書』「壹言」: 喜農而樂戰.

115) 『商君書』「去强」: 國有禮有樂有詩有書有善有修有孝有弟有廉有辯. 國有十者, 上無使戰, 必削至亡, 國無十者, 上有使戰, 必興至王.

116) 『商君書』「去强」: 以治法者彊, 以治政者削. 常官治者遷官. 治大國小, 治小國大. 彊之重削, 弱之重彊. 夫以彊攻彊者亡, 以弱攻彊者王.

임없이 투쟁하면서 진(秦)나라에 '법치일원'의 사회정치질서를 정착시키는 한편, 경제와 군사 문제를 결합한 '농전론'을 통해 당시 제후국 간의 군사 경쟁에서도 진나라가 점차 우위를 확보할 수 있는 토대를 마련한다. 즉, 상앙의 사후에도 그의 새로운 법(新法)은 진(秦)나라 혜왕(惠王)과 그의 후계자들에 계승되어 진나라가 중국을 통일하는 토대가 된다. 상앙을 비롯한 법가(法家)에서 지속적으로 견지한 '농전론(農戰論)'의 정책은 경제적으로 구 경제질서의 토대인 '정전제(井田制)'를 와해시키는 것뿐만 아니라, 상벌을 엄격히 시행하는 법치주의 정책은 정치와 군사 등의 방면에서 더욱 그 영향력을 확대하며 중국사회가 정치사적으로 세습귀족들의 세력을 약화시키고 새로운 관료사회로 진입하는 촉진제가 되었다.

3) 한비자(韓非子)

한비자(韓非子, ?~기원전 234년)는 전국시대 말기 한(韓)나라 공자(公子)의 신분으로 출생하여 중국 고대 법가사상을 집대성한 인물로서, 그의 출생연도에 대해서는 이견이 있으나 대략 한(韓)나라 양왕(襄王) 14년인 기원전 298년경부터 리왕(釐王) 55년인 기원전 281년경 사이로 추정되며, 그가 사망한 연도는 과거 그와 동문수학하며 그의 재능을 간파한 진나라의 재상 이사(李斯)와 환관 요가(姚賈)가 한나라의 사신으로 온 그를 옥중에 가두고 독살한 기원전 234년이다.

즉, 진(秦)나라가 한(韓)나라를 공격하자 한나라 왕인 안(安)은 다급한 나머지 그동안 등용하지 않았던 한비를 불러 진나라에 사신으로 파견한다. 후일 진시황(秦始皇)이 되는 진(秦)나라 왕 정(政)은 어떤 이가 가져온 한비의 글 「고분」과 「오두」 2편을 보고 '한비자와 더불어 한다면 죽어도 여한이 없다.'고 하였을 정도로 한비를 좋아하였으나, 한나라의 사신으로 온 그를 믿을 수만 없었다. 그동안 능력이 출중하여 한비를 죽일 기회만을 엿보던 이사와 요가는 그에게 간첩죄를 씌워 그를 옥에 가둔 후 옥중의 한비에게 사약을 내려 자살하게 한다. 진나라 왕은 그를 믿지 못한 것을 후회하고 사신을 보내 한비를 사면하려 했지만 이미 그가 죽은 뒤였다. 결국 『사기』의 내용에 의하면 한비는 생전에 자신의 정치적 염원을 이루지 못하고 독살되는 운명을 맞는다. 앞선 법가들이 변법운동을 일으켜 국가를 부강하게 하였으나 기득권 세력에 의해 처참하게 죽게 된 것처럼 한비 또한 한나라에서 배척당했지만 바람 앞의 등불 같은 한나라의 운명을 구하려다 독살당하는 최후를 맞았다.

그의 저술인 『한비자』에 대해 후한(後漢)시대 반고(班固)의 『한서(漢書)』「예문지(藝文志)」「제자략(諸子略)」에서는 현행본 편수와 똑같은 『한자(韓子)』 55편이라고 기록하고 있다. 서한(西漢)시대 사마천(司馬遷)이 지은 『사기(史記)』「노장신한열전(老莊申韓列傳)」에서는 그의 생애와 『한비자』를 저술하게 된 동기에 대해 비교적 상세하게 기록하고 있다.

즉, 한비(韓非)는 한(韓)나라의 여러 공자(公子) 중 한 사람으로 말더듬이였지만 저술에는 뛰어난 인물이었다. 그는 그의 조국인 한나라가 점차 국력이 쇠약해지는 것을 보고 수차례 글을 올려 한나라 왕에게 간언하였으나 한나라 왕은 그의 의견을 채택하지 않았다. 이에 한비는 당시의 상황을 매우 슬퍼하며 과거에 지나간 득실(得失)의 변천을 살펴서 「고분(孤憤)」, 「오두(五蠹)」, 「내외저(內外儲)」, 「설림(說林)」, 「세난(說難)」 등 10여 만 언의 글을 남긴다. 한비자는 고전문헌만을 숭상하여 과거의 일만 입에 담는 유학자, 사사로이 무리를 지어 무력을 휘두르는 협객의 무리, 정치력을 장악하고 있는 권신들을 지극히 혐오하면서 그들이 청렴하고 강직한 인재들을 배척하며 한나라의 정치무대에서 활보하는 현실을 개탄하며 슬픔과 울분에 잠긴다. 말더듬이인 그는, 평소에 녹을 주어 기르는 자들은 나라가 위급할 때 쓰이질 않고 위급할 때면 평소에 녹을 주어 기르지 않던 자가 쓰이는 모순된 정치현실을 밝히고자 글을 남기는 데 이것이 『한비자』이다.

한비자가 활동하던 한(韓)나라의 상황은 인접한 강대국 진(秦)나라의 원교근공(遠交近攻) 정책으로 항상 전쟁의 위험에 놓여 있었다. 따라서 한나라는 강대국인 진(秦)나라에 항복할 것인가 아니면 다른 제후국들과 합종하여 그들에게 맞설 것인가 하는 오랜 숙제를 안고 있었다. 그러나 여타의 제후국들은 정치, 경제 제도를 개혁하는 변법운동을 전개하면서 자신들의 존립을 도모한 반면, 한때 강국이었던 한나라는 상부의 권문세족들이 정치적 전횡을 일삼은 결과 한비자가 활동하던 당시에는 외세에 의존하는 처지로 전락한다. 따라서 한비자는 변법을 통해 사회정치적 개혁을 진행할 것을 여러 차례 한나라 왕에게 간청하지만, 한비자는 요직에 등용되지 못하였고 변법세력의 정치적 영향력도 미미한 상태였다.

당시 각국의 상부 정치권에서 진행된 '변법'과 '반(反)변법'의 사상적 논쟁의 핵심은 '예와 법을 겸용한 통치수단으로 다스리는' '예치(禮治)'와 '법치 일원의 통치수단으로 다스리는' '법치(法治)' 중 무엇을 선택하는 것이 자국의 이익에 부합하는 것인가에 있었다. '예치제도'란 앞서 살펴보았듯이 서주(西周)시대의 종법제(宗法制)에 기초하여 발전한 통치 형식으로 종법(宗法)원칙에 의한 가부장제의 유지, 계급(階級)원칙에 의한 군주제의 유지를 기본 골격으로 하는 서주시대의 입법원칙이다. 그러나 전국시대에 이르러 예치를 보조하던 법치가 제후국들 사이에서 본격적으로 하나의 통치이념으로 부각됨으로써 대내적으로 기득권 세력과 신흥정치세력들 간에 정치적 갈등이 고조되고, 대외적으로 변법운동의 성공 여부는 각 제후국들의 흥망을 결정하는 열쇠였다. 기존 정치질서를 타파하자는 신흥세력의 입장을 대변한 한비자는 선행 법가와 마찬가지로 직선적 역사관과 그에 기인한 변법론, 변법을 위한 법치주의, 중농주의에 입각한 군사력의 강화(農戰論) 등을 주장한다.

“상고(上古)시대에는 사람들이 적고 날짐승과 들짐승이 많았고, 사람들은 날짐승, 들짐승, 벌레, 뱀 등을 이기지 못하였다. 어느 성인이 나와 나뭇가지를 얽어 집을 짓게 함으로써 여러 가지 해를 피하게 되자 백성은 기뻐하며 천하의 왕으로 삼고서 그를 일러 유소씨(有巢氏)라고 불렀다. 백성들은 나무와 풀의 열매, 큰 조개를 먹었는데 비린내 나고 악취로 배 속과 위장이 상하여 백성들이 병을 많이 앓았다. 어느 성인이 나와 나무와 부싯돌로 불을 일으켜서 비린내를 없애자, 백성들이 기뻐하며 천하의 왕으로 삼고서 그를 일러 수인씨(燧人氏)라고 불렀다. 중고(中古)시대에는 천하에 큰 물난리가 나서 곤(鯀)과 우(禹)가 물길을 텄다. 근고(近古)시대에는 걸(桀)과 주(桀)가 난폭하여 탕(湯)과 무(武)가 정벌하였다. 지금 하후씨(夏後氏)의 시대에 나뭇가지를 얽거나 부싯돌을 긋는 자가 있었다면 반드시 곤과 우에게 비웃음거리가 될 것이고, 은(殷)·주(周)의 시대에 물길을 트는 자가 있다면 반드시 탕과 무에게 비웃음거리가 될 것이다. 그런데 지금 이 시대에 요·순·우·탕·문·무의 도를 찬미하는 자가 있다면 반드시 새로운 성인에게 비웃음거리가 될 것이다. 그러므로 성인은 옛것을 반드시 따르지 않고 항상(恒常)적인 법을 본받지 않으며 세상의 일을 논의하여 그 문제에 맞는 알맞은 대책을 세운다.”[117]

위의 인용에서 보여주듯이 한비자는 변법의 정당성을 직선적 역사관을 통해 표방하고, 이러한 직선적 역사관에 의거해 당시 사회를 서로가 무력으로 ‘크게 다투는 시대(大爭之世)’로 규정하면서 “크게 다투는 세대를 맞

117) 『韓非子』「五蠹」: 上古之世, 人民少而禽獸衆, 人民不勝禽獸蟲蛇. 有聖人作, 搆木爲巢以避群害, 而民悅之, 使王天下, 號之曰有巢氏. 民食果蓏蜯蛤, 腥臊惡臭而傷害腹胃, 民多疾病. 有聖人作, 鑽燧取火以化腥臊, 而民說之, 使王天下, 號之曰燧人氏. 中古之世, 天下大水, 而鯀·禹決瀆. 近古之世, 桀·紂暴亂,而湯·武征伐. 今有搆木鑽燧於夏後氏之世者, 必爲鯀·禹笑矣, 有決瀆於殷·周之世者, 必爲湯·武笑矣. 然則今有美堯·舜·湯·武·禹之道於當今之世者, 必爲新聖笑矣. 是以聖人不期修古, 不法常可, 論世之事, 因爲之備.

이하여 예(禮)를 다해 사양하는 법도를 따르는 것은 성인의 정치가 아니다."[118]라고 주장한다. 한비자는 당시의 사회정치적 상황을 서로가 무력으로 크게 다투는 '대쟁지세(大爭之世)'(「八說」)로 규정함으로써 당시에 무력 경쟁은 사실상 피할 수 없는 엄연한 객관적 사실임을 수용한다.

또한, 한비자는 사회경제적 측면에서도 폭력이 발생한 원인을 설명하는데, 그에 의하면 역사적으로 인구가 증가함에 따라서 재화는 부족하게 되고 노동량과는 상관없이 생활이 곤궁하게 되기 때문에 백성들 사이의 다툼(爭亂)이 발생하고, 이러한 경제적 빈곤 상태의 사회적 상황은 상벌(賞罰)에 입각한 엄격한 정치수단마저도 실행하기 어렵게 만들 정도로 다툼(폭력)의 사태를 초래한다고 말한다.[119] 이러한 현실에서 발생한 대내외적인 '쟁(爭)'과 '난(亂)', 즉 전쟁(戰爭)은 피할 수 없는 상황이라는 것이 그의 주장이다. 이와 같이 한비자는 선행 법가와 마찬가지로 신구 세력 간의 대립 상태와 사회경제적 모순을 해결하는 정치적 실천 형식으로서 무력 동원 곧 폭력의 긍정적인 역할을 중시한다. 즉, 한비자는 "전쟁에서 승리한다면, 국가는 평안하고 자신도 안정되며, 군대는 강해지고 위세도 세워질 것"[120]이라고 주장한다. 당시를 '힘으로 다투는 시대'로 규정한 한비자의 사회역사인식을 근거로 볼 때, 대내외적인 정치적 목적을 달성하기 위해 그가 무력의 사용을 용인하고 '자강(自强)의식'을 강조했을 것임은 어렵지 않게 파악할 수 있다.

---

118) 『韓非子』「八說」: 當大爭之世, 而循揖讓之軌, 非聖人之治也.

119) 한비자는 당시의 사회 상태에 대하여 "백성은 많아지고 재화는 부족하게 되어서 힘들여 일을 해서 지치더라도 생활이 곤궁(薄)해졌기 때문에, 백성들은 다투게 되었고, 비록 상을 배로 주고 벌을 거듭하여도 혼란에서 면할 수 없게 되었다(「五蠹」: 是以人民衆而貨財寡, 事力勞而供養薄, 故民爭, 雖倍賞累罰而不免於亂)"고 말한다.

120) 『韓非子』「難一」: 戰而勝, 則國安而身定, 兵强而威立.

우선 한비자는 국가의 '자강'을 위해 군주 개인의 정치적 자질이나 우연성에 의존하지 않을 뿐만 아니라 외부의 원조에 의존하는 것에 대해 매우 부정적인 견해를 피력한다.[121] 당시 중국사회의 사회정치적 상황은 서쪽 진(秦)나라의 팽창에 맞서기 위한 각 제후국들(산동 6국)이 '합종'과 '연횡' 등을 통해 정치력과 군사력을 상호 의존하는 형세였는데, 한비자는 이러한 외력(外力)에 의존하는 정책이 근본적인 대안이 될 수 없으며 무엇보다 자국의 무력양성을 위한 내정(內政)을 잘 수행하는 것이 중요하다고 강조한다.

> "대저 왕자(王者)란 다른 나라를 공격할 수 있으나, (정치가 잘 행해져서) 나라가 안정되면 다른 나라에서 감히 공격하지 못한다. 군사력이 강해 다른 나라를 공격할 수 있으나, 나라가 잘 다스려지면 다른 나라가 감히 침공하지 못한다. 정치의 잘 행해짐과 군사력의 강함은 외력(外力)에서 구할 수 없으며 내정(內政)을 잘 하는 데 달려있다. 지금 나라 안으로 법술을 실행하지 않고 나라 밖으로 지략을 일삼는다면 다스려지고 강해지는 데 이르지 못할 것이다."[122]

---

121) 한비자는 군주 개인의 정치적 자질이나 미신의 우연성에 의존하지 않고 전쟁의 수행을 합리적으로 판단할 것을 강조한다. 그는 전쟁의 승패를 거북점이나 별의 방위(천문)를 보는 행위에 의존하는 것을 어리석기 이를 데 없는 것이라고 비판한다(『韓非子』「飾邪」: (故曰)龜筴鬼神不足擧勝, 左右背鄕不足以傳戰. 然而恃之, 愚莫大焉). 그는 迷信을 부정할 뿐만 아니라 다른 제후국의 원조에 의존하여 자국의 무력 양성에 소홀한 정책시행을 비판하고 있다(『韓非子』「飾邪」: (故)恃鬼神者慢於法, 恃諸侯者危其國). 이 외에도 한비자는 외부의 원조(外援)에 의존하는 정치행위의 위험성에 대하여 "內不量力, 外恃諸侯, 則削國之患也"(「十過」), "荒封內而恃交援者, 可亡也"(「亡徵」)등 여러 차례 경고한다.

122) 『韓非子』「五蠹」: 夫王者, 能攻人者也, 而安, 則不可攻也. 强則能攻人者也, 治則不可攻也. 治强不可責於外, 內政之有也. 今不行法術於內, 而事智於外, 則不至於治强矣.

한비자는 전쟁을 정치 행위의 연장선상에서 파악하면서 전쟁은 정치적 목적을 달성하기 위하여 수행하는 다양한 정치형식 가운데 하나라고 생각한다.[123] 전쟁의 승패란 근본적으로 내정을 잘 다스리는 정치력의 우세에 있다고 생각한 그는, 당시 한나라의 부족한 군사역량을 내정의 정치력을 향상시키는 것으로 보완하고자 한다. 즉, 그는 군사역량에 가장 큰 영향을 미치는 것은 내정의 안정이기 때문에 내정의 안정을 궁극적으로 전쟁의 승패를 결정짓는 근본 요인이라고 생각하였다. 한비자는 내정보다는 외교를 강조한 당시 유행한 합종연횡 정책을 비판한다.[124]

"나라를 다스리는 도(道)를 바르게 터득하면, 비록 나라가 작더라도 부유하다. 상벌(賞罰)이 명백하고 믿음이 있게 되면 비록 백성이 적더라도 강하다 …… 땅이 없고 백성이 없으면 요(堯)와 순(舜)과 같은 성인도 왕업을 이룰 수가 없고, 하(夏) · 은(殷) · 주(周) 3대의 뛰어난 군주도 강대할 수 없다."[125]

123) 전쟁에 대한 제 학설 가운데 현재까지 군사학(軍事學)에 중요한 영향을 미치는 이론은 1832년 출간된 Carl von Clausewitz의 『전쟁론(Von Kriege)』에서 제기한 정치학적 관점이다. 전쟁을 정치의 연속선상에서 파악한 Clausewitz는 "전쟁은 단순히 정치 행동일 뿐만 아니라 정치의 도구이고, 정치적 제 관계의 연속이며, 다른 수단을 가지고 있는 정치의 실행"이라고 정의한다. 『戰爭論』, 淡德三郎 譯, 德間書店, 1965. p.43.

124) 춘추(春秋)시대 병가인 손무(孫武) 또한 전쟁의 승패는 누가 정치를 더 잘하느냐를 최우선적으로 고려할 때 결정되는 문제(『孫子兵法』「計」: 主孰有道)라고 말한다.

125) 『韓非子』「飾邪」: 明于治之數, 則國雖小, 富. 賞罰敬信, 民雖寡, 强. …… 無地無民, 堯 · 舜不能以王, 三代不能以强.

내정의 가장 중요한 요소는 법에 의거한 상벌(賞罰)의 엄격하고 정확한 시행 그리고 경제적 안정을 도모하는 것이다. 이러한 정치 · 경제적 조건들이 내정을 통해 완전하게 갖추어질 때 비로소 백성들은 목숨을 바쳐 그 성(城)을 견고하게 지킨다.[126] 즉, 군사력의 강화는 단순히 양병(養兵)만의 문제가 아니며 정치 · 사회 · 경제 등의 제반 문제와 직결된다. 법에 의거한 상벌의 시행은 계급이나 신분에 구애되지 않고 차별 없이 실행될 때 국가의 자강을 기약할 수 있다.

> "현명한 군주의 관리로서 재상은 주부(州部, 하급 행정단위)로부터 기용되고, 맹장(猛將)은 반드시 졸오(卒伍, 군대의 기층편제로서 卒은 100인, 伍는 5인으로 구성됨)에서 발탁한다. 대저 공이 있는 자가 반드시 상을 받는다면 벼슬과 봉록이 더욱 두터워지게 되어 더욱 힘을 쓰게 되고, 관직을 옮겨 벼슬의 등급이 잇따라 올라가고, 관직이 커질수록 더욱 더 다스려진다. 대저 벼슬과 봉록이 커질수록 관직이 다스려지는 것은 왕의 길이다."[127]

한비자는 귀족의 특권의식과 족벌적인 배경을 타파하고, 귀천의 구별 없이 행위의 공과(功過)를 따져서 능력에 따라 관직에 임용해야 한다고 주장한다.[128] 한비자가 관직은 능력에 따라 임용해야 한다고 정치부문에서 강조한 원칙은 군사부문에도 그대로 적용되어 군공에 따라 군대 내의 계급을 부여해야 함을 강조한다. 특히 선진(先秦) 군사론 중에서 기층편제에

---

126) 『韓非子』「五蠹」: 嚴其境內之治, 明其法禁, 必其賞罰, 盡其地力以多其積, 致其民死以堅其城守.

127) 『韓非子』「顯學」: (故)明主之吏, 宰相必起於州部, 猛將必發於卒伍. 夫有功者必賞, 則爵祿厚而愈勸, 遷官襲級, 則官職大而愈治. 夫爵祿大而官職治, 王之道也.

128) 『韓非子』「六反」: 任官者當能.

서부터 장수를 선발해야 한다는 '장론(將論)'에 관한 한비자의 혁신적인 주장은 당시 가장 뛰어난 사상이자 두드러진 지위를 점유한다고 평가할 수 있다.[129)]

"예의(禮義)를 일삼는 군자는 충신(忠信)을 꺼리지 않지만 전쟁의 진지 사이에서는 속임수를 꺼리지 않는다."[130)]

"송(宋)나라 양공(襄公)이 초(楚)나라 군사와 탁곡(涿谷)의 강가에서 싸웠다. 송나라의 군대는 이미 전열을 갖추었으나 초나라 군대는 아직 강을 건너지 못하였다. 우사마(右司馬, 우사령관) 구강(購强)이 달려와 간하며 말하길, "초나라 군사는 많고 송나라 군사는 적으니, 청컨대 초나라 군사 절반만 건너오고 아직 전열을 갖추지 못하여 공격하면 반드시 (그들은) 패할 것입니다."고 하였다. 양공이 말하길, "내가 듣기로는 군자가 말하길, '부상자를 거듭 해치지 말며, 반백의 중노인(二毛)을 포로로 잡지 말며, 상대를 험한 곳까지 밀어붙이지 말며, 막다른 데 몰린 상대를 다그치지 말며, 전열을 갖추지 못한 적을 공격하지 말라.'고 하였다. 지금 초나라가 아직 강을 다 건너오지 않았는데 이를 공격하면 의(義)를 해치게 된다. 초나라 군사가 다 건너오게 하여 진지를 갖춘 뒤에야 북을 쳐서 군사를 진격시키겠다."고 하였다. 우사마가 말하길, "군주께서는 송나라의 백성을 사랑하지 않고 군사의 안전을 생각지 않으며 다만 의(義)를 이루려 하실 뿐이다."고 하였다. 양공이 말하길, "전열로 돌아가지 않으면 장차 군법으로 다스릴 것이다."고 하였다. 우사마는 전열로 돌아갔는데, 초나라 군사는 이미 전열을 갖추고 진지를 구축하자 양공이 이윽고 북을 두드려 공격하였다. 송나라 군사는 크

129) 邱少華 外, 『先秦諸子軍事論譯注』(下冊), 軍事科學出版社, 1985. p.677.

130) 『韓非子』「難一」: 繁禮君子, 不厭忠信, 戰陣之間, 不厭詐僞.

게 패하고 양공도 허벅다리에 상처를 입어 삼 일 만에 죽었다. 이 것이 바로 스스로 인의(仁義)를 그리워하다가 당한 화(禍)이다."[131]

위와 같이 한비자는 송(宋)나라 양공(襄公)이 초(楚)나라 군사와 전쟁할 때 도덕적 명분을 중시한 오류를 비판하면서, 전쟁에는 정도(正道)가 없는 것이기 때문에 적의 정세에 순응(應)하여 무궁한 전략전술로써 대처해야 한다고 주장한다. 즉, 위의 내용은 한비자가, 송(宋)나라 양공(襄公)은 자신의 세(勢)가 열악한데도 불구하고 군자의 인의(仁義)를 내세워 초나라를 이길 수 있는 유리한 형세를 놓치고 자신의 병사들을 죽음으로 내몰고 자신까지 죽게 되는 오류를 비판한 것이다. 전쟁에 임할 때 전술에는 정도(正道)가 없고 전쟁의 승패는 명분(名分)에 의해 결정되는 것이 아니라는 한비자의 관점은, "군(軍)이 출동하는 데 예(禮)를 지키면 무공(武功)을 이룰 수 있다."[132]는 유가의 전쟁 철학과 대조된다. 한비자는 또한, 3진(三晋, 韓·魏·趙)은 인의(仁義)를 사모하였지만 병력이 약화되고 국정(國政)이 문란해졌으며, 진(秦)나라는 인의(仁義)를 사모하지 않았어도 그 나라가 부강해졌다는[133] 역사적 사례를 거론하며, 전쟁에서 도덕적 명분을 앞세우는 유가의 전쟁철학을 거듭 비판한다. 한비자는 이와 같이 '전술이란 속이는 방법(兵者詭道也)'이라는 병법가의 관점뿐만 아니라, 병법가의 전쟁신중론의 관점

---

131) 『韓非子』「外儲說左上」: 宋襄公與楚人戰於涿谷上. 宋人既成列矣, 楚人未及濟. 右司馬購强趨而諫曰, 楚人衆而宋人寡, 請使楚人半涉未成列而擊之, 必敗. 襄公曰, 寡人聞君子曰, 不重傷, 不擒二毛, 不推人於險, 不迫人於阨, 不鼓不成列. 今楚未濟而擊之, 害義. 請使楚人畢涉成陳而後鼓士進之. 右司馬曰, 君不愛宋民, 腹心不完, 特爲義耳. 公曰, 不反列, 且行法. 右司馬反列, 楚人已成列撰陳矣, 公乃鼓之. 宋人大敗, 公傷股, 三日而死. 此乃慕自仁義之禍.

132) 『禮記』「仲尼燕居」: 以之朝廷有禮, 故官爵有序 …… 以之軍旅有禮, 故武功成.

133) 『韓非子』「外諸說左上」: 夫慕仁義而弱亂者三晋也, 不慕而治强者秦也.

을 계승하여 "'병기란 흉기이다'라고 하였으니 신중하게 살펴서 사용해야 한다."[134]고 주장한다.

법가는 당시 중국사회에서 제후국의 대내외적인 정치적 현실을 객관적 상황으로 인식하고 전쟁이 현실적으로 엄연하게 배제될 수 없는 상황에서 자기 보존의 적극적인 정치형식으로서 전쟁에 적극적으로 대비할 것을 강조한다. 선행 법가 이래로 한비자에 이르기까지 경제와 정치 내지 경제와 군사 문제를 통합적으로 견지한 농전론(農戰論)은 춘추전국시대라는 특정한 시대를 배경으로 탄생한 정치 이론이다. 법가의 중심정책이자 법가학술사상의 최고의 목표는 부국강병(富國强兵)이다.[135] 앞서 살펴보았듯이 '농 · 전(農 · 戰)'에서 '농업(農)'은 대내적으로 '부국'을 향한 경제적 지침이고, '전쟁(戰)'은 대외적으로 '강병' 곧 무력의 우위를 통해 자신의 의지를 상대방에게 관철시키는 적극적인 정치투쟁을 의미한다. 법가의 사상가들은 패왕지도(霸王之道)의 완성이 '농전' 실행의 성패에 의해 좌우된다는 점에서 그 주축이 되는 백성들은 곧 통치의 대상인 동시에 통치의 목적임을 위정자들에게 각성시킨다. 그는 통치의 대상이자 목적이 되는 백성들의 본성을 이해하기 위한 논의, 곧 '인간 본성에 대한 탐구와 이해'라는 윤리적 문제를 정치방법론으로까지 확장시키며 농전론의 이론적 근거로 삼는다.

---

134) 『韓非子』「存韓」: 兵者, 凶器也. 不可不審用也.

135) 張素貞, 『韓非子思想體系』, 黎明文化事業股份有限公司, 民國 63年. p.139.

"농사를 짓는 데 힘쓰는 것은 수고로운 일이나 백성이 그 일을 하는 것은 부유(富)하게 될 수 있기 때문이다. 전쟁에 나아가는 것은 위태로운 일이나 백성(民)이 그 일을 하는 것은 귀(貴)함을 얻을 수 있기 때문이다."136)

사실상 인간의 이익을 추구하고 해로움을 싫어한다는 한비자의 이기주의 인성론에 비추어 볼 때 '농전론' 자체는 한편으로 인간의 본성과 배치되면서도 다른 한편으로 부합하는 이중적 속성을 지닌다. 즉, 농사와 전쟁 자체는 힘들고 위태로운 것인 한편 이익을 추구하는 인간의 본성에는 부합한다. 백성들은 힘들고 위태롭지만 인간의 본성상 근본적으로 이익을 추구하는 성향이 내재한다는 점에서 볼 때 '농전론'은 현실적으로 가장 실현가능성이 높은 정치론이기도 하다. 즉, 한비자가 보기에 스스로 이롭게 하고자 하는 '자리(自利)'의 욕망은 인간 본성에 내재한 어떠한 일도 실행할 수 있는 추동력이라는 점에서137) '농전'은 당시에 상부와 하부가 상호 이익을 교류할 수 있는 가장 현실적인 정치방법이었다. 성인 또한 정치에서 가장 중요하게 생각한 것은 바로 '이익(利)'에 있었다.138) 한비자 또한 정치적으로 도덕적 대의명분보다는 '농전'에 종사하는 백성들에게 그에 상응하는 '이익(利)'을 보장해 줄 수 있는 방법만이 당시 대내외적 문제를 극복할 수 있다고 주장한다.

이와 같이 경제실천 활동과 전쟁의 수행을 동일선상의 문제로 파악하며 군주와 백성이 상호 이익을 실현하는 정치적 과정으로 파악하는 농전론의 주장은, 이익을 추구하는 인간 본성에 대한 한비자의 윤리론(인성론)

---

136) 『韓非子』「五蠹」: 夫耕之用力也勞, 而民爲之者, 曰可得以富也. 戰之爲事也危, 而民爲之者, 曰可得以貴也.

137) 孫實明, 『韓非思想新探』, 湖北人民出版社, 1990. p.123.

138) 『韓非子』「詭使」: 聖人之所以爲治道者三, 一曰利, 二曰威, 三曰名.

의 이해에서 비롯한 것임을 알 수 있다. 따라서 한비자의 농전론은 선행 법가와 마찬가지로 당시를 '힘을 다투는(爭於力)' 시대로 규정하는 역사인식과 변법운동, 윤리론의 '이익(利)'을 추구하는 인간 본성론에서 비롯한 경제실천 활동과 전쟁의 수행, 군공에 입각해 상벌을 운용하는 법치의식 등의 모든 내용을 담아내는 군사론이라고 할 수 있다.

전쟁이란 역사 발전상 가치론적 측면에서 볼 때 경제에 대한 하위의 범주에 위치하지만 중국 춘추전국시대의 경우 사회 발전에 미치는 영향은 경제 못지않게 매우 중요하였다. 한비자는 선행 법가들이 제창해 온 '중농(重農)' 정책을[139] 계승하여 "지력을 최대한 이용하여 그 수확물을 증가시키는 것"[140]을 경제의 중요한 목표를 설정한다. 그의 중농정책은 황무지를 개간해서 경지 면적을 확대하고,[141] 충분하게 토지를 이용해서 농업 생산을 증대시키고자 한 것이었다. 그는 "네 계절(四時)에 맞추어 곡물을 파종하거나 심게 하여",[142] "그 때에 맞게 일하여 재물이 모이도록 함으로써"[143] 농번기에 백성들이 농업 생산에만 힘쓰도록 하여 그들에게 안정된 생활기반을 제공하는[144] 정책에 주력한다.

---

139) 『漢書』「食貨志」: 李悝爲魏文侯作盡地力之敎.; 『商君書』「算地」 참조.

140) 『韓非子』「五蠹」: 盡其地力, 以多其積.

141) 『韓非子』「顯學」: 急耕田墾草.; 「八說」: 辟草生粟

142) 『韓非子』「難二」: 種樹節四時之過, 無早晚之失, 寒溫之災, 則入多.

143) 『韓非子』「六反」: 適其時事, 以致財物.

144) 『韓非子』「詭使」: 陳善田利宅.

"노력하지 않고도 입고 먹으면 이것을 능력이 있다 하고, 전쟁의 공로도 없이 높은 자리에 있으면 그것을 현명하다고 말하는데, 이와 같은 현명함과 유능함이 이루어지면 군대는 약화되고 농토는 황폐해진다. …… 그러므로 사사로운 행위가 성행하고 공적인 이익이 멸망하게 된다."[145]

당시 국가의 존망과 군주의 안위가 '농전'에 달려있다고 주장한[146] 한비자는, '농전'을 저해하는 다섯 가지 유형을 거론하며 단호하게 비판한다.[147] 춘추(春秋) 중기 이래로 중국사회에서 가속화된 사회, 정치, 경제적 제 변동에 따라 드러난 갖가지 모순들은 전쟁을 통해 해결되는 경향이 지배적이었고, 한비자 또한 '농전'에 종사할 수 있는 백성(民)을 최대한 확보하는 것이 타국과의 경쟁에서 승리할 수 있는 유일한 길이라는[148] 생각이 그의 정치론을 지배한다. 한비자가 규정한 나라의 이익을 좀먹는 '다섯 가지 좀 벌레(五蠹)'는 주로 '농전'에 장애가 되는 부류이다. 이 중 변법을 주장하는 한비자의 입장에서 볼 때 '과거를 본받자(法古)'고 주장하는 유학자의 무리들(儒者)이 가장 먼저 비판의 대상이 되었으리라는 것은 어렵지 않게 생각할 수 있다. 그에 의하면 당시 유학자들은 선왕(先王)의 도

145) 『韓非子』「五蠹」: 不事力而衣食則謂之能, 不戰功而尊則謂之賢, 賢能之行成而兵弱而地荒矣. 人主說賢能之行, 而忘兵弱地荒之禍, 則私行立而公利滅矣.

146) 『韓非子』「亡徵」: 簡本敎而輕戰功者可亡也.; 「心度」: 能趨力於地者富, 能趨力於敵者强, 强不塞者王. 여기서 '趨力於地'는 '耕'을, '趨力於敵'은 '戰'을 의미함.

147) 한비자가 거론한 나라의 이익을 좀먹는 다섯 가지 유형, 곧 '오두(五蠹)'는 '유학자(學者)'·'종횡가 등의 변설가(言談者)'·'사적인 검객 무리(帶劍者)'·'군주 측근의 간신 무리(患御者)'·'삶의 터를 잡지 않고 떠돌아다니며 상업과 공업에 종사하는 백성(商工之民)'들이다.

148) 서울大學敎 東洋史學硏究室, 『講座 中國史 — 古代文明과 帝國의 成立 —』(I), 지식산업사, 1989. p.128~130.

(道)와 인의(仁義)를 빙자하여 '당세(當世)의 법(法)'을 문란하게 할 뿐만 아니라, "나라에 일이 없을 때에는 노동을 하지 않고, 전시에도 싸우려 하지 않는"[149] 국가에 가장 큰 해로움을 끼치는 존재이다. 한비자는 노동을 하지 않고 지혜만을 일삼는 사람이 많으면 법(法)은 무너지고 세상이 혼란해질 것이라고 말한다.[150] 궁극적으로 한비자가 이러한 문제들을 해결하기 위해 제시한 것은 바로 상벌제도의 시행이다. 또한, 상벌의 시행은 단지 정치상의 범주에 국한된 것이 아닌 "지력(地力)을 최대한으로 개발하여 그 수확물을 증가시키는" 경제문제와 "죽음을 무릅쓰고 성(城)을 굳게 지키는" 군사문제와도 서로 분리해서 파악할 수 없는 불가분의 관계에 놓인 것이다.

"나라 안의 정치를 엄격하게 실행하고 법령과 금령을 분명히 하며, 상벌을 반드시 실행해야 하고 지력(地力)을 최대한으로 개발하여 그 수확물을 증가시키면, 백성들은 죽음을 무릅쓰고 성(城)을 굳게 지키게 된다."[151]

위의 인용내용에서는 법치에 입각한 상벌 정책이 대내적으로 농업생산을 증대시키는 경제 정책과 대외적으로 타국과의 전쟁에서도 우위를 확보하는 근본적인 정치방법임을 밝힌 것이다. 한비자는 "일이 없을 때면

149) 『韓非子』「外儲說左上」: 國無事不用力, 有難不被甲.

150) 『韓非子』「五蠹」: 今修文學 · 習言談, 則無耕之勞 · 而有富之實, 無戰之危 · 而有貴之尊, 則人孰不爲也. 是以百人事智而一人用力, 事智者衆則法敗, 用力者寡則國貧, 此世之所以亂也.

151) 『韓非子』「五蠹」: (而)嚴其境內之治, 明其法禁, 必其賞罰, 盡其地力以多其積, 致其民死以堅其城守.

나라가 (농사에 전력하여) 부유해지고, 일이 있으면 군대가 강해지는"152) 위대한 공업을 이룰 수 있다고 생각하는 한편, 상벌제도에 입각한 '농전'의 실행이 각 제후국들의 침탈로부터 자국을 보호하고 부강하게 하는 최선의 정치라고 주장한다. 이 점에서 한비자의 농전론은 선행법가인 상앙(商鞅)에 비해 그 내용이 더욱 풍부하고 진일보하였다고153) 평가할 수 있다.

> "상을 주는 것에 박하거나 속이고 주지 않는다면 신하들은 일하지 않고, 상을 주는 것이 후하고 진실하면 신하들은 죽음을 가볍게 여긴다."154)

> "상이 두텁고 믿음이 있으면 사람들은 적을 두려워하지 않고, 형이 무겁고 빠짐없이 실행된다면 사람들은 적을 만나 도망치지 않는다."155)

즉, 한비자는 대내적으로 법치에 입각한 상벌제도의 시행이 궁극적으로 대외적 겸병(兼倂)전쟁을 승리로 이끄는 방법이라고 생각한다. 그의 '법으로써 군사를 다스린다는(以法治軍)' 법치관념은 군사론에도 적용되어 상벌로써 병사들을 독려할 것을 적극 주장한다. 한비자가 생각하기에 법에 입각한 상벌제도의 시행은 전투에 임하면 목숨을 다하는 정예로운 군사를 낳는다는 점에서 전쟁에서 승리할 수 있는 가장 효과적인 정치방법이었다. 이와 같이 춘추전국시대의 개혁주도세력인 한비자를 비롯한 법가의 사상가들은 당시 대내외적인 모순에 직면한 상황에서 상벌의 시행을

---

152) 『韓非子』「五蠹」: 無事則富國, 有事則兵强.

153) 邱少華 外, 『先秦諸子軍事論譯注』(下), 軍事科學出版社, 1985. p.675.

154) 『韓非子』「內儲說上」: 賞譽薄而謾者下不用, 賞譽厚而信下輕死.

155) 『韓非子』「難二」: 賞厚而信, 人輕敵矣, 刑重而必, 失人不北矣.

통한 강병 양성론과, '전쟁으로써 전쟁을 제거한다는' '이전거전(以戰去戰)'과 '전쟁에 이겨서 강력한 국가를 이룬다는', '전승이강립(戰勝而强立)'의 입장을 표방하는 주전론(主戰論)를 견지하며, 전쟁은 '변법(變法)' 운동을 주도한 신흥계급이 채택한 보편적인 정치수단이었다.

5. 병가(兵家)의 전쟁론(全爭論)[156]

1) 손무(孫武)의 『손자병법(孫子兵法)』

중국춘추시대에 제(齊)나라 출신으로 오(吳)나라에서 활동한 손무(孫武, 기원전 559년~?)는 중국 병가의 시조격인 대표적인 인물로서 그가 저술한 『손자병법(孫子兵法)』[157]은 자신의 참여한 전쟁경험을 총결한 것이다. 유가의 시조인 공자보다 7, 8년 앞선 시대의 인물이라는 점에서 손무는 법가의 시조인 관중(管仲, ?~기원전 645년)에 이어 춘추전국시대 제자백가(諸子百家) 중 두 번째로 학파를 창시한 시조이지만 실제로 확인할 수 있는 자신의 직접적인 저술을 후대에 남긴 첫 번째 인물이라고 할 수 있다. 중국 병법서 중

156) 이 장에서는 문헌의 저자가 현재 확실하게 밝혀졌고, 또한 변법과 법치주의 관념을 토대로 '전쟁으로 전쟁을 없앨 수 있다면 전쟁을 해도 좋다는' '이전거전(以戰去戰)'의 논리에 입각해서 실제로 겸병전쟁에 참여하여 많은 승리를 거둔, 곧 이론과 실천을 겸비한 춘추전국시대 병법가들의 병서만을 논의의 대상으로 삼는다.

157) 앞 장에서 살펴보았듯이 사마천의 『사기(史記)』「손자오기열전(孫子吳起列傳)」에 의하면 두 사람의 손자(孫子)가 있는데, 한 사람은 오(吳)나라에서 활동한 손무(孫武)이고 또 한 사람은 100여 년이 지나서 제(齊)나라에서 활동한 손무의 후손인 손빈(孫臏)이다. 반고의 『한서(漢書)』「예문지(藝文志)」에서는 오(吳)나라 손자(孫子)가 지은 병법서는 82편이고, 제(齊)나라 손자(孫子)가 지은 병법서는 89편이라고 기록하고 있다.

에서 『손자병법』에 비해 시대적으로 앞선 것으로 추정되는 문헌이 있다해도 병법서로서 가장 뛰어난 가치를 지니고 후대에 막대한 영향력을 행사한 것으로는 단연 손무가 지은 『손자병법』을 들 수 있다. 이는 중국 병법서들을 종합적으로 정리한 역대 문헌들이나 많은 학자들이 문헌의 서술연대에 구애를 받지 않고 손무의 『손자병법』을 제일 먼저 거론하며 수위(首位)에 위치시키는 것을 통해서도 알 수 있다. 왜냐하면 손무의 병법서는 단순히 전쟁에 임하는 전략 전술만을 다룬 단순한 병법서가 아닌 사상서로서의 가치 또한 풍부하게 내포한 문헌이기 때문이다.

손무의 『손자병법』의 맨 처음 문장은 "전쟁은 국가의 중대한 일로 백성의 생사와 국가의 존망이 달려 있으니, 신중하게 살피지 않을 수 없다."[158]라는 전쟁 신중론의 입장을 밝히는 것으로부터 시작된다.

> "군주가 성이 난다고 해서 군대를 일으켜서는 안 되고, 장수가 화가 난다고 해서 전투를 해서는 안 된다. 이익에 맞으면 움직이고 이익에 맞지 않으면 그친다. 노여움이 다시 기쁨이 될 수 있고 성냄이 다시 즐거움이 될 수 있지만, 망한 나라는 다시 존재할 수 없고 죽은 자는 다시 살아날 수 없다. 그러므로 현명한 군주는 전쟁을 신중히 하고, 훌륭한 장수는 전쟁을 경계한다. 이것이 나라를 안전하게 하고, 군대를 온전하게 하는 길이다."[159]

위의 인용은, 전쟁이란 나라의 존망과 백성의 생사를 결정하는 중대한 일로, 군주나 장수인 자가 신중하게 대내외적인 객관적 정세를 고려하지

---

158) 『孫子兵法』「計」: 兵者, 國之大事, 死生之地, 存亡之道, 不可不察也.

159) 『孫子兵法』「火攻」: 主不可以怒而興師, 將不可以慍而致戰. 合於利而動, 不合於利而止. 怒可以復喜, 慍可以復悅, 亡國不可以復存, 死者不可以復生. 故明君愼之, 良將警之. 此安國全軍之道也.

않고 자신들의 주관적인 감정에만 치우쳐 전쟁을 일으킬 경우 돌이킬 수 없는 위험에 빠질 수 있다고 경고한 내용이다. 즉, 위의 내용은 손무의 전쟁신중론에 대한 생각을 단적으로 보여주는데, 그는 전쟁이란 한편으로 자신의 이익을 도모하는 정치적 수단이지만 다른 한편으로 국가의 존망과 백성의 생사를 결정짓는 매우 위험한 것이기 때문에 매우 신중하게 처리해야 할 정치적 수단임을 강조한다.

그러나 당시에 대내외적으로 이해관계를 달리한 세력 간의 첨예한 대립과 갈등은 최후의 정치수단인 전쟁으로 대면하는 경우가 일반적이었다. 춘추시대에 발생한 전쟁의 빈도에 비추어볼 때 당시 사회정치적 제반 상황은 전쟁이 바로 상호 대립과 갈등을 해결하는 최고의 정치적 수단이라는 인식을 공유하고 있었음을 보여준다. 당시 빈번한 전쟁으로 인해 일반적으로 발생하는 사회적 상황을 『손자병법』에서는 다음과 같이 묘사한다.

> "무릇 군대 십만을 동원하여 천 리의 먼 곳을 원정한다면 백성들의 부담과 국가의 지출이 날마다 천금(千金)의 거액을 소모해야만 하며 온 나라의 안팎이 소란하고 동요하게 된다. 백성들은 군량과 보급품을 운반하느라 도로에서 지쳐버려 생업에 종사하지 못하는 자가 칠십만 호나 된다."[160]

위의 내용은 손무가 당시 국가 간의 대립된 이해관계로부터 빈번하게 발생하는 전쟁으로 인해 백성들이 고통받는 현실에 대하여 언급한 것이다. 그러나 손무는 각국의 이해관계의 대립으로 인한 전쟁의 발생이 자의와 무관한 필연적인 사회정치적 현상이라면, 이를 피하기보다는 적극적

160) 『孫子兵法』「用間」: 凡興四十萬, 生征千里, 百姓之費, 公家之奉, 日費千金, 內外騷動, 怠於道路, 不得操事者, 七十萬家.

으로 대응할 수 있는 강력한 군사력을 통해 당시의 혼란을 종식해야 한다는 '이전거전(以戰去戰)'의 입장을 피력한다.[161] 즉, 당시의 사회역사적 조건이 필연적으로 전쟁을 야기할 수밖에 없는 상태에 이르렀다면 자강(自强)을 통해 이를 극복하는 것이 유일한 현실적 대안이라고 생각한다는 점에서, 손무의 군사사상은 바로 폭력이 바로 폭력에 대항하고 폭력을 종식시키는 정치수단이라는 점을 분명하게 밝히고 있다.

이와 같이 한편으로 폭력을 방기하지 않는 무력의 배양을 강조하면서도 또 다른 한편으로 폭력의 사용에는 신중을 기해야 한다는 손무의 폭력관념은 그의 군사철학에도 적극 반영되어 '싸우지 않고 온전하게 승리를 거두는' '전쟁(全爭)' 관념으로 나타나는데, 이것이 바로 손무 전쟁론의 핵심명제이다. 즉, 손무는 "백번 싸워 백번 승전하는 것이 최상의 것은 아니다. 전투하지 않고 적군을 굴복시키는 것이 최선이다."[162]라고 거듭 밝히면서, 폭력이 주요 내용인 전쟁이란 최선의 정치수단이 아니며 부득이한 경우에 쓰이는 최후의 수단임을 분명하게 밝힌다.

부연하면, 손무가 전쟁을 경제적 이익을 획득하기 위한 하나의 정치수단의 연장선상에서 이해하였을지라도, 그는 전쟁이란 상호 이해의 대립관계를 해소하기 위해 최후에 동원해야만 하는 마지막 정치수단임을 분명하게 밝힌다.

---

161) 유가적인 성향이 강한 병법서인 『사마법(司馬法)』에서도 "그 나라를 공격하여 그 民을 보호할 수 있다면 공격을 하여도 좋고, 전쟁수단을 동원하여 전쟁을 저지할 수 있다면 전쟁을 하여도 좋다.(「仁本」: 攻其國愛其民, 攻之可也, 以戰止戰, 雖戰可也.)"고 주장하는데, 이는 당시 사회정치적 상황이 전쟁의 발생을 억제할 수 없는 한계에 이르렀음을 보여준다.

162) 『孫子兵法』「謀攻」: 百戰百勝, 非善之善者也. 不戰而屈人之兵, 善之善者也.

"최상의 전쟁 방법은 적의 계획을 분쇄하는 것이고, 그 다음의 방법은 적의 외교를 파괴하는 것이고, 또 그 다음의 방법은 무기로써 정복하는 것이며, 최하의 방법은 적의 성곽을 공격하는 것이다. 적의 성곽을 공격하는 방법은 부득이한 경우에 쓰는 것이다."[163]

위의 내용에서 알 수 있듯이 손무는 무력을 동원하지 않은 상태에서 정치 및 경제적 이익을 얻는 것이 최상의 정치이며, 다음으로 외교로 승리할 수 있는 방법이 차선의 정치이며, 마지막으로 병장기와 무력을 동원하여 직접적으로 폭력을 행사하는 것은 부득이한 경우에 사용하는 최후의 수단임을 밝히고 있다.

"천하에 반드시 전쟁(全爭)으로써 한다. 그렇기 때문에 병력을 손상하는 일 없이 이권(利權)을 온전하게 취할 수 있다."[164]

위의 내용에서 '전(全)'은 빈틈없는 모략을 뜻하며 '전쟁(全爭)'이란 싸우지 않고 완전한 승리를 거둔다는 의미이다. '전쟁(全爭)'은 정치 · 군사 · 경제 · 외교 · 문화 · 과학 기술 등의 전선상의 투쟁을 포함하고 있는데,[165] '싸우지 않고 적을 굴복시키는 것'이[166] 최상의 방책이다. 이는 전쟁의 잔혹성과 파괴성을 인식하는 것으로부터 비롯한 군사론이다. 손무는 역사적으로 비교적 빠른 시대에 외교가 전쟁의 승부를 결정하는 관건임을 파악한 인물이다.[167]

---

163) 『孫子兵法』「謀攻」: 上兵伐謀, 其次伐交, 其次伐兵, 其下攻城. 攻城之法, 爲不得已.

164) 『孫子兵法』「謀攻」: 必以全爭于天下. 故兵不頓, 而利可全.

165) 朱軍, 『孫子兵法釋義』, 海軍出版社, 1988. p.7.

166) 『孫子兵法』「謀攻」: 不戰而屈人之兵.

167) 陶漢章 編著, 『孫子兵法概論』, 解放軍出版社, 1989. p.91

즉, 손무는 전쟁의 본질을 싸우지 않고 적을 굴복시키는, 정치가 항상 주체가 되고 군사작전은 그 정치목적을 달성하기 위한 객체이며 수단에 지나지 않는다고 보았다. 또한, 전쟁이란 이권투쟁을 위한 하나의 정치적인 수단이라는 점에서 처음부터 정도(正道)라는 것은 없다. 군사란 적을 속이는 것으로[168] 전쟁의 승리를 위해서는 도덕적 명분이 문제되지 않으며 사회정치적 방면의 객관적 상황을 사실적으로 인식하는 가운데 전략을 운용하는 것이 중요하다. 이러한 인식을 바탕으로 피해를 최소화할 수 있는 최상의 전략을 모색하고 빈틈없는 계획으로 적을 굴복시키는 것이 최선의 방법이다.

따라서 전략 전술이 우수한 자는 "적의 군대를 굴복시키고,"[169] "적국을 파괴하는 것"[170]을 위해 전쟁을 벌이지 않으며 그 목적은 "병력을 손상하는 일이 없이 이권(利權)을 온전히 취할 수 있게 하는 데 있다."[171]고 한다. 또한 손무는 "전쟁은 승리에 가치가 있는 것이지 오래 끄는 데 가치가 있는 것이 아니다."[172]라고 하면서, 전쟁이 정치적 경제적 이익을 거두기 위한 수단인 이상 전쟁에서 피차간의 손실을 줄이며 최대한 빨리 끝내고 거둔 승리가 더욱 의미가 있다고 말한다. 즉, 전쟁은 빨리 결말을 지어야 한다는 손무의 속결전(速決戰)의 전략은 교묘한 술책으로 전쟁을 장기간 지속한다거나 전쟁을 장기간 끌면서 거둔 승리는 사실상 국가의 이익에 부합하지 않는다는 것을[173] 밝힌 것이다. 이는 손무가 전쟁을 경제

168) 『孫子兵法』「計」: 兵者, 詭道也.

169) 『孫子兵法』「謀攻」: 屈人之兵.

170) 『孫子兵法』「謀攻」: 毁人之國.

171) 『孫子兵法』「謀攻」: 兵不頓而利可全.

172) 『孫子兵法』「作戰」: 故兵貴勝, 不貴久.

173) 『孫子兵法』「作戰」: 兵聞拙速, 未睹巧之久也, 夫兵久而國利者, 未之有也.

적 이익을 거두기 위한 마지막 정치적 수단이라고 인식하고 있었음을 보여주는 것이다. 왜냐하면 전쟁이란 국가 대 국가, 정치집단 대 정치집단 간의 이해(利害)의 모순을 해결하는 최후의 형식이지만 결코 전쟁의 승리가 유일한 수단은 아니며 또한 그것이 반드시 자신의 이익에 부합한다고 볼 수 없기 때문이다. 이상과 같이 『손자병법』은 전쟁의 목적과 의미, 기능에 대하여 사회, 정치, 경제 등 제반 범주와의 연관성속에서 고찰하는 한편, 이후 살펴볼 전쟁의 승리를 위한 구체적인 실천적 문제 곧 전략 전술 문제를 병행 논의한다는 점에서, 『손자병법』이 단순히 전쟁의 승리에만 국한되어 전략전술을 논의한 단순한 병법서가 아닌 하나의 사상서임을 확인시켜준다.

우선, 『손자병법』에서는 전쟁의 승패는 인간의 정신적 의지나 도덕적 명분이 아닌 경제적 내지 물질적 요소들에 의해 좌우된다는 점을 밝히고 있다. 즉, 전쟁이란 주로 쌍방의 물질역량의 경쟁이기 때문에 반드시 무력동원에 필요한 물질적 기반을 제고해야만 승리를 담보할 수 있다는 의미이다. 물질적인 역량과 군사의 전투력은 상호 불가분의 관계에 놓인 것이기 때문에 전쟁의 승리는 반드시 일정한 물질기초를 필요로 하며 단지 군사들의 정신력이나 의지력에 의해 결정적으로 좌우되는 문제가 아니다.

"군대에 군수물자(輜重)가 없으면 패배하고, 식량이 없으면 패배하고, 저축(군수물자의 준비와 저장)이 없으면 패배한다."[174]

"전쟁을 하려면 그 규모는 전차(戰車)가 천 대, 병거(兵車)가 천 량(千輛), 무장을 갖춘 군대가 10만이 되어야 한다. 천 리나 되는 거리에 식량을 운송해야 되고, 전후방의 비용, 접대비, 전쟁 도구의 수리에

174) 『孫子兵法』「軍爭」: 軍無輜重則亡, 無糧食則亡, 無委積則亡.

필요한 자재, 군수품의 조달 등 날마다 천금의 비용을 소비해야 한다. 그런 연후에야(그런 능력이 있어야만) 10만의 군사를 출동시킬 수 있다."[175]

위의 내용은 전쟁의 수행은 반드시 그것을 가능하게 하는 경제적 기반이나 물질적 조건을 갖추었을 때 가능한 것이며 전쟁의 승패 또한 물질적 기반에 좌우되는 것임을 밝힌 것이다. 손무는 또한 "두 번 징병하지 아니하고, 군량은 세 번 거듭하지 아니하며, 무기장비는 국내에서 가져가고, 군량은 적의 것을 빼앗아 쓴다."[176]는 원칙을 제출하여 물질적 기초가 전쟁에 미치는 중요성을 강조한다. 따라서 그는 적(敵)의 물질적 기초를 파괴하는 것이 전쟁의 승패를 결정하는 중요한 요소라고 말한다. 이에 대한 대표적인 예를 들자면, 과거 전쟁에서 적을 공격하는 최고의 전략이자 가장 경계해야 할 최후의 전략으로 거론되는 것이 바로 '화공(火攻)'인데, 손무는 '화공'의 주요 목표를 첫째는 전쟁을 수행하는 병사인 사람, 둘째는 적취물, 셋째는 군수물자, 넷째는 보급창고, 다섯째는 군대의 주유지(駐留地)라는 다섯 가지를 설정한다. 손무가 설정한 '화공'의 주요한 다섯 가지 목표 중 전투를 실제 수행하는 군대의 주요 보급원인 군사(火人)와 군사들의 주둔지를 공격하는 것(火隊)을 제외하고 나머지 세 가지는 바로 전쟁을 수행할 수 있게 하는 적의 주요 물질적 군사기반을 파괴하는 것이다.[177]

다시 말해 손무에 의하면 전쟁의 승패는 군사들의 주관적 의지나 공상이 아닌 객관적인 물질적 역량과 현실적인 군사정황에 따라 결정이 난다.

---

175) 『孫子兵法』「作戰」: 凡用兵之法, 馳車千駟, 革車千乘, 帶甲十万. 千里饋粮, 則內外之費, 賓客之用, 膠漆之材, 車甲之奉, 日費千金. 然后十万之師奉矣.

176) 『孫子兵法』「作戰」: 役不再籍, 粮不三載, 取用于國, 因粮于敵.

177) 『孫子兵法』「火攻」: 凡火攻有五. 一日火人, 二日火積, 三日火輜, 四日火庫, 五日火隊.

"아군의 병력이 적군의 10배가 될 때는 적을 포위하고, 아군의 병력이 적군의 5배가 될 때는 적을 공격한다. …… 아군의 병력과 적의 병력이 상등할 때는 전력을 다해 싸운다. 아군의 병력이 적의 병력보다 적을 때에는 퇴각하고, 각종 조건이 적에 미치지 못하면 처음부터 접촉하지 않는다."[178]

"적의 정세를 먼저 안다는 것은 귀신에게 점치는 일(問卜)을 하는 따위의 미신에서 얻을 수 없으며, 다른 일로부터 유추해서도 알 수 없으며, 수리(數理)에 의해서 검증할 수도 없으며, 반드시 적정을 잘 알고 있는 사람에게서 알아내야 하는 것이다."[179]

즉, 전투에서 포위하고 공격하고 퇴각하는 전략은 반드시 자신의 역량이 적의 역량보다도 우세한 토대 위에 세워져야 하며, 또한 적군의 현실적 정세를 객관적으로 파악할 수 있는 전술에 의거해야 한다. 피차간의 물질적 역량에 대한 분석이 아닌 지도자의 주관적 판단에 의존하거나 주술의 우연성에 의존하는 행위에 의거해서 전쟁을 수행하는 어리석음을 경고한다. 전쟁의 승리는 적의 물질적 역량이나 객관적 정황을 정확하게 파악하는 데 있다는 점에서 손무는 "자기를 알고, 적을 알면 백번 싸워도 위태롭지 않으며",[180] "적을 알고 나를 알면 승리는 위태롭지 않고, 지리

178) 『孫子兵法』「謀攻」: 十則圍之, 五則攻之.……倍則分之, 敵則能戰之. 少則能逃之, 不若則能避之.

179) 『孫子兵法』「用間」: 先知者 不可取於鬼神, 不可象於事, 不可驗於度, 必取於人知敵之情者也.

180) 『孫子兵法』「謀攻」: 知己知彼, 百戰不殆. 마오쩌둥(毛澤東)은 이 문장에 대해 "학습과 사용의 두 단계를 포괄해서 말한 것이며, 객관적 실제의 발전법칙을 인식하고 이러한 법칙으로 자기 행동을 결정하고 적을 극복해야 한다는 것을 말한 것이다"라고 평가한다. 『毛澤東選集』(第1卷), 人民出版社, 1953. p.166.

와 천시를 알고 싸우면 모두 이길 것이다"[181]고 말한다. 다시 말해 주관성과 우연성에 대한 경계를 통해 모순되는 적과 나 쌍방의 실질적 정황을 이해하는 것과 더불어 객관적 자연환경에 대한 구체적인 분석이 동반될 때 전쟁에서 승리할 수 있음을 밝힌 것이다.

또한, 위의 "아군의 병력이 적의 병력보다 적을 때는 퇴각하고, 각종 조건이 적에 미치지 못하면 처음부터 접촉하지 않는다."[182]는 내용을 통해 손무는 전략 전술에는 현 상황을 자기 쪽에 유리하게 돌릴 수 있는 변증법적 사고가 요구됨을 강조한다. 즉, 손무는 변증법적 관점에서 사물의 운동성은 항상 사물의 대립상태와 또 다른 대립상태로의 전화(轉化)양상을 창출하는데 전쟁의 경우 그 변화양상은 더욱더 격렬한 움직임을 보인다고 지적한다.

> "오행(五行)에는 상극(相剋)의 이치가 있고, 네 계절은 항상 바뀌어 고정된 것이 없다."[183]

> "전략형세와 전술의 태세는 변칙(奇)과 정도(正)에 지나지 않지만, 변칙(奇)과 정도(正)의 변화는 이루 다 헤아릴 수 없다. 변칙(奇)과 정도(正)가 서로 낳는 것은 도는 고리처럼 끝이 없다. 누가 능히 다 알아낼 수 있는가."[184]

---

181) 『孫子兵法』「地形」: 知彼知己, 勝乃不殆, 知地知天, 勝乃可全.

182) 『孫子兵法』「謀攻」: 少則能逃之, 不若則能避之.

183) 『孫子兵法』「虛實」: 五行無常勝, 四時無常位. 손무는 "천(天)이란 음양(陰陽), 한서(寒署), 시제(時制)이다(「計」: 天者, 陰陽寒署時制也)"라고 말한다. '음양 · 한서 · 시제'는 음양의 이치, 한서의 변화, 계절과 기후 등을 말하는 것으로, 신비적 의미로 충만한 주대(周代)의 도덕적 의지를 지닌 '천(天)' 관념을 부정하고, '천(天)'을 운동성을 지니면서 객관적으로 존재하는 자연 물질개념으로 인식한다.

184) 『孫子兵法』「勢」: 戰勢不過奇正, 奇正之變, 不可勝窮也. 奇正相生, 如循環之無端. 孰能窮之.

전쟁의 양상은 다른 사물(事·物)과 마찬가지로 조건이 성숙되면 그 상황에 따라 언제 어디서나 유동 변화한다. 사회정치적 수단의 하나인 전쟁 또한 하나의 사회정치적 현상의 일부이기 때문에 시대의 역사적 변화에 따라 다스리는 사회정치적 방법이 변해야 하듯이, 전쟁의 양상은 항상 정지되거나 중지된 상태에 있지 않으며 객관적 정세의 변화에 따라서 항상 운동 변화하는 과정에 놓여 있다. 전쟁에서 전략과 전술의 운용은 전쟁의 운동 변화하는 양상을 이해하고 대처하는 것이 필요하며, 이 점에서 '변칙(奇)'과 '정도(正)'는 항상 상호 의존하고 전화하는 과정에 놓여있다는 점을 분명하게 이해하는 가운데 전략 전술을 운용해야 한다. '변칙(奇)'과 '정도(正)'가 어우러지면서 새로운 '세(勢)'가 끊임없이 창출되기 때문에 전쟁을 승리로 이끄는 전략과 전술은 새롭게 창출된 기세를 타는 것이 중요하다. 즉 군의 조직과 편제에 의거한 혼란과 다스림, 군의 태세에 의거한 용기와 두려움, 군의 행동에 의거한 약함과 강함 등은 전쟁의 양상을 구성하는[185] 주요 요소이다. 따라서 자신의 유 · 불리한 상황의 변화에 맞게 상대방을 유인하는 변칙과 정도를 함께 사고하는 전략은 전쟁을 승리로 이끄는 중요한 방법이다. 손무를 이를 가리켜 "적을 잘 움직이는 자는 무언가를 내보여 적이 반드시 그것에 따르게 하고, 무언가를 주어서 적이 반드시 그것을 취하게 한다."[186]고 말한다.

손무는 이와 같이 군사문제도 사물의 발전법칙 차원에서 변증법적으로 이해한다. 그는 대립하는 쌍방은 전쟁 중에서 모두 자기의 정치 · 경제와 군사역량 및 지력으로 승리를 다투며 서로 원인이 되어 변화하는 과정에 놓여 있고 그 변화에는 그침이 없다고 지적한다. 그리고 그 변화는 간단한 수량의 증감이나 간단한 위치의 이동을 의미하는 것이 아니기 때문에

185) 『孫子兵法』「勢」: 亂生于治, 怯生于勇, 弱生于强. 治亂數也, 勇怯勢也, 强弱形也.

186) 『孫子兵法』「勢」: (故)善動敵者, 形之, 敵必從之, 予之, 敵必取之.

변화를 자신의 형세를 유리하게 발전시키는 운동의 의미로 이해하는 자세가 요구된다.

따라서 손무는 "싸움을 잘하는 자는 적을 조정하지 적에 의해서 조정되지 않는다."[187]라고 말하면서 전쟁에서 지휘자의 능동적인 전술 운용을 강조한다. 이는 전쟁의 주도권을 쟁취하고 능동적인 작용을 발휘할 수 있는 전술의 운용을 강조한 것이다. 전쟁에서 "우회하는 것으로써 도리어 직행에 앞지르게 하고, 해로운 것으로써 도리어 이로운 것을 만들 수 있는"[188] 전세의 창출이 바로 주도권을 쟁취하고 능동적인 전술 운용을 발휘할 수 있는 지휘관의 전술운용이다. 곧 전쟁에서 발휘되는 장수의 주관적 능동성이란 바로 불리한 조건(전세)을 유리한 조건(전세)으로 변화시킬 수 있는 능력을 의미한다.

이와 같이 『손자병법』의 군사변증법은 노자의 변증법사상을 계승하면서도 인간의 주관적인 능동성의 문제를 보완하여 더욱 발전시키고 있다. 즉, 변증법적 전화법칙 방면에서 『손자병법』에서는 주관능동성(主觀能動作用)을 발휘하여 운용하는 것을 중시하는데 이는 노자 변증법사상을 계승하여 발전시킨 것으로서 노자 변증법철학이 보지 못한 주관능동성(主觀能動作用) 문제의 결점을 보완한 것이라고 평가할 수 있다.[189]

> "한번 사용하여 전승한 방법은 다시 사용하지 않고, 적의 정세에 순응(應)하여 무궁한 전략전술로써 대처해야 한다."[190]

187) 『孫子兵法』「虛實」: 善戰者, 致人而不致於人.

188) 『孫子兵法』「軍爭」: 以迂爲直, 以患爲利.

189) 任繼愈 主編, 『中國哲學史』(第1册), 청년사, 1989. p.128.

190) 『孫子兵法』「虛實」: 其戰勝不復, 而應形于無窮.

위의 내용에 나오는 '다시 사용하지 않으며('不復)', '다함이 없다는(無究)' 의미는 전쟁에서 전략 전술은 간단하게 중복해서 사용할 수 있는 것이 아니기 때문에 군사 지휘관은 자신의 주관 능동성을 최대한 발휘하여 전략과 전술 운용에 새로운 변화를 도모해야 함을 밝힌 것이다.

이뿐만이 아니라 『손자병법』에서는 피(彼) · 아(我)간에 존재하는 복잡한 모순(矛盾)투쟁에 대해서 다음과 같이 말한다.[191]

> "적의 형태를 드러내게 하고 아군의 형태를 보이지 않게 하면, 아군은 집중할 수 있고 적군은 분산하게 된다. 아군이 하나로 집중하고 적이 열로 분산하게 된다면 이것은 열로써 하나를 상대하는 것이 되는데, 아군은 많고 적군은 적게 되는 것이다. 능히 다수로써 소수를 공격할 수 있게 되면 우리가 전쟁에 드는 것을 절약할 수 있다."[192]

위의 내용은 대립범주의 전화에 따른 전쟁의 형세 변화에 관하여 서술한 것이다. 전쟁 중에 아군과 적군의 역량의 많고(衆) 적음(寡)은 전술의 운용에 따라 그 형세가 상호 전화될 수 있다. 즉, 손무는 자신이 적의 정황

---

191) 『孫子兵法』의 과 · 중(衆 · 寡), 기 · 정(奇 · 正), 허 · 실(虛 · 實), 이 · 해(利 · 害), 공 · 방(攻 · 防), 추 · 퇴(追 · 退), 강 · 약(强 · 弱), 강 · 유(剛 · 柔), 우 · 직(迂 · 直), 원 · 근(遠 · 近), 노 · 일(勞 · 逸), 경 · 중(輕 · 重), 심 · 천(深 · 淺), 선 · 후(先 · 後), 은 · 현(隱 · 顯), 동 · 정(動 · 靜), 용 · 겁(勇 · 怯), 정 · 화(靜 · 華), 사 · 생(死 · 生), 기 · 포(飢 · 飽), 전방(前方)과 후방(後方), 주동(主動)과 피동(被動), 속결(速決)과 지구(持久) 등의 모순범주(矛盾範疇)는 전쟁에서 쌍방 간 주관적인 능동적 작용을 통해 전개되는 투쟁(鬪爭)과 전화(轉化)에 대하여 논술한 것이다. 朱軍, 『孫子兵法釋義』, 海軍出版社, 1988. p.5~6.

192) 『孫子兵法』「虛實」: 形人而我無形, 則我專而敵分. 我專爲一, 敵分爲十, 是以十共其一也, 則我衆而敵寡. 能以衆擊寡者, 則吾之所與戰者約矣.

을 살피고 적이 자신의 정황을 살필 수 없게 한다면, 아군의 역량은 집중되고 적의 역량은 분산시킬 수 있다고 말한다. 결국 전쟁에서 피아간의 객관적 상태에 대한 정보의 인식 차이는 전투력의 '집중력(衆)'과 '분산력(寡)'의 형세를 상호 전화시킬 수 있는 관건이 된다.[193)]

이상에서 살펴본 바와 같이, 손무의 군사철학에는 대립물의 모순과 모순의 투쟁, 대립물의 전화와 발전의 관념이 충만하게 발현된다. 그의 전쟁에 대한 관점은 소박한 유물주의의 철학적 색채를 지니고 있으며, 그의 군사이론에 나타난 전쟁 상황을 분석하는 변증법적 시각은 현대적 의미의 군사 변증법 사상과 일맥상통하는 내용으로 충만하다.

결론적으로 손무는 전쟁에서 승리할 수 있는 다섯 가지 선결요건을 다음과 같이 제시한다. 이 내용은 손무 이래로 역대 중국의 전쟁론에서 불문율처럼 계승되는데 특히 전시상황에서 전투에 임하는 장군이 전황을 가장 잘 파악하고 있기 때문에 군주의 명령이라도 따를 수 없다는 내용은 당시 정치상황을 고려할 때 매우 획기적인 것이자 손무 병법의 매우 과학적인 군사이론의 단면을 보여준다.

> "싸울 경우와 싸워서는 안 될 경우를 아는 자는 승리한다. 많은 병력과 적은 병력의 사용방법을 아는 자는 승리한다. 위와 아래가 마음이 같으면 승리한다. 경계하면서 적이 경계하지 않음을 기다리는

---

193) 이 내용은 손자가 초보적이나마 모순대립면의 전화(轉化)는 오직 일정한 조건하에서야 비로소 현실화될 수 있다는 점을 인식하고 있었음을 보여준다. 그리고 손무(孫武)는 노장(老莊)과 같이 상대주의에 빠지지 않고 유물주의의 변화의 관점을 이루었다고 평가할 수 있다. 侯外廬 主編, 『中國哲學史』(上), 일월서각, 1988. p.116~117.

자는 승리한다. 장수가 유능하고 군주가 간섭하지 않는 자는 승리한다."[194]

글의 서두에 밝혔듯이 『손자병법』의 저자인 손무는, 전쟁이란 국가의 대사이고 인민의 생사가 달려있는 중대한 일이므로 싸워야 될 경우와 싸워서는 안 될 경우를 정확히 분별할 줄 알아야 되며, 전쟁이란 윗사람과 아랫사람이 마음을 같이할 때 비로소 수행할 수 있는 것이라고 밝히며 논의를 시작한다. 즉, 전쟁을 실행하는 이해의 문제가 백성들의 뜻과 어긋날 때 전쟁은 수행할 수 없는 것이며 전쟁의 승리는 백성들의 이해를 반영할 수 있는 연장선상에서 상하의 마음이 일치할 때 비로소 기약할 수 있는 것이다.[195] 그는 전쟁의 승패는, "어느 편이 정치를 더 잘 하는가"[196]에 달려있다고 주장하면서, 궁극적으로 전쟁에서 승리할 수 있는 정치란 바로 도(道, 상하의 이해가 일치하는 정치 목표)를 닦고 법치(法治)를 실행하는 것이라고 주장한다.[197]

2) 오기(吳起)의 『오자병법(吳子兵法)』

오기(吳起, 기원전 442년?~ 기원전 381년)는 위(衛)나라 좌씨(左氏)의 사람으로 춘추시대에 태어나 전국시대까지 활동한 인물로서 약소국이었던 위(衛)나라를 떠나 노(魯)나라에 유학하며 증자(曾子)에게서 학문을 배웠다고 전해진다. 그는 노나라에서 장수로 있으면서 제(齊)나라의 침략을 물리치지만

194) 『孫子兵法』「謀攻」: 知可以戰, 與不可以戰者勝. 識衆寡之用者勝. 上下同欲者勝. 以虞待不虞者勝. 將能而君不御者勝.

195) 『孫子兵法』「計」: 道者 令民與上同意也. 故可以與之死, 可以與之生, 而不畏死.

196) 『孫子兵法』「計」: 主孰有道.

197) 『孫子兵法』「形」: 修道而保法, 故能爲勝敗之政.

제나라 아내를 두었다는 이유로 노나라에서 의심을 받자 위(魏)나라로 건너가 위(魏)나라 문후(文侯)의 변법을 보좌하며 27년간 70여 차례의 전투에서 전공을 세웠다. 그러나 그를 신임하던 위(魏)나라 문후(文侯)가 죽은 후 대신들의 모함을 받자 다시 초(楚)나라로 건너가게 되고, 그의 능력을 알아본 초(楚)나라 도왕(悼王)에 의해 재상으로 발탁되어 초나라 도왕의 변법운동을 보좌하여 초나라를 부흥시킨다. 그는 남으로 백월(百越), 북으로 진(陳)과 채(蔡)를 병합하고 삼진(三晉)을 물리치고, 서로 진(秦)을 정벌하는 공적을 거두었으나 그를 신임한 초나라의 도왕이 죽자 종실(宗室)과 대신들에게 살해당한다. 오기의 죽음으로 초나라의 변법운동은 사실상 더 이상 지속되지 못함으로써 초나라는 이후 강성한 패권국으로 나아가는 길을 상실하게 된다.

오기는 춘추시대와 전국시대에 걸쳐 활동한 인물인데 중국사회는 전국시대에 들어서 생산력의 급격한 발전으로 각 제후국의 이권쟁탈을 위한 겸병(兼倂)전쟁에 필요한 물자와 식량을 충분하게 제공하게 되었다. 또한, 경제의 발전과 더불어 인구가 증가함으로써 전쟁에 동원되는 군사들의 규모가 확대되고 전쟁은 더욱 대규모화되는 양상으로 전개된다. 당시 경제의 발전으로 각 성과 도시들은 번영과 발전을 구가한 반면 전쟁의 중요한 쟁탈목표가 되기도 하였다. 당시 이러한 중국사회의 경제적 변화는 정치군사영역에도 많은 변화를 촉진시켰고, 오기의 『오자병법(吳子兵法)』은 이러한 시대적 양상을 반영하며 탄생한 병법서이다.

즉, 오기가 활동하던 시대의 겸병전쟁의 양상은 참전하는 병력의 규모가 춘추시대에 비해 괄목하게 증가했고 전장(戰場)의 범위도 매우 광범위하게 확대된다. 또한, 전쟁의 양상도 바뀌는데 춘추시대의 전쟁양상이 주로 차전(車戰)을 위주로 한 것이었다면 전국시대에 들어서면서는 보병전(步戰)과 기마전(騎戰)뿐만 아니라 보병(步) · 기병(騎) · 전차(車)가 모두 동원되는 협동작전의 전쟁양상이 출현하고, 동시에 야전(野戰) · 공성(攻城) · 곡전

(谷戰, 곡전은 산지(山地)작전으로 『오자병법』에서는 '곡전'이라 칭함) · 수전(水戰) 등, 전쟁의 전법(戰法) 또한 더욱더 다양하게 발전한다.[198]

군대조직의 주요성분도 춘추시대에 노예주 계급이 작전에 참가하는 주요성분이었고, 작전에 참가하는 노예들은 군대조직의 부속성분이었을 뿐이다. 그러나 전국시기에 들어서면 각급의 지휘권은 주로 지주계급이 잡고 있었으나 군대의 주요 보급원인 사졸들은, 주로 춘추 이래 우경(牛耕)과 철기의 생산으로 인한 농업기술의 급격한 발전과 더불어, 중국사회에 주요한 하나의 새로운 사회계층을 형성한 노동계급인 농민이었다. 오기(吳起) 이래로 각 제후국은 군(郡) · 현(縣)을 단위로 하는 징병제도(征兵制度)를 실행하기 시작하였으며[199] 농민을 충원하여 군대 병원(兵員)의 근원으로 삼음으로써 농민을 주체로 한 봉건지주계급의 군대가 형성된다.[200]

오기(吳起)의 주요 사상은 신 · 구세력의 대립된 상황에서 기존 권문세족의 경제력을 축소시키는 한편, 발전된 경제력을 관료제 정비와 국가의 군사력을 강화하는 데 이용하는 것이다. 그가 주장한 당시 생산력 발전에 기인한 사회경제적 모순의 해결 방법은 바로 정벌전쟁(征戰)에 유능한 군대를 조직하여 각 제후국들의 무력경쟁에서 우위를 차지한다는 강병사상에 있다. 그의 군사상의 주요 내용은 노예주 귀족의 봉록을 축소하고 무능한 관리를 감축한 재원으로 군사들을 부양하고 군비를 확충하는 가운데 제후 직속의 '강병(强兵)'을 배양함으로써 당시 제후국들을 통일하는 것이었다.[201]

---

198) 『손자병법』에서는 기병(騎兵)에 대한 언급이 전혀 없다.

199) 곽말약(郭沫若)은 오기(吳起)를 중국 징병제(征兵制)의 원조(元祖)로 본다. 『郭沫若全集』「歷史篇」「述吳起」 참조.

200) 李碩之 外, 『吳子淺說』, 解放軍出版社, 1986. p.22~23.

201) 『戰國策』「秦策三」: 吳起爲楚罷無能, 廢無用, 捐不急之官, 塞私門之請, 壹楚國之俗. 南攻楊越, 北并陣蔡, 破橫散從, 使馳說之士, 無所開其口.

"백성들은 그 생업(田宅)에 안주하게 하고, 그들의 관리들에게 친밀함을 갖게 되면, 방어(國防)는 이미 견고한 것이다." 202)

오기 또한 일련의 변법사상가들이 주장한 '농전론'의 연장선상에서 변법운동을 전개한다. 앞서 언급했듯이 오기는 춘추시대부터 전국시대에 걸쳐 활동한 인물로 당시 경제의 주요 세수원이자 군대의 주 보급원은 농민이었다는 점에서 경제와 군사의 주축인 '경전지사(耕戰之士)'의 양성은 곧 국가의 존립을 위한 필수적인 과제였다. 즉, 기존의 낡은 상부의 정치질서를 개혁하자는 변법운동과 더불어, 백성을 근본으로 하는 정치를 해야 한다고 주장한 오기의 민본(民本) 정치의 핵심은, 바로 농민의 노동력을 안정시킴으로써 국가 재정수입의 안정된 확보와 이를 통한 국가경제의 토대구축, 대규모의 강병 양성과 이를 통한 겸병전쟁에서의 지속적인 우위 확보라는, 대내외적인 사회정치적 확장전략을 성공적으로 실행하는 데 있다. 따라서 그는 전쟁에서 승리한 이후에도 패전국의 경제적 터전이 파괴되어 생산력이 상실되는 것을 방지하고 정치적으로 민심을 안정시키는 일에 주의해야 됨을 강조한다.

"군대(軍)가 다다르는 곳에는 나무를 함부로 베거나 건물을 파괴해서는 안 되고, 그 곡식을 빼앗고 가축을 도살해서는 안 되며, 재물을 불살라 버려서는 안 된다. 백성(民)에게 적의가 없음을 보여주고, 투항을 청하는 자가 있으면 허락하고 민심을 안정시킨다."203)

또한, 오기는 손무의 전쟁신중론과 마찬가지로 겸병전쟁의 사회정치적

202) 『吳子兵法』「圖國」: 民安其田宅, 親其有司, 則守已固矣.

203) 『吳子兵法』「應變」: 軍之所至, 無刊其木, 發其屋, 取其粟, 殺其六畜, 燔其積聚. 示民無殘心, 其有請降, 許而安之.

중요성을 인식하면서도 무력 동원의 폐해와 위험성을 강조하며 전쟁 수행에 대해 매우 신중한 입장을 견지한다. 즉, 그는 "여러 번 싸워 이기고서 천하를 얻는 자는 드물고, 오히려 이로 인해서 망한 자가 많다."[204]고 말하면서 전쟁이 국가의 존망과 직접적인 관련이 있는 만큼 무력 동원에 신중을 기하고 만전을 기할 것을 경고한다. 손무와 마찬가지로 오기의 전쟁신중론은 만전주의와 일맥상통한다.

즉, 오기의 강병론(强兵論)과 주전론(主戰論)은 전쟁신중론과 만전주의의 사고를 토대로 형성된 것인데, 그는 전쟁을 할 경우 단 한 번의 전쟁으로 승리를 거두는 것이 최상임을 천명한다. 그는 "싸워서 이기는 것은 쉽지만 지키면서 승리하는 것은 어렵기" 때문에 여러 차례 전쟁에서 승리하기보다는 "단 한 번을 싸워 이기는 것이 제왕의 업적을 달성하는" 최상의 방책임을 주장한다.[205] 즉 최상의 전략이란 전쟁에 승리한 이후에도 또 다른 전쟁발생의 여지를 남겨두는 불완전한 승리가 아닌, 한 번의 전쟁으로 적을 완벽하게 제압하는 전쟁만이 최상의 전쟁임을 의미한다. 더 나아가 그는 손무의 '전쟁론(全爭論)'의 관점을 계승하여 "백성들 모두가 자신의 군주를 옳다하고 이웃 나라를 그르다하면 (싸우지 않고도) 전쟁에서 이미 이긴 것"[206]과 다름없다고 말하면서, 대내적으로 완벽한 정치의 실현은 전쟁이라는 또 다른 정치적 수단을 필요하지 않는다고 말한다. 부연하면 대내적으로 내치(內治)가 완벽하게 실행되어 상·하가 모두 뜻을 같이하는 정치를 할 때 대외적으로 정치적 수단인 곧 전쟁을 수행하지 않고서도 이미 적과의 전쟁에서 승리하는 효과를 거둘 수 있음을 밝힌 것이다.

---

204) 『吳子兵法』「圖國」: 數勝得天下者稀, 以亡者衆.

205) 『吳子兵法』「圖國」: 然戰勝易, 守勝難. 故日天下戰國, 五勝者禍, 四勝者弊, 三勝者霸, 二勝者王, 一勝者帝.

206) 『吳子兵法』「圖國」: 百姓皆是吾君而非鄰國, 則戰已勝矣.

또한, 오기는 자신이 주장하는 강병론(强兵論)과 주전론(主戰論)은 역사의 경험과 교훈으로부터 비롯한 필연적인 것으로, 이는 역사적 흐름에 부합하고 사회변혁의 추세에 순응한 필연적 정책이라고 주장한다.

> "은(殷)나라의 탕왕(湯王)이 (하나라의) 걸왕(桀王)을 토벌하였을 때 하(夏)나라 백성들은 기뻐하였고, 주(周)나라의 무왕(武王)이 (은나라의) 주왕(紂王)을 정벌하였을 때, 은(殷)나라 백성들은 그르다 하지 않았다. 그들의 토벌(討伐)이 하늘(天)과 인간(人)에 순응하였기 때문이다."[207]

위의 인용내용에서 알 수 있듯이 오기는 역사적 경험을 바탕으로 사회변혁의 추세를 인식하고 민심을 반영하는 폭력의 사용 곧 당시의 겸병전쟁은 역사적으로 정당하고 필연적인 행위임을 밝힌다.

또한, 오기는 역사적 순리를 근거로 무력동원의 정당성을 인정할 뿐만 아니라, 사회정치적 모순관계에서도 폭력의 발생 원인을 찾는다. 이에 대해 부연하자면, 그는 전쟁을 다섯 가지 유형으로 분류하여 파악하면서 전쟁발생의 원인과 극복방법을 제시한다. 첫 번째 전쟁의 유형은 '명위(名位) 쟁탈 곧 쟁명(爭名)'으로 인해 발생하는 전쟁으로 그것을 '의병(義兵)'이라 규정한 후 '신흥 계급의 예법(禮法)'으로 극복할 것을, 두 번째 전쟁의 유형은 '이해관계의 투쟁 곧 쟁리(爭利)'로 인해 발생하는 전쟁으로 그것을 '강병(强兵)'이라 규정한 후 '사양(謙讓)의 덕(德)'으로 극복할 것을, 세 번째 유형의

---

207) 『吳子兵法』「圖國」: 成湯討桀, 而夏民喜說, 周武伐紂, 而殷人不非. 奉順天人, 故能然矣. 오기가 노나라에서 유학자인 증자(曾子)에게서 학문을 배워다는 점을 돌이켜 볼 때 그가 하늘(天)을 인간사에 관여하는 의지를 지닌 도덕적 하늘(天)로 이해한 유가의 사상 또한 일부 수용한 병법가임을 알 수 있다. 반면 손무의 『손자병법』에서 천(天)은 인간사와 독립된 자연 곧 객관적인 자연현상 내지 법칙의 의미로 사용된다.

전쟁은 '누적된 증오 곧 적오(積惡)'로 인해 발생하는 전쟁으로 그것을 '강병(剛兵)'이라 규정한 후 '외교사령(外交辭令)'으로 극복할 것을, 네 번째 전쟁의 유형은 '내란(內亂)'으로 인해 발생하는 전쟁으로 그것을 '폭병(暴兵)'이라 규정한 후 '적(敵)을 속이는 역습(逆襲)'으로 극복할 것을, 마지막 다섯 번째 유형의 전쟁은 '기근(飢)'으로 인해 발생하는 전쟁으로 그것을 '역병(逆兵)'이라 규정한 후 '권모술수(權謀術數)'로 극복할 것을 주장한다.[208]

위의 전쟁의 다섯 가지 유형 중 두 번째 유형인 '강병(强兵)'의 경우, '쟁리(爭利)'를 전쟁의 원인으로 파악한 것은 법가와 손무의 사상을 계승한 것이지만 그 해결방법은 유가적인 사상적 색채가 짙게 배인 '사양(謙讓)의 덕(德)'을 통해 모색하는데 이것은 노(魯)나라 유학시절 유학자인 증자(曾子)로부터 받은 학문적 영향에 기인한 것으로 보인다. 반면 '폭병(暴兵)'과 '역병(逆兵)'에 대한 그의 대처방안은 "병(兵)이란 적을 속이는 것으로써 성립하고, 유리한 것을 차지하기 위하여 행동한다."[209], "세(勢)라는 것은 이로운 바에 따라서 임기응변의 책략으로 조정해야 한다."[210]고 말한 손무(孫武)의 사상을 전형적으로 계승한 것이라고 할 수 있다.

즉, 전국시기에 접어들면서 전쟁의 양상은 점차 다양해지고 전투방식 또한 그것에 상응하여 변화한다. 오기 또한 일련의 복잡한 사회현상을 통해 전쟁에 대한 원인 분석과 해결 방안을 모색하는데, 이는 춘추시대 말기에 활동한 손무에 비해 전쟁에 대한 더욱 풍부한 분석을 낳게 된다. 다섯 가지 유형의 전쟁발생 원인에 대한 개괄적인 분석과 정의를 부여하고, 각 전쟁의 유형에 따라 각기 다른 상응한 대책을 제출한 오기의 전쟁의 실질문제에 대한 논의는, 당시의 시간적 배경을 고려할 때 매우 탁월한

---

208) 이상에 대한 전반적인 내용은 『吳子兵法』「圖國」 참조.

209) 『孫子兵法』「軍爭」: 兵以詐立 以利動.

210) 『孫子兵法』「計」: 勢者 因利而制權也.

성과를 거둔 것이라 평가할 수 있으며 이후 병법가 손빈(孫臏)에게도 직접적인 영향을 미친다.[211] 이와 같은 오기의 분석은 현대 군사론의 입장에서 보면 매우 단순한 것이지만, 정치, 경제적인 내용과 군사 문제를 연관하여 보는 시각은 전국시대라는 시간적 배경을 고려한다면 매우 탁월한 견해라고 평가할 수 있다.

이와 같이 오기는 대내적으로 신흥지주계급의 변법의식을 고취시키며 새로운 정치질서로의 변화를 모색하는 한편, 대외적으로 강병을 토대로 겸병전쟁에 만전을 기하려고 노력한다. 비록 오기의 군사사상은 유가적 요소가 일부 개입됨으로써 '예'와 '법'이 혼재된 매우 모호한 양상이 연출되기도 하지만[212] 이는 문(文) · 무(武)의 균형적 입장을 유지하는 입장으로

---

211) 『오자병법』에서 탐구한 전쟁의 실질문제에 대한 다섯 가지 내용과 관점은 『손빈병법』에서도 유사하게 나타나는데 『손빈병법』에서는 '위강(威强)', '헌교(軒驕)', '강지(剛至)', '조기(助忌)', '중유(重柔)' 등 전쟁의 원인을 다섯 가지 유형으로 분류한다.

212) 『오자병법』「도국(圖國)」에서는 "나라를 통제하고 군대를 다스릴 때 반드시 예(禮)로써 가르친다(凡制國治軍, 必教之以禮)"고 하고, 또 도(道), 리(理), 예(禮), 인(仁)의 순위로 의미를 부여하며 "도(道)로써 편안하게 하고 의(義)로써 다스리고 예(禮)로써 움직이고 인(仁)으로써 위무할 것(聖人綏之以道, 理之以義, 動之以禮, 撫之以仁)"을 주장하기도 한다. 이 점에서 유가사상의 주요 개념인 '예(禮)'와 '인(仁)'을 병용하는 오기의 경우 '법치'로 일관한 손무와 손빈의 두 권의 『손자병법』에 비해 사상적으로 일관성이 결여된 양상을 보인다. 오기가 말한 '의(義)'는 일에서 공(功)을 세운다는 의미(行事立功)로 유가적 '의(義)'와는 개념이 다르다. 반면 오기가 유가사상의 중심관념인 '예(禮)'와 '인(仁)'을 강조한 것은 여러 나라를 거치며 활동한 그의 생애를 보면 이해할 수 있다. 즉, 오기는 젊은 시절 유학자인 증자에게서 수학한 후 노나라뿐만 아니라 위나라와 초나라 등에서도 혁혁한 업적을 남기지만 그때마다 각국 권문세족들에게 정치적 반감과 거센 저항을 받고 최후의 활동지인 초나라에서도 결국 그들의 모함을 받고 죽음에 이른다. 오기는 그의 일생동안 항상 각국의 권문세족이라는

부터 비롯한 것이다. 즉, 그는 "안으로는 문덕(文德)을 베풀어 백성을 안정시키고, 대외적으로는 무비(武備)에 힘써야 한다."[213]고 위(魏)나라 문후(文侯)에게 간언하며 문(文) · 무(武)의 균형적 시각에서 정치와 군사문제를 다룰 것을 주문한다. 그러나 궁극적으로 오기가 실질적인 전쟁의 승리를 위해 군사 실천 전략으로 강조하는 핵심은 '법(法)에 의거한 신뢰할 수 있는 상벌제도'를 실현하는 데 있다.

오기는 "군대는 무엇으로서 승리할 수 있는가?", "(전쟁의 승리는) 병력의 많음에 있지 않은가?"라는 위(魏)나라 무후(武侯)의 연이은 질문에 "다스림으로 승리하는 것(以治爲勝)"이라고 답한 뒤 그 이유에 대해 위무후에게 아래와 같이 부연 설명을 한다.

> "법령(法令)이 명확하지 않고, 상벌(賞罰)을 엄정히 하지 않으면, 징을 쳐도 정지하지 않고, 북을 두드려도 진군하지 아니하고, 비록 백만(百萬)의 군사가 있다한들 아무 소용이 없다."[214]

위의 인용을 통해 오기가 위무후에게 대답한 '다스림으로 승리한다(以治爲勝)'의 '다스림(治)'이란 바로 법치를 통한 상과 벌의 엄격한 적용을 의미한다. 오기는 "진격함에는 상(賞)을 중시하고, 퇴각함에는 형(刑)을 중시하

정치적 정적들과 맞서며 활동하는 상황에서 자신의 정치적 입지를 확보하기 위해 그들의 입장도 일정 정도 수용하는 과정이 필요했을 것임은 분명해 보인다. 이러한 그의 생애와 정치적 의도가 그의 저술에 반영되어 유가적 색채가 혼재하는 현상이 나타나게 된 것이라고 추정할 수 있다.

213) 『吳子兵法』「圖國」: 內修文德, 外治武備.

214) 『吳子兵法』「治兵」: 武侯問曰, 兵何以爲勝. 起對曰, 以治爲勝. 又問曰, 不在衆乎. 對曰若法令不明, 賞罰不信, 金之不止, 鼓之不進, 雖有百萬, 何益于用.

며, 이것을 실행하는 데에는 믿음으로써 한다."[215]라고 말하면서 전쟁실천 원칙으로 신상필벌주의(信賞必罰主義)를 제시한다. 이는 "군대(軍)의 출동에 예(禮)를 지킴으로써 반드시 무공(武功)을 이룩할 수 있다."[216]는 유가의 '예치'에 의거한 군사사상과는 전적으로 견해를 달리한 것이다. 오기는 전쟁의 승리란 오로지 예(禮)의 보호와 특권을 군대에서 누리는 장수 중심의 전략 운영에 있는 것이 아니며, 그것은 바로 장수와 사졸 모두 법에 의거한 신상필벌주의 원칙을 공통적으로 적용받는 가운데 양성된 정병(精兵)에 의해 좌우된다고 보았다. 오기는 정병(精兵)의 양성은 엄격한 훈련과 교육에서 비롯될 뿐만 아니라[217] 엄격한 상벌제도 실행의 신뢰를 통해 가능하다고 생각하였다. 군주가 인민의 지지를 얻고, 국가의 이익을 옹호하는 데 상(賞)·형(刑) 실행의 신뢰(信)는[218] "어떤 처지에 놓이든지 천하에 대항할 자가 없는"[219] 군대를 건설할 수 있게 한다.

이와 같이 『오자병법』에서는 손무의 『손자병법』에 비해 법치와 상벌 실행의 신상필벌 의지가 더욱 강조된다. 한편, 전쟁의 승리를 위한 구체적인 전략 전술에 관한 내용은 선행 병가인 손무의 "나를 알고 적을 알면 백

215) 『吳子兵法』「治兵」: 進有重賞, 退有重刑, 行之而信.

216) 『禮記』「仲尼燕居」: 以之朝廷有禮, 故官爵有序.……以之軍旅有禮, 故武功成.

217) 『吳子兵法』「治兵」: 用兵之法, 教戒爲先.

218) 『韓非子』「內儲說上」에서는 "상을 주는 것에 박하거나 속이어 주지 아니한다면 신하들은 일하지 아니하고, 상을 줌이 후하고 진실하면 신하들은 죽음을 가벼이 여긴다."고 인용하며 오기가 서하(西河)지역을 다스릴 때 상형(賞刑)의 실행을 중히 여긴 실례를 든다.

219) 『吳子兵法』「治兵」: 投之所往, 天下莫當. ; 『戰國策』「濟策」에서는 "사람을 잡아먹고 뼈를 땔나무로 쓸 정도가 되어도 군사에게는 등지고 도망치려는 마음이 없다. 이는 손빈과 오기의 군사(兵)이다(食人炊骨, 士無反北之心, 是孫臏吳起之兵也.)."라고 기록한다.

번 싸워도 위태롭지 않다”[220]는 관점을 계승하여 오기 또한 군사의 운용(用兵)은 반드시 적의 허(虛)와 실(實)을 알아본 후에야 공격해야 된다고 주장한다.[221] 그는 또한 손무와 마찬가지로 적정(敵情)의 변화에 민첩하게 대응하고 객관적인 상황을 잘 파악하여 능동적으로 대처할 것을 강조한다.[222] 즉, 오기의 전략 전술은 전략과 전술 운용의 정형화된 정도(正道)를 따르지 않는 손무의 변증법적 용병술을 계승하는 가운데, 전쟁의 양상이 더욱 다양해진 상황과 전쟁경험 사례를 구체적으로 거론하면서 상황의 변화에 대처할 수 있는 능동성을 요구한다. 예컨대 그가 「응변(應變)」에서 많은 지면을 할애하며 ‘아군이 많고 적군이 적은 경우(我衆彼寡)’와 ‘적군이 많고 아군이 적은 경우(彼衆我寡)’ 등과 같이 피아(彼我)간의 각기 다른 상황에서, 피아간의 전세(戰勢)나 다양한 자연 지형 등에 대한 객관적 상황인식을 토대로 각기 다른 전략 전술을 운용하는 사례를 들 수 있다.

『오자병법』에서는 오기 자신이 경험한 수많은 전쟁실천의 사례를 제시하며 그에 대처하는 전략 전술의 운용방법을 고찰하는 가운데, 손무에 비해 더욱 다양한 전쟁의 유형과 전황(戰況) 분석에 의거한 대처방법을 소개한다.[223] 즉, 오기의 군사사상은 춘추시대의 손무의 ‘전쟁론(全爭論)’의 관

---

220) 『孫子兵法』「謀攻」: 知己知彼, 百戰不殆.

221) 『吳子兵法』「料敵」: 用兵必順審敵虛實而趨其危.

222) 『吳子兵法』「應變」에서는, 급습을 받았을 때, 적의 수가 많고 강할 때, 궁지에 몰렸을 때, 험한 곳에서 싸울 때, 산지에서 싸울 때(谷戰), 강에서 싸울 때, 장마가 오랫동안 계속될 때 등에 따라서 각기 다른 전법을 취하는 것에 대해 논하고 있다.

223) 오기는 「요적(料敵)」에서 ‘적을 공격하길 의심하지 말아야 하는(擊之勿疑)’ 여덟 가지 정황, ‘적을 급하게 공격하길 의심하지 말아야 하는(急擊勿疑)’ 열세 가지 정황, ‘적을 피하길 의심하지 말아야 하는(避之勿疑)’ 여섯 가지 정황 등 자신의 수많은 전쟁의 경험을 정리하여 손무에 비해 전황(戰況)에 대해 더욱 다양하고 구체적인 사례들을 제시한다.

점을 계승하지만 정치사상적 측면에서 '예(禮)'와 '법(法)'을 혼용함으로써 법치주의에 대한 일관적 태도를 견지하지 못하고, 군사방면에서도 손무에 비해 변증법적인 차원에서 전략 전술을 운용하는 내용과 그 수준이 높다고 할 수 없다. 그러나 오기의『오자병법』은 손무의『손자병법』에 비해 군사사상방면에서 상벌에 입각한 신상필벌주의 적용을 더욱 강조하는 특징을 지니며, 무엇보다 자신이 직접 경험한 풍부한 전쟁실천 사례들을 풍부하게 제시하면서 당시 전쟁의 유형이나 군사문제에 대해 더욱 구체적인 사례분석을 진행한 병법서라고 평가할 수 있다.

3) 손빈(孫臏)의『손자병법(孫子兵法)』[224]

손빈(孫臏, ?~?)은 손무의 후손으로 제(齊)나라에서 태어나 대략 기원전 4세기 전국시대에 활약한 인물이다. 그는 원래 본명이 빈(賓)이었으나 그가 위(衛)나라에서 형벌을 받은 후로는 빈(臏)이라고 불리게 되었다고도 한다. 손빈은 젊은 시절 천하를 주유하던 중에 방연(龐涓)과 함께 귀곡자(鬼谷子) 왕허(王栩)에게서 학문을 배웠으며, 이후 귀곡자를 떠난 방연은 위(魏)나라 혜왕(惠王)을 섬기는 장군이 된다. 평소 손빈에게 열등감을 느끼던 방연은 손빈을 속여서 위나라로 초청한 후 역모를 꾀한다는 누명을 씌워서 손빈의 다리(내지 발뒤꿈치)를 자르는 형벌을 가한다. 형벌을 받은 손빈은 위나라에 사신으로 온 제(齊)나라 사자(使者)의 도움을 받고서 위나라를 빠져나와 고국인 제나라로 돌아간다. 제나라에서 그의 능력을 알아 본 제나라 장수 전기(田忌)의 빈객이 되고 그의 추천으로 제나라의 군사(軍師)가 된다. 손빈은 제나라의 군사(軍師)가 되어 위나라의 전쟁에서 대승을 거두고 이후 제

224) 춘추시대 활동한 손무의『손자병법』과 구별하기 위해 이하 손빈의 저술은『손자병법』이 아닌『손빈병법』으로 칭함.

나라는 점차 강성해졌으나 대장군 전기(田忌)와 재상 추기(鄒忌)의 권력 다툼 등으로 정치상황이 혼란해지자 관직을 버리고 시골에 은둔한다.

『사기』에서는 계릉(桂陵)과 마릉(馬陵) 전투의 승리로 『손빈병법』이 세상에 유명하게 되었다고 기록하는데, 실제로 기원전 340년경 계릉에서 위나라 방연에게 대승을 거둔 손빈의 '위나라를 둘러싸서 조나라를 구했다는' '위위구조(圍魏救趙)'[225]전략이나 마릉(馬陵) 전투의 '군사들의 밥 짓는 솥의 수를 줄여 적을 유인한다는' '감조유적(減灶誘敵)'[226]전략은 역대로 군사 전략

---

225) 위(魏)나라 혜왕(惠王, 기원전 369년~기원전 319년 재위)은 이웃한 위(衛)나라를 공격하려 했으나 위(衛)의 동맹국 조(趙)나라가 마음에 걸려서 방연에게 먼저 조나라를 공격하도록 한다. 조나라는 급히 제나라에게 구원을 청하고 제나라 위왕(威王, 기원전 356년~기원전 320년 재위)은 전기와 손빈을 파견한다. 손빈은 전기에게 조나라가 아닌 위나라의 수도 대량(大梁)을 포위하게 하자 이에 놀란 위나라 혜왕은 조나라를 포위한 방연에게 회군하도록 명령하고 방연은 회군하던 중 계릉에서 매복하고 있던 손빈과 전기의 공격을 받고 대패한다. 즉, 손빈은 조나라의 구원 요청을 받았으나 조나라가 아닌 위나라 수도를 포위하여 조나라를 구했으므로 '위위구조(圍魏救趙)'전략이라고 한다.

226) 기원전 341년 위(魏)나라 혜왕이 방연을 총사령관으로 삼아 한나라를 공격하자 제나라는 이전 위나라와 싸운 전략과 마찬가지로 전기와 손빈에게 군사를 주어 한나라를 구하도록 한다. 손빈은 조나라를 구할 때처럼 한나라로 직접 가지 않고 위나라 수도 대량(大梁) 공략에 나서자 방연은 다시 회군한다. 이 소식을 들은 손빈은 밥 짓는 아궁이의 수를 줄이며 전기에게 후퇴하게 한다. 후퇴하는 제나라 군사를 추격하면서도 이전의 패배로 인해 경계를 늦추지 않던 방연은 제나라 군사의 밥 짓는 흔적이 매일 10만, 5만, 3만여 명으로 줄어드는 것을 보자 점차 해이해지기 시작하고 자신의 군대를 재촉하며 제나라 군사에 대한 추격에 박차를 가한다. 손빈은 마릉(馬陵)에 군사를 매복시키고 길가의 큰 나무의 껍질을 깎아서 '방연이 이 나무 아래서 죽다(龐涓死于此樹之下)'라고 쓰게 했다. 마릉에 도착한 방연이 글을 읽기 위해 횃불을 밝히자마자 매복한 제나라 군사들로부터 집중 공격을 받게 된다. 전쟁에서 진 것을 깨달은 방연은 결국 그 자리에서 자결하고 방연과 함께 제나라 군대를 추격하던 위나라

전술론에서 회자되고 현대까지도 자주 인용되는 군사전략 중 하나이다.

손빈의 군사사상의 핵심은 손무의 전쟁 신중론의[227] 연장선상에서 전쟁을 국가의 존망과 안위에 관계되는 대사라고 밝히고, 손무에 비해 더 진일보한 관점에서 전쟁의 사회정치적 기능에 대하여 폭력의 혼란함(暴亂)을 없애고 쟁탈(爭奪)을 금하고 국가통일을 실현하고 공고히 하는 매우 중요한 수단임을 강조하는 데 있다.

> "옛날에 신농(神農)은 부수(斧遂)와 전쟁을 했고, 황제(黃帝)는 촉록(蜀祿)에서 (치우와) 전쟁했고. 요(堯)는 공공(共工)을 정벌하였고, 순(舜)은 쇄□□을 쳐서 삼묘(三苗)를 병합하였고, ……, 탕(湯)은 걸(桀)을 추방하였고, 무왕(武王)은 주(紂)를 정벌하였으며, 상(商)과 엄(奄)이 반란했기에 주공(周公)이 그들을 멸하였다. 그러므로 덕이 오제(五帝)와 같지 못하고, 능력이 삼왕(三王)에 미치지 못하며, 지략이 주공(周公)에 미치지 못하면서도 말하기를, 내 장차 인의(仁義)를 맡아 예악(禮樂)을 닦고 의상(衣裳)을 갖추어 쟁탈을 금하겠다고 한다. 이것은 요(堯)와 순(舜)이 하고 싶지 않은 것이 아니었지만 어쩔 수 없기 때문에 군대를 일으켜 그것을 바로잡았던 것이다."[228]

의 태자 신(申)은 마릉에서 포로로 잡혀서 제나라로 끌려가게 된다. 무엇보다 마릉전투의 역사적 의미는 당시 강국으로 군림하던 위나라가 급격하게 쇠퇴하고 제나라의 세력 점차 더욱 강성해지는 계기를 제공한 것이라 할 수 있다.

227) 『孫子兵法』「計」: 兵者, 國之大事, 死生之地, 存亡之道, 不可不察也.

228) 『孫臏兵法』「見威王」: 昔者, 神農戰斧遂, 黃帝戰蜀祿, 堯伐共工, 舜伐劆□□而并三苗, ……管, 湯放桀, 武王伐紂, 帝奄反, 故周公淺之. 故日, 德不若五帝, 而能不及三王, 智不及周公, 日我將欲責仁義, 式禮樂, 垂衣常, 以禁爭奪. 此堯舜非弗欲也 不可得, 故擧兵繩之.

위의 인용문에 나오는 신농(神農), 황제(黃帝), 요(堯), 순(舜), 탕(湯), 무왕(武王), 주공(周公) 등은 중국 역사에서 인류 문명의 발전에 기여한 전설속의 존재 내지 정치상 백성들이 태평성대를 구가하는 선정을 베풀어 과거 중국인들이 성군으로 추앙한 상징적인 존재들이다. 특히 유가는 자신들의 학설을 과거 성군들의 권위에 의탁하면서 무력이 아닌 인의(仁義)와 덕(德)으로 다스리는 정치를 했다고 주장하지만, 손빈은 역사적인 전설과 사실에 근거해 볼 때, 자고 이래로 전쟁을 통하여 국가통일을 실현하고 국가통일을 유지하는 데 기여한 전설적인 성군인 '오제(五帝)'와 '삼왕(三王)' 또한 예외없이 무력을 동원하여 폭란(暴亂)을 다스렸다. 각 제후국들 간에 이권 쟁탈을 위한 겸병전쟁이 빈번하게 발생하는 전국시대의 사회정치적 상황에서 "인의(仁義)를 맡아 예악(禮樂)을 닦고 의상(衣裳)을 갖추어 쟁탈을 금하자고" 말하며 전쟁을 반대하는 유가의 주장은 역사적 사실을 왜곡하는 거짓이자 하나의 허무한 정치적 이상이다.

따라서 손빈은 "전쟁에서 이겨서 강하게 군림하므로 천하가 복종하고",[229] "군사를 일으켜 천하를 통일해야 한다(擧兵繩之)"고 주장하며, 전쟁이라는 정치적 수단을 동원하여 천하를 복종시키는 것만이 당시의 시대적 혼란을 제거하는 유의미한 정치적 행위임을 천명한다. 맹자(孟子)는 부국강병을 실현하기 위한 법가(法家)의 '경전(耕戰)'사상을 비판하면서 "전쟁을 잘하는 자는 극형에 처해야 한다."[230]고 단호하게 주장한다. 이른바 맹자가 말한 '전쟁을 잘하는' '선전자(善戰者)'란 바로 손빈(孫臏)과 오기(吳起)를 지칭한다.[231] 맹자의 이러한 표현은, 당시에 형성되고 있던 신흥지주 계급의 이익을 대변하며 전쟁이라는 수단으로써 중국통일을 꾀하는 병가

229) 『孫臏兵法』「見威王」: 戰勝而强立, 故天下服矣.

230) 『孟子』「離婁上」: 善戰者, 服上刑.

231) 朱熹, 『四書集注』: 善戰如孫臏吳起之徒.

(兵家)와, 과거 노예주계급의 이익을 대변하며 인의(仁義)와 종법적(宗法的) 질서를 회복하자는 유가(儒家)와의 날카로운 사상적 긴장 관계를 보여준다. 즉, 유학자들은 당시 위정자들에게 과거 가장 이상적 성군으로서 요(堯)·순(舜)을 거론하며 정치의 본보기로 삼을 것을 주장하고, 그들이 다스린 시대를 '당우(唐虞)시대'라 추앙하며 당시 위정자들이 추구해야 하는 정치적 이상향으로 제시하는데, 이에 대해 손빈은 직접적으로 유가가 추앙하는 요(堯)·순(舜)이 행한 정치의 역사적 사실을 언급하는 가운데 그들 또한 인정(仁政)으로써 침탈을 막고 안정을 바랐지만 어쩔 수 없이 무력을 동원하여 혼란을 바로잡았다고 주장하며, 유가학파의 요·순의 선정(善政)에 대한 자의적인 역사해석에 근거한 비현실적인 정치의식을 비판한다.

즉, 손빈은 당시의 반전(反戰)과 언병(偃兵)을 주장하는 학설을 부정하고 무력사용의 정당성을 역설한다. 그러나 역대 모든 법가나 병가사상가들이 그러했듯이 손빈 또한 전쟁의 중요성과 전쟁의 폐해를 아울러 지적하며 전쟁신중론의 관점을 견지한다.

> "전쟁에서 이기지 못하면 땅과 사직(社稷)을 잃는다. 그러므로 전쟁이란 것은 살피지 않을 수가 없다. 그러나 전쟁을 즐기는 자는 망하고, 전쟁의 승리만을 이롭게 여기는 자는 욕(辱)을 본다."[232]

이와 같이 손빈 또한 손무와 마찬가지로 전쟁의 위해성을 인식할 것을 강조하면서 "용병(用兵)에 준비가 없으면 해를 입게 되고, 전쟁을 일삼으면 멸망하게 된다."[233]고 경고한다.

232) 『孫臏兵法』「見威王」: 戰不勝則所以削地而危社稷也. 是故兵者不可不察. 然夫樂兵者亡, 而利勝者辱.

233) 『孫臏兵法』「威王問」: 用兵無備者傷, 究兵者亡.

춘추전국시대 신흥세력의 이익을 대변하는 법가와 병가의 정치군사사상의 핵심은 부국강병을 통해 겸병전쟁의 승리 곧 중국 통일전쟁에 적극적으로 참여하여 승리함으로써 자신들의 정치적 기반을 확장하는 데 있다. 당시 변법운동가들이 지향한 정치의 핵심은 '강병(强兵)'과 '부국(富國)'으로써, 그들에게 군사와 경제는 정치적 동일선상에서 논의되는 국가의 존립을 위한 공통된 명제였다.[234] 손빈은 제(齊)나라 위왕(威王)이 군비를 강화하는 방법을 묻자, 가장 중요한 것은 국가의 경제력을 향상시키는 데 있다고 대답한다. 경제력의 확보는 바로 적의 침략을 사전에 차단하는 군사적 목적(備戰)을 달성하는 토대가 된다.

> "성(城)이 작으나 방어가 견고한 것은 위(委, 충분한 물자의 비축)가 있기 때문이고, 병력이 적으나 병이 강한 것은 의(義, 전쟁을 수행하는 명분)가 있기 때문이다."[235]

위와 같이 손빈은 방어 전쟁에서 승리할 수 있는 토대는 '유위(有委)'와 '유의(有義)' 곧 경제적 토대의 확립과 백성들의 정치적 동의에서 비롯하는 것이라고 밝힌다. 손빈은 전쟁을 또 다른 전쟁을 소멸시키는 하나의 정치수단으로 인식함으로써 겸병전쟁의 필요성을 역설하고, 겸병전쟁의 성공적인 수행은 국가의 경제력에 의해 좌우된다고 주장한다. 따라서 손빈은 유가가 내세우는 도덕적 명분에 의거한 '인사(仁師)'가 전쟁의 승패를 가름하는 것이 아닌, 경제력에 의거한 물자의 충분한 비축과 상 · 하의 의지가 일치하는 정치적 명분을 확보하는 것이 전쟁에서 승리를 보장하는 관건

---

234) 『孫臏兵法』「强兵」: 威王問孫子日, ……齊士敎寡人强兵者, 皆不同道……, (孫子日)……皆非强兵之急者也. 威(王)……. 孫子日, 富國. 威王日, 富國……厚.

235) 『孫臏兵法』「見威王」: 故城小而守固者有委也, 卒寡而兵强者有義也.

이라고 주장한다. 손빈의 군사사상에서 '의(義)'개념은 유가적 의미의 도덕적 명분을 의미하는 것이 아닌 이익을 실현하기 위해 수행하는 전쟁의 정당성이자 전쟁의 승리를 의미한다.

손빈은 '의(義)'의 실현 곧 전쟁의 승리는 오기(吳起)와 마찬가지로 필수적으로 정병(精兵)을 양성하는 데 좌우되고, 정병(精兵)을 양성하는 방법은 전투의 공과(功過)에 따른 사졸들의 이해관계를 정확하게 반영할 수 있는 법에 의거한 상벌(賞罰)의 시행에 있다고 말한다. 즉, 손빈의 군사사상에서는 선행 변법사상가들과 마찬가지로 이해관계에 근거한 '법치'를 전쟁을 승리로 이끄는 중요한 관건으로 인식하고 있으며, 사졸들의 법치(法治)에 대한 신뢰, 상벌 시행의 신뢰가 곧 전쟁의 승리를 의미한다.

> "전쟁의 승리는 사졸(士卒)을 엄선하는 데 있고, 사졸의 용감함은 법(法)을 명확히 하는 데 있고, 작전의 교묘함은 형세를 유리하게 하는(변증법적 사고에 의거하는) 것에 있고, 작전의 예리함은 상벌(賞罰) 실행에 대한 믿음이 있는 데 있다."[236]

즉, 손빈의 군사사상은 도덕적 명분보다는 신상필벌주의를 강조한 "도덕적 의로움을 귀하게 여기지 않고 법을 귀하게 여긴다."[237]는 상앙 이래의 법치주의 관점과 선행 병가(吳起)의 관점을 계승하며 "상에 믿음이 없으면 백성들은 따르지 않는다."[238]고 단언한다.

『손빈병법』은, 손무의 『손자병법』에서보다 공과에 의거한 상벌의 의미를 더욱 강조한 『오자병법』의 신상필벌주의를 계승할 뿐만 아니라, 『오자

236) 『孫臏兵法』「篡卒」: 兵之勝在於篡卒, 其勇在於制, 其巧在於勢, 其利在於信.

237) 『商君書』「劃策」: 不貴義而貴法.

238) 『孫臏兵法』「篡卒」: 不信於賞, 百姓弗德(聽)

병법』에 비해『손자병법』에 더욱 풍부하게 나타나는 소박한 유물론과 변증법을 이론적으로 수용하면서도, “천지(天地) 사이에 인간(人)보다 귀(貴)한 것은 없다.”[239]라고 단언하며 ‘인간의 능력과 위상’을 제고하는『손빈병법』만의 고유한 특징을 지닌다.

예컨대『손빈병법』에서는 인간의 주관능동성을 강조하며 세계 만물 중에서 ‘인간’을 가장 수위(首位)의 의미를 지니는 존재로 규정하고 세계 만물의 제일의 자리(第一位)에 위치시킨다. “열 번 싸워 열 번 이기는 것”[240]은 지도자의 능동적 역량이 그만큼 훌륭하기 때문이다. 전쟁에서 장수는 요행을 바라지 않는다는 손무의 관점과 무능한 장수는 적군보다 위험한 존재라는 오기의 관점은, 손빈에 이르러 전쟁의 승리를 위한 ‘사물의 객관법칙에 대한 파악’과 ‘인간의 주관능동성의 발휘’라는 관점의 조합으로 수렴된다. 군대의 전투력을 제고하는 정병(精兵)과 강장(强將)의 주관적 능동성이란 전쟁에 임하여 객관적인 사물의 자연법칙, 피아(彼我)간의 정치역량 등을 파악하여 전세(戰勢)를 제어할 수 능동적인 인간 역량을 의미한다.

> “도(道)를 안다고 하는 것은 위로는 천문(天文)을 알고, 아래로는 지리(地理)를 알고, 안으로는 민심(民心)을 얻고, 밖으로는 적의 실질(敵情)을 아는 것이다.”[241]

위의 인용과 같이 손빈은 ‘도(道)를 안다는 것’이란 바로 천문(天文)과 지리(地理) 등과 같은 사물의 자연법칙에 대한 인식역량, 민심을 다스리는 정

239) 『孫臏兵法』「月戰」: 間天地之間, 莫貴於人.

240) 『孫臏兵法』「月戰」: 十戰而十勝.

241) 『孫臏兵法』「八陣」: 知道者, 上知天之道, 下知地之理, 內得其民之心, 外知敵之情.

치역량, 적을 실질을 탐색할 수 있는 군사역량 등을 종합적으로 배양할 수 있는 인간의 주관적 능동성을 발휘하는 것이라고 말한다. '지피지기(知彼知己)'·'지천지지(知天知地)'하는, 곧 주·객관적 정황과 조건을 통일적으로 이해할 수 있는 역량을 요구한 것이다. 간단하게 말하자면 인간의 주관적 능동성은 사물의 객관적 상황을 이해하고 운용하는 능력을 의미한다.

『손빈병법』의 '도(道)'개념은 문헌의 여러 곳에 출현하며 손무의 『손자병법』에 나오는 '도'개념보다는 더욱 다양하고 구체적인 의미로 사용된다. 즉, 손무의 '도'개념이 주로 매우 포괄적 의미를 지닌 정치적 차원에서 사용된다면 손빈의 '도'개념은 주로 보편과 특수를 아우르며 매우 다양한 차원의 사물과 상황을 지시하는 데 사용된다. 예컨대 손무의 『손자병법』에서는 '도(道)'를 '오사(五事)'와 '칠계(七計)'의 수위(首位)에 위치시키며 포괄적이고 보편적인 의미의 정치 내용을 지시하는 개념으로 사용하며 "도(道)란 백성에게 위와 뜻을 같게 하는 것이다. 그러므로 생사를 같이할 수 있다. 생사를 같이할 수 있으면 위험도 두려워하지 않는다."[242]고 말한다. 즉, 손무는 '도'개념을 상부와 백성과 이해(利害)관계를 같이한다는 포괄적이고 보편적 의미를 지닌 정치내용의 의미로 사용한다.

반면 손빈의 경우에는 '도(道)'를 "승리하는지 승리하지 못하는지를 미리 아는 것"[243]이라 말하며 '도'를 전쟁 자체에 내재한 고유한 객관법칙으로 이해하고 '도를 알면 승리하고(知道勝)', '도를 알지 못하면 승리하지 못한다(不知道不勝)'(이상 「찬졸(簒卒)」)라고 말한다. 여기서 '도(道)'는 그것의 장악과 운영 여부에 따라서 전쟁의 승부(勝負)가 결정된다는, 즉 군사론 범주의 전쟁의 법칙이란 의미로 사용된 것이다. 손빈은 또한 더 나아가 '도'를 보편적 차원에서 국가가 장구하고 만승지국(萬乘之國)과 백성이 안존할 수 있

242) 『孫子兵法』「計」: 道者, 令民與上同意也. 故可以與之死. 可以與之生, 而不畏危.

243) 『孫臏兵法』「陣忌問壘」: 先知勝不勝. ; ……而先知勝不勝之謂知道.

는[244] 그야말로 국가의 안위(安危)와 존망(存亡)과 흥쇠(興衰)를 결정하는 절대 관건이란 의미로도 사용한다. 이 점에서 손빈의 '도'는 보편과 특수(구체)를 일관하는 객관적 원리이다. 즉, 정치와 군사 실천에 관한 이론적 핵심은 바로 인간의 주관적 능동성을 최대한 발휘하여 정치와 전쟁의 원리인 '도'를 인식하고 운용하는 것에 있다.

다음으로 손빈이 밝힌 실전(實戰)에 현실적으로 대처해야 하는 구체적인 내용들, 곧 전쟁에 대처하기 위하여 살펴야 할 주 · 객관적인 요소, 전쟁에 실제 사용하는 용병의 도, 전쟁실천과정에서 전세(戰勢)의 창출 문제와 상벌(賞罰)의 역할, 전략 전술에 대한 변증법적 운용에 대해서 차례대로 살펴보면 다음과 같다.

우선, 손빈이 전쟁에 대처하기 위해 반드시 고찰해야 할 구체적인 주 · 객관적 요소들을 거론한 내용을 살펴보면, 손빈은 앞서 서술한 '유위(有委)'와 '유의(有義)'(「見威王」), '부국(富國)'과 '강병(强兵)'(「强兵」), '작전의 법칙을 아는' '지도(知道)'를 비롯하여, '인민의 지지를 얻는' '득중(得衆)', '장수가 단결하는' '좌우화(左右和)', '작전을 지휘하는 전권을 실제 전쟁하고 있는 장수에게 부여하는' '득주전제(得主專制)', '적정(敵情)을 잘 분석 판단하고 신중하게 지형의 험하고 편평한 상태(險·易)를 고찰하는' '양적계험(量敵計險)' 등[245] 각종의 주 · 객관적인 범주에 속하는 요소들을 살피며 전쟁에 임할 것을 말한다.

다음으로, 손빈은 세상에서 성인이라 일컫는 사람들의 업적은 바로 힘이 약한 인간에게 자연사물에 대항할 수 있는 무기를 만든 사람이라 규정한 후, 그들이 창안한 무기와 전법의 상관관계를 설명하며 전쟁에 대처

244) 이상 『孫臏兵法』「陣忌問壘」: ……求其道, 故國長久. ; 「八陣」: 夫安萬乘國, 廣萬乘王, 全萬乘之民命者, 唯知道.

245) 이상의 구체적인 내용에 대해서는 『孫臏兵法』「簒卒」 참조.

하는 용병(用法)의 도(道)에 대해서 구체적으로 서술한다. 즉, 중국을 최초로 통일한 전설상의 인물인 '황제(黃帝)가 제작한 검(劍)'은 차고 다녀도 반드시 사용하지 않는다는 점에서 싸움에 앞서 '진(陣)'을 치는 곧 '포진의 법(布陣之法)'에 비유하고, 요임금 시대에 활쏘기의 달인으로 열 개의 해 중 아홉 개를 활로 쏘아 떨어뜨린 전설상의 인물인 '후예(后羿)가 제작한 활(弓弩)'은 어디서 날아왔는지도 모르게 적을 쓰러뜨리므로 '세(勢)' 곧 적이 알지 못하는 사이에 새롭고 유리하게 형성되는 태세(有利態勢)'에 비유하고, '하(夏)나라의 시조인 우(禹)가 제작한 전차와 배(車船)'는 '변(變)' 곧 '전법의 변화(戰法變化)'에 비유하고, '상(商)나라를 개국한 탕왕(湯王)과 주(周)나라의 무왕(武王)이 제작한 긴 자루의 병장기인 창'은 주동적인 위치를 장악하는 '권(權)'으로 비유하며 무기와 전법의 상관관계에 대해 일일이 그 특징을 분석한다.[246] 손빈은 "무릇 용병(用兵)의 도(道)에는 네 가지가 있는데, 첫째가 진(陣), 둘째가 세(勢), 셋째가 변(變), 넷째가 권(權)이다. 이 네 가지를 이해하면 강대한 적을 물리칠 수 있고, 적군의 맹장(猛將)을 잡을 수가 있다."[247]고 말한다. 곧 손빈은 사물 곧 병장기 본래의 고유한 특징과 속성으로부터 그것에 대처하는 전법을 설명하며 용병의 도(道)를 유추한 것이다.

손빈은 또한 전쟁실천과정에서 전세(戰勢)의 창출 문제를 논하면서 실제

---

246) 『孫臏兵法』「勢備」: 黃帝作劍, 以陳(陣)象之. 笄(羿)作弓弩, 以埶(勢)象之. 禹作舟車, 以變象之. 湯武作長兵, 以權象之. 凡此四者, 兵之用也. 何以知劍之為陳(陣)也? 旦莫(暮)服之, 未必用也. 故曰,陳(陣)而不戰,劍之為陳(陣)也. ……何以知弓奴(弩)之為埶(勢)也? 發於肩應(膺)之閒(間), 殺人百步之外, 不識亓(其)所道至. 故曰, 弓弩, 埶(勢)也. 何以(知舟車)之為變也? 高則…… 何以知長兵之(為)權也? 擊, 非高下非……盧毀肩. 故曰, 長兵權也. 凡此四……所循以成道也.

247) 『孫臏兵法』「勢備」: 凡兵止道四, 曰陣, 曰勢, 曰變, 曰權. 察此四者, 所以破强敵, 取猛將也.

전쟁에 참여하는 인간 역량을 강조한다. 손빈은, “그 군대의 강대한 전투력은 백성을 휴식하게 하고”, “많은 백성을 얻으면 승리한다.”[248]라고 주장하며, “천시(天時) · 지리(地利) · 인화(人和), 이 세 가지를 얻지 못하면 비록 전쟁에 이겨도 재앙이 남는다.”[249]고 경고한다. 여기서 ‘천시(天時)’와 ‘지리(地利)’는 자연 사물의 객관적 법칙을 의미하며 ‘인화(人和)’는 상벌의 신뢰감을 통해 사졸의 단합을 이끌어내는 것을 말한다. 손빈은 ‘상벌(賞罰)’을 ‘주동권(權)’, ‘세력(勢)’, ‘음모(謀)’, ‘속임수(詐)’ 등과 함께 승리를 쟁취하는 중요한 요건으로 인식한다. 손무(孫武)는 ‘세(勢)’를 이로운 바에 따라 임기응변의 책략으로 조정해야 한다고 보는데,[250] 손빈 또한 전황의 변화에 대처할 수 있는 ‘세(勢)’의 창출을 전쟁 수행의 중요한 요소로 거론한다.[251] 궁극적으로 ‘상벌(賞罰)’, ‘주동권(權)’, ‘음모(謀)’, ‘속임수(詐)’ 등은 전쟁에서 일정불변하지 않는 형세 곧 ‘세(勢)’를 어떻게 하면 유리한 방향으로 변화시킬 것인가의 문제에서 비롯한 것이며, ‘전쟁에 능숙한 자(善戰者)’라면 반드시 전투에서 ‘세’의 창출을 중시하는 가운데[252] 변증법적 관점에서 전략 전술을 운용해야 한다.

> “(쌓인 것은) 성긴 것을 이기고, 찬 것은 빈 것을 이기고, 지름길은 대로(大路)로 가는 것을 이기고, 신속한 것은 원만한 것을 이기고, 많은 것은 적은 것을 이기고, 편안한 것이 피로한 것을 이긴다.”[253]

---

248) 『孫臏兵法』「纂卒」: 其强在于休民. ;「纂卒」: 得衆勝.

249) 『孫臏兵法』「月戰」: 天時地利人和, 三者不得, 雖勝有央.

250) 『孫子兵法』「計」: 勢者, 因利而制權也.

251) 『呂氏春秋』「不二」: 孫臏貴勢.

252) 『孫臏兵法』「客主人分」: 所謂善戰者, 便勢利地者也.

253) 『孫臏兵法』「積疏」: (積)勝疏, 盈勝虛, 徑勝行, 疾勝徐, 衆勝寡, 佚勝勞.

손빈의 전략 전술에 대한 변증법적 운용은 쌓인 것과 성긴 것(積·疏), 찬 것과 빈 것(盈·虛, 虛·實), 편안함과 수고로움(佚·勞), 적과 나(敵·我), 공격과 방어(攻·守), 많음과 적음(衆·寡), 강함과 약함(强·弱) 등등 상호 모순 대립하는 상황에 대한 극복이라는 변증법적 이해에서 비롯한다. 손빈은 "쌓인 것(積)으로써 쌓인 것(積)을 상대하지 말며 성긴 것(疏)으로써 성긴 것(疏)를 상대하지 말며 …… 수고로운 것(勞)으로써 수고로운 것(勞)을 상대하지 말라."[254]고 주장하며, 적군(敵)과 아군(我) 간의 대등한 상태를 파괴하여 자신에 유리한 형세를 전환시키는 전략 전술의 변증법적 운용을 강조한다.

이와 같이 손빈은 사물 자체 내에 모순적 측면이 존재하고 점차 대립하는 면으로 전화한다는 노자의 소박한 변증법사고의 영향을 받아서 세계 사물의 변화를 이해한다. 즉, 그는 "지극하면 되돌아가고 가득차면 기울어지는"[255] 세계 사물의 대립과 전화의 변증법적 관점을 군사상의 측면에서 적용하여 전쟁실천과정에서 대립물(적)을 극복하고 새로운 형세를 창출할 수 있는 전략 전술을 강조한다.

> "형체가 있는 사물은 명명(命名)하지 못하는 것이 없고, 이름이 있는(인식할 수 있는) 사물은 이기지 못하는 것이 없다. 그러므로 성인은 만물로써 만물을 극복하기 때문에 그 이김(이기는 방법)에는 다함이 없다. 전쟁은 형상(形相, 쌍방의 有形의 역량)으로써 (경쟁하여) 이기는 것이다. 형체가 있는 것은 이기지 못하는 것이 없지만, 그 형체를 이기는 까닭(방법)은 알지 못한다. 그 형체(萬事萬物)가 (서로 대결하고) 이기는 변화는 천지(天地)와 함께 무궁무진하다."[256]

---

254) 『孫臏兵法』「積疏」: 毋以積當積, 毋以疏當疏, 毋以盈當盈, 毋以虛當虛, 毋以疾當疾, 毋以衆當衆, 毋以寡當寡, 毋以佚當佚, 毋以勞當勞.

255) 『孫臏兵法』「奇正」: 至則反, 盈則敗.

256) 『孫臏兵法』「奇正」; 故有形之徒, 莫不可名, 有名之徒, 莫不可勝. 故聖人以萬物之勝

위의 인용에 나오는 "형체가 있는 것은 이기지 못하는 것이 없지만, 그 형체를 이기는 까닭(방법)은 알지 못한다."는 손빈의 주장은, "사람들은 모두 내가 승리하는 형체만을 알지만 내가 승리를 거두는 형체(방법)를 알지 못한다."[257]라는 손무의 관점을 계승한 것이다. 모두 유형(有形)의 사물은 인식할 수 있고 인식된 사물은 극복할 수 있는 것이지만, 극복하는 방법은 사물이나 상황의 변화에 따라서 대처해야 하기 때문에 수없이 많은 것이다. 따라서 전략 전술의 운용 또한 전황의 변화에 따라서 상황에 맞게 수시로 대처해야 하는 문제이기 때문에 기존의 정형화된 방식을 따를 수 없다. 즉, 사물의 변화양상은 무궁무진하기 때문에 그것에 대처하는 방법 또한 무궁무진할 수밖에 없는 것이다.

또한, 모든 사물은 균형을 잃으면 모두 대립 면으로 전환된다는 손빈의 자연법칙에 대한 소박한 변증적 사고는 전쟁실천과정에서 열세의 상태를 우세로 전환시키는 전략전술의 내용으로 응용된다. 그는 "형체로 형체를 대응하는 것은 정(正)이고, 무형(無形)으로 형체(形體)를 대응하는 것은 기(奇)이다."[258]라고 말하면서 정(正)과 기(奇)가 상호 관계하며 전화하는 사물의 법칙을 군사상의 전략전술에 활용하여 적을 제압해야 한다고 주장한다.

이상에 살펴본 것과 같이, 손빈을 비롯한 병법가의 사상은 사물 곧 전쟁의 법칙을 객관적으로 인식하는 가운데 전략전술의 변증적 운용을 강조한다. 또한, 그들은 전쟁을 정치 연장선상에서 바라보며 전쟁의 승패를 결정짓는 강병(强兵)의 관건이 국가의 경제력(富國)과 신상필벌주의의 정치(法治)에 있다고 주장한다. 이 점에서 부국강병과 법치라는 공통된 사상적

勝萬物, 故其勝不屈. 戰者, 以形相勝者也. 形莫不可以勝, 而莫知其所以勝之形. 形勝之變, 與天地相敝而不窮.

257) 『孫子兵法』「虛實」: 人皆知我所以勝之形, 而莫知吾所以制勝之形.

258) 『孫臏兵法』「奇正」: 形以應形正也, 無形而制形奇也.

목표를 지닌 법가학파와 병가학파는 일맥상통한다고 평가할 수 있다. 무엇보다도 선진시대의 병가사상은 병법이라는 군사사상의 영역을 초월하여 역대로 제반 중국문화에 광범위하게 영향을 미쳤고 현재에도 중국문화전반에 그 영향력을 지속적으로 행사하고 있다는 점에서 병가학파는 중국사상사에서 가장 오래되고 가장 많은 지원군을 확보한 학파라고 할 수 있다.

고전의 향기 청고고아(清古高雅)

孫子兵法

제 2 부

『손자병법』 역주

제 1 장

전쟁 수행의 대원칙 — 『계計』

제1편의 편명은 '계(計)'로서 송대(宋代)에 나온 『위무제주손자(魏武帝註孫子)』와 『무경칠서(武經七書)』 판본의 『손자』에는 '시계(始計)'로, 은작산(銀雀山) 한묘(漢墓) 죽간본과 송대(宋代)의 『십일가주손자(十一家注孫子)』에서는 '계(計)'로 되어 있다. '계(計)'란 기본적으로 전쟁을 수행하는 데 필요한 총체적인 계책을 세우는 것을 의미한다. 「계」에서는 손무의 전쟁신중론의 관점을 시작으로 전쟁의 중요성, 전쟁 수행의 강령이 되는 다섯 가지 일인 '오사(五事)', 피아(彼我) 간의 대내외적 실정을 비교 고찰하는 일곱 가지 기준인 '칠계(七計)'에 대해서 서술한다. 특히 정도(正道)가 아닌 궤도(詭道)의 중요성, 즉 전쟁에서는 '속임수(詭)'를 운용해야 한다는 주장이나 역대 최초로 제시한 '세(勢)'개념 등은 중국사상문화에 매우 중요한 영향력을 끼친 학술적 가치를 지닌다.

「계」1-1: 손자가 말하다. 전쟁이라고 하는 것은 국가의 큰일로서, (군사가) 죽느냐 사느냐 하는 곳이고, (국가가) 보존되느냐 망하느냐 하는 갈림길이므로 살피지 않을 수 없다.

「計」1-1: 孫子曰:[1] 兵者,[2] 國之大事,[3] 死生之地,[4] 存亡之道,[5] 不可不察也.[6]

---

1) 孫子曰(손자왈) 성씨 뒤에 붙이는 '자(子)'는 역사에 큰 사상적 업적을 남긴 인물에 대한 존경의 표시 내지 후학이나 문하생들이 자신의 스승을 높여 부르는 표현. 예컨대 본인이 직접 서술했다면 '손자왈(孫子曰)'이 없거나 '손무왈(孫武曰)' 또는 '무왈(武曰)'로, 군주한테 상주하는 글을 자신이나 다른 사람이 옮긴 글이라면 '신왈(臣曰)' 등으로 표현. 이 글의 '손자왈(孫子曰)'이라는 표현은 현재 우리가 접하는 통행본 『손자병법』의 판본이 동시대의 후학 내지 후대의 학자들에 의해 편집된 글임을 보여줌.

2) 兵者(병자) '병(兵)'은 본래 '전쟁 무기'를 뜻하지만 '병사', '군대', '전쟁' 등의 의미로도 쓰임. 여기서는 '전쟁'의 의미. '자(者)'는 '~라고 하는 것은'의 의미로 '전쟁(兵)의 속성을 규정하는 주격'의 용법으로 쓰임.

3) 國之大事(국지대사) 문맥을 고려하여 편의상 문장 앞에 '이(以)'를 넣어 해석함. 또는 은작산(銀雀山) 죽간본(竹簡本, 이하 '죽간본'으로 지칭함)에는 맨 뒤에 '야(也)'자가 있는 관계로 여기서 한 문장이 끝난 것으로 보고 해석해도 무방함.

4) 死生之地(사생지지) '지(地)'는 장소를 의미하는 '소(所)'(賈林) 또는 '소재(所在)'(周亨祥), 곧 '군사가 진을 치고(陳師)' '군사를 일으키고(振旅)' '전쟁의 진을 치고(戰陣)'(賈林), 싸우는 '죽음과 삶이 존재하는 곳', 또는 아래의 '존망지도(存亡之道)'의 '도(道)'(王皙)와 호환할 수도 있는 같은 의미.

5) 存亡之道(존망지도) 전쟁의 승패에 따라서 국가의 흥하고 망하는 것이 갈리므로, '도(道)'란 서로 다른 방향으로 향하는 '갈림길'의 의미.

6) 不可不察也(불가불찰야) '불가불(不可不)'은 이중 부정으로 강한 긍정을 의미. 곧 전쟁은 '사람의 생(生) · 사(死)'와 '국가의 존(存) · 망(亡)'을 결정하는 대사(大事)이므로 매우 신중에 신중을 기해 반복해서 살펴야 하는 일임을 강조.

「계」1-2: 그러므로 다섯 가지 일로써 강령을 삼아 다스리고 계책으로써 헤아려서 그 실질을 찾는다. (다섯 가지 일이란) 첫 번째는 '도(道)'를 말하고, 두 번째는 '천(天)'을 말하고, 세 번째는 '땅(地)'을 말하고, 네 번째는 '장수(將)'를 말하고, 다섯 번째는 '법(法)'을 말한다. 도(道)란 백성들에게 위와 뜻을 함께하게 하므로, 군주와 더불어 죽을 수 있고 군주와 더불어 살 수 있게 되고 백성들은 의혹하지 않게 된다. 하늘이란 음과 양(陰陽), 추위와 더위(寒暑), 네 계절의 다른 형태(時制)이다. 땅이란 멀고 가까움(遠近), 험하고 평탄함(險易), 넓고 좁음(廣狹), 죽고 사는 곳(死生)이다. 장수란 지혜(智), 신뢰(信), 인화(仁), 용기(勇), 위엄(嚴)이다. 법이란 군대의 편제, 관리의 직무분담, 군수 보급의 주관(에 관한 제도)이다. 무릇 이 다섯 가지란 장수라면 듣지 않을 수 없는데 그것을 아는 자는 승리하고 알지 못하는 자는 승리하지 못한다.

「計」1-2: 故經之以五事,[1] 校之以計,[2] 而索其情.[3] 一曰'道',[4] 二曰'天',[5] 三曰'地',[6] 四曰'將',[7] 五曰'法'.[8] 道者, 令民與上同意也,[9] 故可與之死,[10] 可與之生, 而不危也.[11] 天者, 陰陽·寒暑·時制也.[12] 地者, 遠近·險易·廣狹·死生也.[13] 將者, 智·信·仁·勇·嚴也.[14] 法者, 曲制·官道·主用也.[15] 凡此五者, 將莫不聞,[16] 知之者勝,[17] 不知者不勝.

---

1) 故經之以五事(고경지이오사) '경(經)'은 '강령(綱領)'을 말하며, 여기서는 동사로 쓰여 '다섯 가지 일로써 강령을 삼아 연구를 진행한다는 의미'(周亨祥), '경(經)'은 '늘 통용되는 법도 내지 법칙'이란 의미의 '상(常)'(王晳) 또는 '모든 일의 기준'이란 의미의 '경위(經緯)'(王晳, 張預). '경(經)'은 '다스림을 뜻하는 리(理)', 곧 '경리(經理)'(劉寅). '경륜하여 처리한다는' '경기(經紀)'(梅堯臣). 여기서 '경(經)'은 다섯 가지 일을 강령을 삼아 모든 일을 다스린다는 의미. 죽간본에서는 '오사(五事)'의 '오(五)자'만 있고 '사(事)'자가 없음. '오(五)'란 '아래의 다섯 가지 일을 말함'(杜

牧). 여기에 나오는 '아래의 다섯 가지 일과 아홉 가지 계책은 피아(彼我)간의 실질을 살펴 찾는 것을 말함'(曹操).

2) 校之以計(교지이계) '교(校)'는 '가깝고 먼 것을 헤아리는' 곧 '사물의 실질을 헤아려 적에게 대응한다는' 의미의 '량(量)'(李筌). '계(計)'는 '계산(計算)'(郭化若), '아래 나오는 일곱 가지 계책'(王皙), 그러나 실제로 계책을 일곱 가지로 한정할 수 없음(周亨祥).

3) 而索其情(이색기정) '색(索)'은 모든 것을 다 살핀다는 의미의 '진(盡)'(張預). '정(情)'은 '실정의 사실적인 내막(情實), 실정이 밖으로 나타난 현상(情形)'(周亨祥). 곧 '정(情)'은 '사물의 안과 밖의 모든 실질'을 일컬음.

4) 一曰道(일왈도) 동양철학에서 '도(道)'개념은 일반적으로 사상가들의 철학범주에서 최상의 개념으로 사용됨. 따라서 '도(道)'개념은 각 사상가에 따라서 뜻하는 의미가 다름. 예컨대 대표적으로 공자의 도(道)는 인(仁)의 내용과 실천을 의미하여 '자신의 생물학적 욕구를 극복하여 주나라의 예제를 회복하는' '극기복례(「안연(顔淵)」: 克己復禮)'와, '자신이 서고 싶으면 다른 사람을 먼저 세워주고(「옹야(雍也)」: 己欲立而立人, 己欲達而達人)', '자신이 하고 싶지 않은 일은 다른 사람에게 시키지 않는(「顔淵」: 己所不欲, 勿施於人)' '충서(忠恕)'를 의미하고, 묵자의 도(道)는 '모두 서로 사랑하고 모두 서로 이롭게 한다는 법(「겸애중(兼愛中)」: 兼相愛交相利之法)'을 가르쳐서 '힘이 있는 자는 다른 사람을 돕는 데 힘쓰고 재화가 있는 자는 다른 사람에게 나누어 주는 데 힘쓰고, 도가 있는 자는 다른 사람을 가르치는 데 힘쓰는 것(「상현하(尙賢下)」: 有力者疾以助人, 有財者勉以分人, 有道者勸以敎人)'을 의미하며, 노자의 도(道)는 세계만물이 서로 차별하지 않고 '자연의 법칙을 따르는' '도법자연(「25장」: 道法自然)'을 의미함. 즉, '열 사람한테 열 가지 옳음이 있다(十人十義)'는 묵자의 말처럼 '도(道)'개념은 동양철학에서 각 사상가의 철학적 관점의 차이에 따라 각기 다른 의미로 쓰임.

'도(道)'는 '은혜와 신뢰로 백성을 부림'(張預). 그러나 『손자병법』의 '도(道)'는 정치적 측면에서 쓰인 개념으로, 이하의 내용들을 볼 때 '상부(군주)와 하부(백성)가 뜻을 하나로 같이하는 것'. 후대의 사상가인 묵가는 '정치란 상부와 하부가 뜻을 하나로 하는 것을 받든다는' '상동(尙同)'을 주장함.

5) 二曰天(이왈천) '천(天)'개념은 앞의 '도(道)'개념의 사례와 마찬가지로 동양철학에서 각 사상가의 관점의 차이에 따라 다른 의미를 지님. 예컨대 『논어(論語)』의

'인간의 부유함과 귀함은 하늘에 달려 있다(「안연(顔淵)」: 富貴在天).'라는 말에서 '천'은 인간사의 화(禍)와 복(福)을 하늘이 주재한다는 의미를 지닌 '의지를 지닌 천(天)개념'으로 사용되고, 순자(荀子)의 '하늘의 운행에는 (인간사와 별개로) 일정불변하는 법칙이 있다(「천론(天論)」: 天行有常)'라는 문장의 '천(天)'은 인간사와 별개로 자신만의 고유한 운행법칙을 지닌 '자연법칙'의 개념으로 사용되며, 『장자』에 나오는 '소와 말의 다리가 네 개인 것을 일러 천(天)이라 한다(「추수(秋水)」: 牛馬四足是謂天).'라는 문장에서 '천(天)'은 '사물의 자연적 본성'이란 개념으로 사용됨.

이 구절은 '위로 천시(天時)에 순응하는 것'을 말함(張預). 여기서 '천(天)'은 하늘이라는 '자연의 법칙', 곧 자연 공간인 하늘의 운행법칙을 잘 살피고 이해해서 자신의 상황에 유리하게 이용하는 것을 말함.

6) 三曰地(삼왈지) 이 구절은 '아래로 땅의 이로움을 아는 것'을 말함(張預). 여기서 '지(地)'는 자연 지형의 험준함과 편평함 등 자연지리의 형세, 즉 전쟁에서 자연의 지리적 상황을 잘 살피고 이해해서 자신의 상황에 유리하게 이용하는 것을 말함.

7) 四曰將(사왈장) 이 구절은 '현명하고 능력이 있는 인물에게 위임(委任)하는 것'을 말함(張預). '장(將)'은 '현명하고 유능한 장수'.

8) 五曰法(오왈법) '법(法)'은 '군사 법제 내지 법령'. 즉, 군대의 군사 편제, 각급 장수와 관리의 직무분담과 역할, 군수물자와 보급품 등의 관리 규정에 대한 법제를 이해하고 시행하는 것.

9) 令民與上同意也(령민여상동의야) '령(令)'은 '~하게 한다'는 사역의 의미. '상(上)'은 군주, '동의(同意)'는 사상의 일치(周亨祥), '동의'는 곧 전쟁실천이 군주 자신뿐만 아니라 백성들의 이익에도 부합된다는 것을 알게 하여 상 · 하가 뜻을 하나로 모으는 것.

10) 故可與之死(고가여지사) '여지(與之)'의 '지(之)'는 군주, 곧 '군주와 더불어'라는 뜻, 그 주체는 백성(또는 군사).

11) 而不危也(이불위야) 송대(宋代) 무경칠서(武經七書)본 『손자』(이하 무경본으로 지칭)에 의거해서 『십일가주손자교리(十一家注孫子校理)』에서는 '이불위야(而不危也)'를 '위태로움을 두려워하지 않게 한다'는 의미의 '이불외위(而不畏危)'로 교감(梁丙安). 죽간본에서는 '민불궤야(民弗詭也)'로, 『통전(通典)』과 『어람(御覽)』에는 '백성들이 위험을 두려워하지 않게 된다'는 '이민불외위(而民不畏危)'

로 되어 있음. '불(弗)'과 '비(非)'는 같은 의미. 조조의 주석본에는 '이불궤야(而不佹也)', '위(危)'는 '의심이 나서 마음이 불안하다는' '위의(危疑)'의 의미(曹操). 조조본의 '궤(佹)'는 '위(危)'의 잘못, '궤(詭)'와 '위(危)'는 같은 의미(孫星衍), '위(危)'는 '의(疑)'의 의미(張預). 즉, 『손자회전(孫子會箋)』에서는 "죽간본과 조조의 주석본에는 '외(畏)'자가 없으며, 마땅히 '이불궤야(而弗詭也)'가 되어야 하고, '불위(不危)'란 '의심하여 두 마음을 품지 않는 것'을 말함"(楊炳安). 여기서는 죽간본과 조조본을 따름.

12) 陰陽寒暑時制也(음양한서시제야) '음양(陰陽)'은 '낮과 밤, 맑거나 흐림 등의 자연의 천체의 현상(天象)'(周亨祥). '한서(寒暑)'는 춥거나 덥거나 하는 자연의 변화하는 기운이 나타나는 현상. '시제(時制)'의 '시(時)'는 '사시(四時)', '음양과 한서를 때에 따라 조절하는 것'이라고 '제(制)'를 술어의 의미로 해석(劉寅). 그러나 여기서 '제(制)'는 명사 뒤에 붙어서 '형태'를 나타내는 용어, 곧 '시제(時制)'는 '사계절' 내지 '사계절의 다른 형태(내지 현상)'를 말함. 부연하면, 앞의 '음·양'과 '한·서' 등과 같이 각기 다른 자연적 조건을 표현하는 용법으로서 '시제(時制)'는 봄(春)·여름(夏)·가을(秋)·겨울(冬) 등의 각기 다른 기운을 지니고 변화하는 자연의 형태나 현상, 자연조건을 말함.

13) 遠近險易廣狹死生也(원근험이광협사생야) '멀고 가까운 원근(遠近)'은 '땅의 거리(地里)'를, '험이(險易)와 광협(廣狹)과 사생(死生)'은 '땅의 형상(地形)'을 말함(劉寅). '험이(險易)'는 험준하고 평탄한 지형, '광협(廣狹)'은 넓고 좁은 지형, '사생(死生)'은 죽고 살 수 있는 지형, 곧 자연의 지리적 조건에 따라서 각기 다른 전투 전략을 취해야 하는 것임을 말함. '사(死)'는 '사지(死地)', '생(生)'은 '생지(生地)'(周亨祥). 예컨대 공수(攻守)와 진퇴(進退)에 유리한 지형을 확보하면 '생지(生地)', 그렇지 못하고 전투를 빨리 끝내야 할 자연지형에서 전투를 빨리 끝내지 못하고 갈 곳이 없게 되면 '사지(死地)'.

14) 智信仁勇嚴也(지신인용엄야) 지(智)·신(信)·인(仁)·용(勇)·엄(嚴)의 다섯 가지 능력은 장수가 마땅히 갖추어야 할 '오덕(五德)'(曹操). "'지(智)'란 계획을 잘 세울 수 있고, '신(信)'이란 상벌의 시행을 신뢰 있게 할 수 있고, '인(仁)'이란 무리들과 잘 어울릴 수 있고, '용(勇)'이란 과단성 있게 실행할 수 있고, '엄(嚴)'이란 위엄을 세울 수 있는 능력"(梅堯臣). 부연하면, '지(智)'는 계획을 세울 수 있는 '장수의 지혜와 지식 능력'을, '신(信)'은 상벌의 시행을 엄격하게 적용하는 '장수의 법치실행 능력'을, '인(仁)'은 상하의 단합된 인간관계를 조성할 수 있는

능력 곧 하부 군사들의 마음을 읽고 융화될 수 있는 '장수의 인화(人和) 능력'을, '용(勇)'은 과감하고 용감하게 작전을 수행할 수 있는 '장수의 전투수행 능력'을, '엄(嚴)'은 부하들을 두말없이 따르게 할 수 있는 '장수의 위엄 능력'을 말함.

15) 曲制官道主用也(곡제관도주용야) 이 문장에는 다양한 해석이 존재하는데 대체로 다음의 세 가지가 대표적임. 첫 번째, '곡제(曲制)', '관도(官道)', '주용(主用)'으로 풀이하는 경우(梅堯臣, 張預), 두 번째, 첫 번째 경우에서 '관도(官道)'만을 '관(官)'과 '도(道)'로 나누어 풀이하는 경우(曹操, 李筌), 세 번째, '곡(曲)', '제(制)', '관(官)', '도(道)', '주(主)', '용(用)'으로 각기 한 글자씩 나누어 풀이하는 방법(王皙, 劉寅) 등이 있음.

우선 설명의 편의를 위하여 두 번째의 경우를 먼저 살펴보면, 조조(曹操)의 경우 "'곡제(曲制)'란 '부곡(部曲)', '번치(旛幟)', '금고(金鼓)'의 제도(制)이다. '관(官)'이란 백관을 나누는 직분 제도이다. '도(道)'란 식량 보급로이다. 주(主)란 군비의 쓰임을 주관하는 제도이다."라고 설명함. 부연하면, 여기서 '부곡(部曲)'이란 군의 편제로서, '곡제(曲制)'는 '군의 편제에 관한 제도'를, '기치(旗幟)'는 옛날 군대에서 작전 시에 명령을 내리는 깃발을, '금고(金鼓)'는 옛날 군대에서 작전 시에 명령을 내리는 징과 북을 각각 말함. 즉, 조조는 군대의 편제와 명령체계에 관한 제도를 '곡제(曲制)'로, '관도(官道)'는 각각 '관리의 직제'를 의미하는 '관(官)'과 '군대의 보급 수송로'를 의미하는 '도(道)'로 나누어 풀이하여 '관리의 직제와 보급 수송로에 관한 제도'로, '주용(主用)'은 '군비의 쓰임을 주관하는 제도'로 봄.

다시 첫 번째 해석의 경우로 돌아와 매요신(梅堯臣)의 경우, "'곡제(曲制)'란 '군대의 편제(部曲隊伍)를 구분하는 데에 반드시 제도(制)가 있는 것'을, '관도(官道)'란 '장수의 통솔을 돕는 데에 반드시 방도(道)가 있는 것'을, '주용(主用)'은 '군수물자의 쓰임을 주관하는 데에 반드시 법도(度)가 있는 것'을 말함"이라고 풀이함. 또한 유인(劉寅)은 "군사편제(部曲)에는 제도(制)가 있고 관직을 나누어 맡기는(分官) 데에는 방도(道)가 있고, 각기 그 쓰임을 주관하게 하는 데에는 그 의(義)를 잃지 않게 하는 것이다."(張預)라고 풀이하였는데, 이 주석 역시 뜻이 통한다고 봄.

마지막으로, '곡(曲)', '제(制)', '관(官)', '도(道)', '주(主)', '용(用)'을 각기 나누어 여섯 가지 항목으로 풀이하는 경우(王皙, 劉寅, 張預)에는 '군사편제', '절제(節制)', '관직의 분담 위임', '군량 수송로', '군수물자를 주관하는 자', '군용(軍用)

물품을 계산하는 것'으로 해석. 이러한 "여섯 가지는 용병(用兵)의 요체로서 마땅히 처리하는 데에는 그 '법(法)'으로써 함"(張預), "이 여섯 가지를 법으로써 다스리는 것"(劉寅)을 말함.

여기서는 '곡제(曲制)'는 '군대의 편제 규정(내지 제도)'으로, '관도(官道)'는 '각급 장수와 관리의 직무 수행 범위에 대한 규정(내지 제도)'으로, '주용(主用)'은 '군수물자의 사용과 제공을 주관하는 관리 규정(내지 제도)'으로 해석함. '제(制)'와 '도(道)'는 같은 의미로 모두 '제도나 규정'을 가리킴(周亨祥).

16) 將莫不聞(장막불문) '막불(莫不)'은 이중 부정으로 '~하지 않을 수 없다는' 강한 긍정을 의미, 곧 장수라면 누구나 모두 들어서 알고 있음.

17) 知之者勝(지지자승) '지(之)'는 앞의 '다섯 가지 일(五事)', 즉 위의 다섯 가지 일(五事)은 누구나 모두 들어 알고 있는 것이지만, 실제로 그 일을 잘 이해해서 처리하는 자만이 승리한다는 의미.

「계」1-3: 그러므로 계책으로써 헤아려서 그 실질을 찾기에 "군주는 누가 더 도(道)가 있으며, 장수는 누가 더 능력이 있으며, 천지(天地)는 누가 더 잘 이해하며, 법령은 누가 더 잘 시행하며, 병력은 누가 더 강하며, 사병은 누가 더 잘 훈련이 되어있으며, 상벌은 누가 더 명확하게 실행하는가?" 등을 말한다. 나는 이것으로써 승부를 안다.

「計」1-3: 故校之以計, 而索其情,[1] 日, "主孰有道,[2] 將孰有能,[3] 天地孰得,[4] 法令孰行,[5] 兵衆孰强,[6] 士卒孰鍊,[7] 賞罰孰明?[8]" 吾以此知勝負矣.[9]

---

1) 而索其情(이색기정) "비록 오사(五事)를 두루 알더라도 (아래의) 일곱 가지 계책(七計)를 갖추어야 그 실질을 모두 알 수 있다는 것을 말함"(王晳). 즉, 오사(五事)는 장수들이 모두 아는 것으므로, 실제로 피아간의 우세를 비교하며 실제 정황을 조사하는 것이 동반될 때 반드시 승리를 거둘 수 있다는 의미.

2) 主孰有道(주숙유도) '숙(孰)'은 '실제로'의 '실(實)', '도(道)가 있는 군주에게 반드시 지혜와 능력을 지닌 장수가 있음'을 말함(李筌). '숙(孰)'은 '누구'의 '수(誰)', 나와 적의 군주 중 누가 아첨꾼을 멀리하고 현명한 사람을 가까이해서 임무를 주는데 의혹하지 않게 하는 것을 말함(杜牧). '누가 인심(人心)을 얻을 수 있는가를 말한 것임'(梅堯臣). 곧 앞서 나온 내용을 참고할 때 여기서 '도'는 '백성들에게 위와 뜻을 함께 하는 것', 곧 '하부의 의사를 상부와 통일시킬 수 있는 군주의 정치적 능력'을 비교하며 살핌.

3) 將孰有能(장숙유능) 장수는 누가 더 능력이 있는가는 앞서 나온 지(智) · 신(信) · 인(仁) · 용(勇) · 엄(嚴)을 말함(杜牧, 梅堯臣).

4) 天地孰得(천지숙득) '천지(天地)'는 '천시(天時)'와 '지리(地利)'(曹操, 李筌 등). "'천(天)'은 앞서 언급된 '음과 양(陰陽), 추위와 더위(寒暑), 네 계절의 다른 형태(時制)', '지(地)'는 앞서 나온 '멀고 가까움(遠近), 험하고 평탄함(險易), 넓고 좁음(廣狹), 죽고 사는 곳(死生)'을 말함"(杜牧). '득(得)'은 분명하게 깨닫는다는 의미, 곧 하늘과 땅 곧 자연법칙과 자연 현상을 누가 더 잘 이해하고 그것을 유리하게 이용할 수 있는 능력이 있는가를 비교하며 살핌.

5) 法令孰行(법령숙행) 법령이 갖추어지면 어기지 않고 어기면 반드시 처벌하는 것(曹操). 곧 법치주의 정치에 입각해서 누가 더 법을 엄격하게 준수하고 실행하고 있는가를 비교하며 살핌.

6) 兵衆孰强(병중숙강) '병중(兵衆)'은 '병력', 곧 병력 양성 등의 군사문제를 누가 더 잘 다스리고 있는가를 비교하며 살핌.

7) 士卒孰鍊(사졸숙련) '사졸(士卒)'은 '사병', 곧 사병들 훈련 등의 군사문제를 누가 더 잘 다스리고 있는가를 비교하며 살핌.

8) 賞罰孰明(상벌숙명) 공적과 과실(功過)을 엄격하게 판단해서 그에 합당한 상벌(賞罰)이 분명하게 시행되고 있는가를 비교하며 살핌.

9) 吾以此知勝負矣(오이차지승부의) '차(此)'는 위에 밝힌 일곱 가지 일. 이상 일곱 가지의 일로써 피아간의 정세를 헤아리며 비교하면 승패를 볼 수 있다(賈林).

「계」1-4: 장차 나의 계책을 따라서 쓰면 반드시 승리할 것이므로 머무를 것이며, 장차 나의 계책을 따르지 않고서 쓰면 반드시 패할 것이므로 떠날 것이다.

「計」1-4: 將聽吾計,[1] 用之必勝,[2] 留之,[3] 將不聽吾計, 用之必敗,.[4] 去之.[5]

---

1) 將聽吾計(장청오계) '장(將)'자의 의미 분석에 따라 뒤의 문장의 해석이 달라지는데, 즉, '장(將)'을 가정을 나타내는 어기(語氣) 부사(副詞)로 '장차 내지 만일 ~'의 의미로 보는 경우(陳皞, 梅堯臣, 張預)와, '장(將)'을 '보조하는 부하 장수(裨將)'의 의미로 보는 경우가 있음.

우선 첫 번째의 경우 '장(將)'을 '장차~'의 의미로 보는 견해(張預), 또는 오나라 왕 합려(闔閭)가 행군(行軍)하며 군사를 부릴 때 스스로를 '주(主)'가 아닌 '장수(將)'로 자칭했다는 기록에 의거하여 '장(將)은 곧 합려'(陳皞). 이 경우 손무의 계획을 따르는 대상은 오나라 왕인 '합려'가 되므로 "(왕이) 장차 내 계획을 따라서" 내지 "왕이 내 계획을 따라서"로 해석되고 뒤 문장에 나오는 그곳에 '남거나(留)' '떠나는(去)' 대상은 손무가 됨. 즉, 이 문장은 손무가 오나라 왕 합려에게 등용되길 바라며, 왕이 장차 자기의 계획에 따라서 전쟁에서 이기면 그곳에 남을 것이고 아니면 장차 그곳을 떠나 타국으로 가겠다고 밝힌 내용으로서(張預), 이 말에 합려가 감동하고 손무를 임용했다고도 전해짐.

두 번째 경우에는 '장(將)'을 '보조하는 부하 장수(裨將)'로 보는 견해가 있으며, 이 경우에 손무의 계획을 따르는 대상은 '부하 장수(裨將)'이고 그곳에 '남거나(留)' '떠나는(去)' 대상 또한 부하 장수가 됨. 이 외에도 앞의 '장(將)'은 '대장(大將)'으로, 뒤 문장에 나오는 '장(將)'은 대장을 보조하는 '편비(偏裨) 장수'로 보는 견해(劉寅)도 있음. 참고로 이 경우에 전체 문장은 "부하 장수가 나의 계책을 따라서 그를 임용하면 반드시 승리할 수 있을 것이므로 그를 머무르게 유임하고, 부하 장수가 나의 계책을 따르지 않고서 그를 임용하면 반드시 패할 것이므로 그를 떠나게 한다."로 해석됨.

2) 用之必勝(용지필승) '용지(用之)'에도 두 가지 해석이 있음. 첫째, '용병(用兵)', '용전(用戰)'의 의미로 '지(之)'는 어기사(語氣詞)로 보는 경우, 두 번째는, '임용(任用)'의 의미로 보는 경우가 있음. 즉, 첫 번째는 나의 계책으로 군사를 부리는 용병(用兵)의 의미, 두 번째는 나(의 계책)를 잘 따라 용병하는 인물을 임용한다는 의미로, 두 가지 해석이 모두 가능함.

3) 留之(유지) '유(留)'의 주체는 앞서 각기 상이한 관점의 해석에 따라 손무 자신이 머무른다는 의미로 해석될 수도 있고 자신의 계책을 따라 용병(用兵)한 부하 장수를 유임시켜 머무르게 한다는 의미로도 해석이 됨.

4) 用之必敗(용지필패) '용지(用之)'는 자기의 계책을 따르지 않는 사람을 임용한다는 해석과, 자신의 계책을 따르지 않고 군사를 부리는 용병(用兵)한다는 의미로, 두 가지 해석이 모두 가능함.

5) 去之(거지) '거(去)'의 대상은 앞서 각기 상이한 관점의 해석에 따라 손무 자신이 떠난다는 의미로 해석될 수도 있고 자신의 계책을 따르지 않고 용병(用兵)한 부하 장수를 해임시켜 떠나게 한다는 의미로도 해석이 됨.

「계」1-5: 계책이 이롭게 됨으로써 따르게 되고 이에 형세가 만들어짐으로써 그 외부(의 일)를 돕게 된다. 세(勢)라고 하는 것은 이로움에 따라서 만들어지는 형세이다.

「計」1-5: 計利以聽,[1] 乃爲之勢,[2] 以佐其外.[3] 勢者,[4] 因利而制權也.[5]

---

1) 計利以聽(계리이청) 계책이 이롭다는 것을 알고서 주위가 믿고 따르게 됨을 말함. 전체 문장의 의미는 '계책이 이롭다는 것이 확정되면 형세의 변화를 타게 됨'(李筌), '내부에서 계책이 정해지고 밖에서 세가 형성됨으로써 승리를 도와 이룰 수 있게 됨'(梅堯臣)을 말함.

2) 乃爲之勢(내위지세) 계책의 이로움을 믿고 따르게 되어 하나의 세(勢)가 형성되는 것을 말함.

3) 以佐其外(이좌기외) 내부에서 만들어진 세(勢)의 형성은 군주가 하려는 밖의 일 곧 전쟁 수행의 일을 돕게 됨.

4) 勢者(세자) '세(勢)'란 그 변화를 타는 것(王皙).

5) 因利而制權也(인리이제권야) '제권(制權)'은 '상황의 변화에 따라서 그때그때 달라지는 모략(權謀)'인 '권변(權變)'(張預). 곧 '세'란 군사상에서 전쟁의 다양하게 변화하는 정황 속에서 유리한 기회를 잡고자 그 변화에 합당한 방법이나 행동을 취하며 대응하는 것.

「계」1-6: 전쟁이란 속임수이다. 그러므로 할 수 있는 것이면서도 할 수 없을 것처럼 보이며, 이용할 것이면서도 이용하지 않을 것처럼 보이며, 가까이할 것이면서도 멀리할 것처럼 보이며, 멀리할 것이면서도 가까이 할 것처럼 보인다. 이익으로 적을 유인하며, 혼란하면 취하며, 견실하면 대비하며, 강하면 피하며, 노하면 흔들리게 하며, 낮추어서 교만하게 하며, 편안하면 수고롭게 하며, 친하면 떨어지게 하며, 대비가 없으면 공격하고, 생각하지 않는 곳으로 나아간다. 이것이 병가의 승리하는 계책이므로 미리 알려져서는 안 된다.

「計」1-6: 兵者, 詭道也.[1] 故能而示之不能,[2] 用而示之不用,[3] 近而視之遠,[4] 遠而示之近.[5] 利而誘之,[6] 亂而取之,[7] 實而備之,[8] 强而避之,[9] 怒而撓之,[10] 卑而驕之,[11] 佚而勞之,[12] 親而離之,[13] 攻其無備,[14] 出其不意.[15] 此兵家之勝,[16] 不可先傳也.[17]

---

1) 詭道也(궤도야) '궤도(詭道)'는 '속이는 방법', 곧 '속임수'를 말함. '전쟁에는 일정불변한 형태가 없으니 속임수(詭詐)로써 방법을 삼음'(曹操), '군(軍)에서는 속임수(詐)를 싫어하지 않음'(李筌). 곧 국가의 존망과 백성의 생사가 결정되는 전쟁에서는 도덕적 명분이 아닌 속임수를 써서라도 이기는 것이 중요함.

2) 故能而示之不能(고능이시지불능) 이 문장부터 이하 '원이시지근(遠而示之近)'까지는 모두 어떻게 하면 거짓(假象)으로 적을 유인할 것인가에 대한 속임수를 행하는 것에 대해 말함. 예컨대 '실제로 강하면서도 약한 것처럼 보이고, 실제로 용감하면서도 겁먹은 것처럼 보이는 것 등을 말함'(張預).

3) 用而示之不用(용이시지불용) 예컨대 '실제로 군사를 동원할 것(用師)이면서도 밖으로 겁먹은 것처럼 보이게 하는 것'(李筌), '유능한 사람을 등용하면서도 등용하지 않을 것처럼 보이게 하는 것'(劉寅).

4) 近而視之遠(근이시지원) '적에게 대비할 수 없게 하는 것'(李筌)으로, 예컨대 '가까이서 적을 습격하고자 하면 반드시 멀리 떠나갈 것처럼 모습을 보이는 것'(杜牧, 劉寅), '가까이서 습격하려면 반대로 멀리 있는 것처럼 보임'(張預).

5) 遠而示之近(원이시지근) 멀리서 공격하려면 가까이서 습격할 것처럼 보이게 함, 곧 '적에게 예측할 수 없게 하는 것'(梅堯臣).

6) 利而誘之(이이유지) '작은 이익을 보여주어 적을 유인하여 이김(克)'(張預), '작은 이익을 보여주어 적을 유인하여 오게 해서 격파함'(劉寅).

7) 亂而取之(난이취지) '적이 혼란하면 꾀하여(乘) 취할 수 있음'(杜牧), '적이 혼란하면 (그 기회를) 틈타서(乘) 취함'(梅堯臣), '속임수(詐)로 분란(紛亂)하게 하여 적을 유인하여 취함'(張預), '계책을 써서 적군을 혼란하게 한 후 습격하여 취함'(劉寅).

8) 實而備之(실이비지) '적의 다스림이 견실하면(敵治實) 모름지기 그것에 대비해야만 함'(曹操), '적이 견실하면 대비하지 않을 수 없음(不可不備)'(梅堯臣), '적군의 병세(兵勢)가 이미 견실하면 마땅히 적이 이길 수 없는 계책(不可勝之計)을 내어 그들을 대비해야 함'(劉寅).

9) 强而避之(강이피지) '역량을 헤아리는 것에 대해 말함'(李筌), '적병이 정예(精銳)하고 아군의 세력이 작고 약하면(寡弱) 마땅히 물러나 피해야 함'(王晳), '적군의 병세가 강성하면 우선 잠시 피해야 함'(劉寅), '적군의 병력이 강대하면 피하여 그 칼날을 느슨하게 함'(周亨祥), '적의 군사가 강하고 기세가 예리한 분위기를 타면(乘) 마땅히 잠시 그것을 피하고, 적군이 해이하고 느슨해질(衰懈) 때를 기다리다가 그 틈(間隙)을 염탐하여 습격함'(杜牧).

10) 怒而撓之(노이요지) '적이 성급하고 쉽게 분노하면(褊急易忿) 그것을 흔들어서 급하게 분발하도록 하여 가볍게 싸움(憤急輕戰)'(梅堯臣), '적장의 성격이 강하고 쉽게 화를 낸다면 그에게 모욕을 주어 분노하게 하고, 적장의 의지와 기개

(志氣)가 혼란하고 의혹하게 되면 깊이 생각하지 않고 가볍게 진격하므로 적을 엄습하여 공격(可掩而擊之)할 수 있음'(劉寅). 곧 적장이 성격이 급하고 쉽게 화를 내는 성격이라면 그에게 모욕을 주어 쉽게 전쟁을 일으키게 한 후 뜻하지 않은 사이에 습격(掩擊)한다는 내용.

11) 卑而驕之(비이교지) '낮추고 나약함을 보여서 적의 마음을 교만하게 함'(梅堯臣), '말을 낮추고 뇌물을 주거나(卑辭厚賂) 군대가 지치고 약해 도망가는 척(羸師佯北)하는 것은 모두 적을 교만하고 태만하게(驕怠) 하는 것임'(張預). 곧 자신을 낮추고 약한 모습을 보여주면 적이 교만해지고 대비를 하지 않으므로 그 때를 틈타 습격한다는 내용.

12) 佚而勞之(일이노지) '(작은 이로움으로써 적을 유인한다는 관점의 연장선상에서) 이로움으로써 적을 수고롭게 함'(曹操), '적이 편안한데 내가 그것을 수고롭게 하는 것은 잘하는 일임(善功)'(李筌), '적들이 본래 편안하면 마땅히 계책을 써서 그들을 수고롭게 해야 함'(劉寅), '나는 편안하면서 적이 수고롭게 되는 것을 기다림'(梅堯臣), '대개가 기습(奇兵)하는 군대로, 적이 출동하면 돌아오고(彼出則歸) 적이 돌아가면 출동하며(彼歸則出), 적이 왼쪽을 구하려 한다면 오른쪽을 공격하고(救右則左), 오른쪽을 구하려 한다면 왼쪽을 공격하며(救左則右) 적을 고달프고 수고롭게 하는 것임(罷勞)'(王晳).

13) 親而離之(친이리지) '친(親)'은 '친밀(親密), 화목(和睦)', '리(離)'는 '이간(離間)'(周亨祥). '적이 서로 친밀하면 마땅히 계책과 모략으로써 그들을 이간시킴'(王晳), '적들이 상하가 서로 친하면 마땅히 계략으로써 그 마음(心)을 이간(離)시킴'(劉寅).

14) 攻其無備(공기무비) '(적의) 해이하고 나태한 곳을 출동(공격)함'(曹操, 李筌), '적의 빈 곳을 공격함'(杜牧), '적의 대비가 없는 곳을 틈타 공격해서 취함'(劉寅).

15) 出其不意(출기불의) '적의 빈 곳(空虛)을 습격함'(曹操, 李筌), '(적의) 해이하고 나태한 곳을 습격함'(杜牧), '적이 예상하지 않은 곳을 출동해서 습격하여 격파함'(劉寅).

16) 此兵家之勝(차병가지승) '승(勝)'이란 '요체(要)'(李筌), '계책(勝策)'(杜牧, 張預), '승리하는 방법(勝之道)'(劉寅). 전쟁에서 속임수(詭道)를 행하고 그때그때 상황의 변화에 따라 대처하는 임기응변(臨機應變)은 바로 용병(用兵)의 가장 오묘한(佳妙) 것임(周亨祥).

17) 不可先傳也(불가선전야) '전(傳)'은 비밀이 샌다는 의미의 '설(洩)'(曹操), 말할 '언(言)'(杜牧, 張預). '대비하지 않고 뜻하지 않는 곳을 공격하여 반드시 승리하는데 이것이 병법(兵)의 요체이며 비밀스러워서(秘) 전(傳)할 수 없는 것임'(李筌), '위에서 나열한 모든 것이 용병(用兵)에서 승리를 취하는 (병가의) 계책(策)으로, 진실로 일정(一定)하게 제한되는(制) 것이 아니라 적의 형세를 보고 비로소 베풀 수 있으며 일에 앞서 (예측해서) 말할 수 없는 것임'(杜牧, 張預).

「계」1-7: 대저 싸우지 않고도 묘당에서 승리를 계산하는 것은 (이길 수 있는) 계책이 많았기 때문이며, 싸우지 않고도 묘당에서 승리하지 못함을 계산하는 것은 (이길 수 있는) 계책이 적었기 때문이다. 계책이 많으면 이기고, 계책이 적으면 이길 수 없는데 하물며 계책이 없다면 어떻겠는가? 나는 이것을 보고서 (전쟁의) 이기고 지는 것을 안다.

「計」1-7: 夫未戰而廟算勝者,[1] 得算多也,[2] 未戰而廟算不勝者, 得算少也. 多算勝,[3] 少算不勝,[4] 而況於無算乎? 吾以此觀之, 勝負見矣.[5]

---

1) 夫未戰而廟算勝者(부미전이묘산승자) '묘(廟)'는 '묘당(廟堂)' 곧 조정(朝廷). 곧 싸우기에 앞서 조정에서 전략회의를 열어서 전쟁에서 승리할 수 있는 방법에 대해서 모의하는 것.

2) 得算多也(득산다야) 죽간본에는 뒤에 나오는 '다산승(多算勝)'이 '다산승(多筭勝)'으로 되어 있음. 곧 '득산다(得算多)'는 '득산다(得筭多)', '산(筭)'은 '산(算)'의 다른 글씨체의 글자인 이체자(異體字). '산(算)'은 '산주(算籌)' 곧 '승리를 얻을 수 있는 조건'(楊炳安), 즉 조정(廟堂)에서 전쟁 전 전략회의를 하는 과정에서 전쟁에서 이길 수 있는 의견들이 많이 나와서 '승리하는 계책(算)을 많이 얻음(得)'.

3) 多算勝(다산승) 전략회의에서 전쟁에 필요한 계책을 많이 얻으면 전쟁에서 승리

할 수 있는 조건들을 많이 갖출 수 있으므로 전쟁에서 이길 수 있는 승산이 높아진다는 의미.

4) 少算不勝(소산불승) 전략회의에서 전쟁에 필요한 계책을 적게 얻으면 전쟁에서 승리할 수 있는 조건들을 많이 갖출 수 없으므로 전쟁에서 이길 수 있는 승산이 낮아진다는 의미.

5) 勝負見矣(승부견의) '현(見)'으로 볼 경우 이기고 지는 승부(勝負)의 전황이 드러난다는 의미, '견(見)'으로 볼 경우 '승부의 전황이 나타남' 또는 '승부의 전황을 예견함'.

제 2 장

속결전의 원칙과 군수전략 -『작전作戰』

제2편은 실전(實戰)에 관한 문제를 본격적으로 논의하면서, 전쟁은 빨리 끝내야 된다는 속결전의 원칙을 제시하고 용병과 군수물자의 경제적 운용 전략에 대해 서술한다. 속결전의 원칙을 통해 전쟁이란 경제적 이득을 취하기 위한 정치적 수단이라는 손무의 인식을 분명하게 확인할 수 있다. 또한, 자신의 경제적 이익을 위한 무력 동원이 오히려 자신에게 피해를 줄 수 있다는 전쟁신중론의 관점이 주전론(主戰論)의 전쟁관(戰爭觀)과 교차 반영되어 있다. 즉, 전쟁의 폐해를 고려하는 전쟁신중론의 관점 하에 전쟁을 통한 경제적 이익을 추구하는 전략가만이 전쟁의 원리를 정확하게 이해한 병법가임을 주장한다. 적을 이김으로써 자신이 더욱 강해지는 방법과 백성의 생사와 국가의 안위에 미치는 장수의 중요성에 대해서도 강조하고 있다.

「작전」2-1: 손자가 말하다. 무릇 군사를 부리는 법은 치거(馳車) 천 대, 혁거(革車) 천승, 갑병(帶甲) 십만, 천 리 길의 군량보급 등의 대내외적인 비용과, 사신의 접대비용, 아교와 옻칠의 재료, 수레와 갑옷의 수리보존 비용 등 하루에 천금(千金)을 쓴 이후에야 십만의 군사가 일어나게 되는 것이다.

「作戰」2-1: 孫子曰: 凡用兵之法, 馳車千駟,[1] 革車千乘,[2] 帶甲十萬,[3] 千里饋糧,[4] 則內外之費,[5] 賓客之用,[6] 膠漆之材,[7] 車甲之奉,[8] 日費千金,[9] 然後十萬之師擧矣.

---

1) 馳車千駟(치거천사) '치거(馳車)'는 공격할 때 쓰이는 가벼운 전차(戰車)(曹操, 梅堯臣, 周亨祥). '사(駟)'는 말의 수를 헤아리는 단위(單位)로 '1사(駟)'는 '4필', '1천사(千駟)'는 곧 4천 마리의 말. 즉, 전쟁에서 공격용으로 쓰이는 4천 마리의 말이 끄는 가벼운 1천 대의 전차(사두마차)를 말함.

2) 革車千乘(혁거천승) '혁거(革車)'는 '말이나 소가 끄는 공성(攻城) 무기나 군량 등을 비롯한 제반 군수물자를 운반하는 무거운 수레'(周亨祥)로, '수레바퀴통을 가죽으로 감싸서'(劉寅) '혁거(革車)'라고 함. '치거(馳車)'는 공격용 전차(攻車), '혁거(革車)'는 수비용 전차(守車)(張預). '승(乘)'은 수레의 수를 헤아리는 양수사(量數詞). 예컨대 '천승지국(千乘之國)', '만승지국(萬乘之國)' 등의 용어는 고대 전쟁에 동원할 수 있는 전차의 숫자에 따라 제후국의 규모를 판단하는 표현으로, 전쟁이 주로 차전(車戰)이 위주였던 시대에서 비롯한 용어임.

3) 帶甲十萬(대갑십만) 춘추전국시대에 무장(武裝) 사졸(士卒)을 '대갑(帶甲)'이라 칭함(周亨祥). '대갑(帶甲)'은 '보졸(步卒) 곧 보병', "춘추시대에 이르면 공격용 전차인 공거(攻車) 1승(乘)에는 갑옷으로 무장한 보병(甲士步卒) 75인, 방어용 전차인 수거(守車) 1승(乘)에는 갑사 보졸 25인이 배치되었으므로 이를 더하면 1백 명이 된다. 또한 공격용 전차와 수비용 전차가 서로 짝이 되어 한 단위가 되어 '1승(乘)'이라 말하였으며 1천승을 합하면 10만 명이 됨"(李筌), 유인(劉寅)은 공격용 전차인 공거(攻車) 1승(乘)마다 갑옷으로 무장한 사졸(甲士) 3인과 보병(步卒) 72인이 배치되어 총 75명이라고도 봄.

4) 千里饋糧(천리궤양) '천 리(千里)'는 '국경 넘어 천 리'(曹操), '길이 매우 멀리 떨어짐(縣遠)'(李筌). '궤양(饋糧)'은 군사의 양식(糧)과 동물의 먹이(草)를 운송함(周亨祥).
5) 內外之費(내외지비) 죽간본과 조조본에는 앞에 '즉(則)'자가 있어서 '앞에 나온 비용을 총괄하여 지시하는 대내외적 비용(則內外之費)'을 의미. '내(內)'는 나라 안, '외(外)'는 나라 밖의 군사가 머물고 있는 곳(王晳).
6) 賓客之用(빈객지용) '빈객(賓客)'은 '제후국 간에 왕래하는 사절, 유세가'(周亨祥, 張預), "군(軍)에는 제후들 사이에 서로 사신을 보내는(交聘) 예(禮)가 있었으므로 '빈객(賓客)'이라 말함"(杜牧).
7) 膠漆之材(교칠지재) '교칠(膠漆)'은 '갑옷과 투구, 활, 화살 등이 망가지지 않도록 수리하는 재료'(周亨祥), '기계와 기구를 수선하는 물건임'(張預). 곧 전쟁무기가 훼손되지 않도록 수리하는 아교와 옻칠 등의 재료에 들어가는 비용.
8) 車甲之奉(거갑지봉) 행군 중 전차의 상태를 온전하게 보존하기 위한 재료인 기름(膏油)과 갑옷수리에 필요한 재료인 쇠와 가죽 등에 들어가는 보존(奉)비용.
9) 日費千金(일비천금) '천금(千金)'은 '많은 양의 돈', 곧 많은 비용이 드는 것을 강조함.

「작전」2-2: 당연히 전쟁을 함에는 승리해야 하지만 오래 끌면 병장기를 무디게 하고 (군기의) 예리함이 꺾이게 되어, 성을 공격하면 힘이 다하고, 군대를 오랫동안 밖에 주둔시키면 국가의 쓰임이 부족하게 된다. 대저 병기가 무뎌지고 예리함이 꺾이게 되어 힘이 쇠퇴하고 물자를 다 소모하게 된다면, 제후들은 그 피폐함을 틈타서 일어난다. 비록 지혜로운 자라도 그 뒷감당을 잘할 수 없다. 그러므로 전쟁은 서투르더라도 빨리 끝내야 한다는 말은 들었어도 (계책이) 교묘해서 (싸우는 시간을) 오래 끈다는 것을 아직 보지 못하였다. 대저 전쟁이 오래 지속되면서도 나라가 이롭게 되는 경우는 아직 있지 않다. 그러므로 전쟁을 하는 폐해를 다 알지 못하는 자는 곧 전쟁을 하는 이로움을 다 알 수 없다.

「作戰」2-2: 其用戰也勝,[1] 久則鈍兵挫銳,[2] 攻城則力屈,[3] 久暴師則國用不足.[4] 夫鈍兵挫銳, 屈力殫貨,[5] 則諸侯乘其弊而起.[6] 雖有智者, 不能善其後矣.[7] 故兵聞拙速,[8] 未睹巧之久也.[9] 夫兵久而國利者, 未之有也. 故不盡知用兵之害者, 則不能盡知用兵之利也.[10]

---

1) 其用戰也勝(기용전야승) '기(其)'는 추측하여 판단한다는(推斷) 의미를 강조하기 위해 문장 맨 앞에 쓰인 어기부사(語氣副詞). 즉, 이후의 내용은 손무가 '당연히 내지 마땅히' 거의 확신한다는 의미. '승(勝)'은 신속하게 승리를 거두는 '속승(速勝)'(劉寅).

2) 久則鈍兵挫銳(구즉둔병좌예) '구(久)'는 전쟁을 오래 끄는 것, '둔병(鈍兵)'은 '예리하지 못한 무기'나 '둔하고 약한 병사', '좌예(挫銳)'는 '군사의 예기가 꺾인 것'. '둔(鈍)'은 망가지고 해진다는 의미의 '폐(弊)'(曹操). 죽간본에는 '둔(鈍)'은 '둔(頓)'으로 되어 있으며, 두 글자는 서로 통함, '둔병좌예(鈍兵挫銳)'는 '병장기가 무뎌 둔해지고(鈍弊) 군기(軍氣)의 예리함이 꺾이게 됨'(梅堯臣).

3) 攻城則力屈(공성즉력굴) '굴(屈)'은 모든 힘을 다 소진한다는 의미의 '진(盡)'(曹操), '궁(窮)'(王晳), '갈(竭)'(周亨祥), 곤궁해진다는 의미의 '곤(困)'(劉寅), "전쟁에서 적에게 승리하더라도 오래 끌면 이익이 없다. 전쟁(兵)은 '온전한 승리(全勝)'를 귀하게 여기는데, '병기가 무뎌지고 예리함이 꺾이게 되어(鈍兵挫銳)' 군사들이 부상을 당하고 군마가 지친다면 힘이 다하게 됨(屈)"(賈林).

4) 久暴師則國用不足(구폭사즉국용부족) '폭(暴)'은 '폭(曝)의 본자(本字)'(周亨祥), '햇볕에 쬔다는 의미' 곧 군사들을 오랫동안 밖에 주둔시킨다는 의미. '국용(國用)'은 국가의 쓰임 곧 재정(財用).

5) 屈力殫貨(굴력탄화) '탄(殫)'은 '진(盡)'(『說文』), '탄화(殫貨)'는 물자를 모두 소모한 것을 말함(周亨祥).

6) 則諸侯乘其弊而起(즉제후승기폐이기) 다른 제후국들이 자신들의 그 곤궁한 상황(其弊)을 틈타서 기회를 놓치지 않고 군사를 일으켜(起) 공격해 오는 것을 말함.

7) 不能善其後矣(불능선기후의) 형용사 '선(善)'은 '잘 처리한다는' 의미의 동사(動詞) 용법으로 쓰임.

8) 故兵聞拙速(고병문졸속) '졸속(拙速)'은 '비록 서투름(拙)이 있다 해도 (전쟁에서) 빨리 승리하는 것(速勝)'(曹操, 李筌, 『孟氏解詁』, 『孟氏解詁』는 이하 '孟氏'로 지칭함), '졸(拙)이란 귀할 수 없지만 만약 빨리 끝낼 수 있다면 차라리 그것을 취하는 것을 의미함'(楊炳安).

9) 未睹巧之久也(미도교지구야) '미도(未睹)'는 '없음(無)'을 말함(曹操, 李筌). 즉, 서투르더라도 전쟁은 빨리 끝내는 것이 좋으며, 계책이 좋고 교묘하여서(巧) 전쟁을 길게 끄는 지구전을 펼치는 것은 없다는 의미. '교(巧)'는 앞의 '졸(拙)'과 대비되는 의미.

10) 則不能盡知用兵之利也(즉불능진지용병지리야) 전쟁은 경제적 이득을 취하기 위한 정치적 행위를 위한 수단이지만 전쟁의 폐해 또한 매우 심각한 것임을 상기시키는, 손무 주전론(主戰論)의 전쟁관(戰爭觀)과 전쟁신중론의 견해가 교차 반영되고 있는 내용. 앞 문장의 전쟁의 폐해를 고려하는 전쟁신중론의 전제 하에 전쟁을 통해 경제적 이익을 취하는 주전(主戰)의 정치적 입장 또한 성립하는 것임을 지적한 내용.

「작전」2-3: 군사를 잘 부리는 자는 요역은 두 번 징발하지 않고 식량은 다시 싣고 가지 않으며, 군수용품은 나라에서 취하고 군량은 적에게서 취하므로 군사들의 식량이 충분할 수 있는 것이다.

「作戰」2-3: 善用兵者,[1] 役不再籍,[2] 糧不三載,[3] 取用於國,[4] 因糧於敵,[5] 故軍食可足也.

---

1) 善用兵者(선용병자) '선(善)'은 부사, '선용병자(善用兵者)'는 군사들을 잘 부리는 자로 전쟁을 잘하는 '선전자(善戰者)'와 같은 의미.

2) 役不再籍(역부재적) '적(籍)'은 징발하다는 의미의 '부(賦)'(曹操, 王晳), 다시 명부에 올리지 않는다는 의미의 '서(書)'(李筌), 다시 백성들을 동원하여(借) 요역(役)시킨다는 의미의 '차(借)'(陳皥, 梅堯臣). 농민(民)이 군사로서 군대의 기층(基層)

을 담당한 징병제(徵兵制)를 중국 최초로 시행한 인물은 전국(戰國)시대의 오기(吳起)임(郭沫若, '제1부 제3장 오기'편 참조). 따라서 '역(役)'은 군사로서 복무하는 군역(軍役)이 아닌 부역(賦役) 등을 포함한 요역(徭役)의 의미. 이 구절을 통해 당시 백성의 요역 차출에 횟수의 제한을 두는 법적인 제도가 없었고, 백성의 요역부담을 최소화해야 한다는 손무의 견해를 알 수 있음.

3) 糧不三載(량불삼재) "'삼(三)'은 위 구절의 '재(再)'와 호환되어(互文) '재삼(再三)'을 뜻함"(周亨祥). '한 번 군량을 수송하면 곧 멈추는 것을 말함(謂一饋糧而卽止)'(劉寅).

4) 取用於國(취용어국) '용(用)'은 '무기와 갑옷 등 전쟁도구(兵甲戰具)'(曹操), 「계(計)」에 나온 '주용(主用)'의 '용(用)' 곧 군수물자를 말함.

5) 因糧於敵(인량어적) '인(因)'은 '습(襲)'(周亨祥), 곧 필요할 때 엄습하여 탈취한다는 의미. 대규모 군대가 출동하면 매일 많은 군수물자가 소모되기 마련인데 병장기 등의 전구(戰具)는 비교적 오래 사용하고 망가지면 수리해서 쓸 수 있지만 식량은 한정되어 그렇지 못하고, 식량이 없으면 곧바로 망하는 것이기 때문에, 손무는 특히 군수물자 중 군량보급의 문제를 중시하여 그 조달 방법에 대하여 강조 언급한 것임.

「작전」2-4: 국가가 군대로 인해 빈궁해지는 것은 (군수물자를) 멀리 수송하기 때문이며 (군수물자를) 멀리 수송하면 백성들은 빈궁해진다. 군대 근처에서 장사하는 자들은 (물건을) 비싸게 팔고, (물건을) 비싸게 팔면 백성들의 재화가 고갈되고, 재화가 고갈되면 구역(丘役)에 다급해진다. 힘을 다하고 물자가 고갈되면 국가는 내부적으로 집들을 텅 비게 한다. 백성의 비용으로는 10 중에 그 7을 없어지게 한다. 국가의 비용으로는 수레가 깨지고 말이 피폐하게 되고 갑옷과 투구, 화살과 활, 창과 방패, 긴 창과 큰 방패, 큰 소와 큰 수레 등의 10 중에 그 6을 없어지게 한다.

「作戰」2-4: 國之貧於師者遠輸,[1] 遠輸則百姓貧.[2] 近於師者貴賣,[3] 貴賣則百姓財竭, 財竭則急於丘役.[4] 力屈財殫, 中原內虛於家.[5] 百姓之費, 十去其七. 公家之費,[6] 破車罷馬,[7] 甲冑矢弩, 戟楯矛櫓,[8] 丘牛大車,[9] 十去其六.

---

1) 國之貧於師者遠輸(국지빈어사자원수) '사(師)'는 군대, 전쟁, 군사를 일으키는 것. '원수(遠輸)'는 군량을 멀리 수송하는 것(劉寅). 그러나 앞서 '군수용품(用)은 나라에서 취하고 군량은 적에게서 취한다'는 내용에 비추어 볼 때 '군수용품을 멀리 수송하는 것'으로 보는 것이 타당함.

2) 遠輸則百姓貧(원수즉백성빈) 70만 가구의 힘으로 천리 밖의 10만 군사에게 군량을 보낸다면(供餉) 백성들은 가난해질 수밖에 없음(張預).

3) 近於師者貴賣(근어사자귀매) '귀매(貴賣)'는 '물가가 높음'(周亨祥), 군사의 무리(師徒)가 모인 곳에서는 물건은 모두 매우 비싼 것(暴貴)을 말함(賈林). '근어사자(近於師者)'는 행군하는 군영 근처에서 군사들을 상대로 장사하는 사람. 즉, 군영 근처의 상인들이 비싼 가격으로(貴) 물건을 파는 것(賣).

4) 財竭則急於丘役(재갈즉급어구역) '구역(丘役)'은 '구(丘) · 승(甸)의 수를 따져서 부세를 바치는 것(供役)'(劉寅). '1구(丘)는 16정(井)'(曹操), 1승(甸)은 64정(井), 『춘추(春秋)』 노(魯)나라 성공(成公) 원년(元年)에 '3월에 구갑(丘甲)을 만들었다'는 기록에 나오는 '구갑(丘甲)'을 말함(張預). 여기서 구갑(丘甲)은 농지 1구(丘)에 갑사(甲士) 3명을 동원할 수 있는 비용을 부담하게 하는 정전제(井田制)에 입각한 조세제도. '6척(尺)은 1보(步), 100보는 1묘(畝), 100묘는 1부(夫), 3부는 1옥(屋), 3옥은 1정(井), 4정은 1읍(邑), 4읍은 1구(丘), 4구는 1승(甸)임'(杜牧). '구(丘)는 군마 1필과 소 4두, 승(甸)은 군마 4필, 소 16두의 비용'(杜牧), 원래 '1승(甸)은 수레 1승(乘), 갑사 3인, 보졸 72인'의 비용을 부담하지만 상황이 급박하여 1구(丘)에 1승(甸)에 해당하는 비용을 세금으로 부담시킨다는 내용. '급(急)'이란 '위급하거나 어렵다는 것을 느낌'(周亨祥), '재력(財力)이 고갈되어 구정(丘井)의 역(役)이 급박하지만 쉽게 제공되지 않음'(張預).

5) 中原內虛於家(중원내허어가) '중원(中原)'은 일반적으로 '국내(國內)'를 가리킴(周亨祥).

6) 公家之費(공가지비) '공가(公家)'는 '국가(國家)'를 가리킴(周亨祥).

7) 破車罷馬(파거파마) '파(罷)'는 '지치고 병들다'는 의미의 '피(疲)'(周亨祥).

8) 戟楯矛櫓(극순모노) '극(戟)'은, 중국 고대의 찌르거나 찍어서 잡아끌 수 있게 갈고리가 달린 창, '순(楯)'은 방패. '모노(矛櫓)'는 『십일가주소본』(이하 십일가본으로 지칭함)에서 방어하기 위하여 병풍처럼 둘러치는 큰 방패를 말하는 '폐노(蔽櫓)'로 되어 있음. '모(矛)'는 주로 찌르는 데 사용되는 긴 창, '노(櫓)'는 '적의 동태를 살피기 위해 높이 지은 망루' 내지 '수비용 큰 방패', 여기서는 앞의 창 '모(矛)'와 짝하는 '큰 방패'.

9) 丘牛大車(구우대거) '구우(丘牛)'는 세금으로 낸 소인 '구읍(丘邑)의 소', '대거(大車)'는 '군수물자를 실은 큰 수레(長轂車)'(曹操). '구(丘)'는 '대(大)'(李筌).

「작전」2-5: 그러므로 지혜로운 장수는 적에게서 식량을 취해 먹는 데 힘쓴다. 적에게서 1종(鍾)을 취해 먹으면 우리의 20종(鍾)에 해당하고, 콩깍지와 볏짚 1석(石)은 우리의 20석(石)에 해당한다.

「作戰」2-5: 故智將務食於敵.[1] 食敵一鍾,[2] 當吾二十鍾, 萁秆一石,[3] 當吾二十石.

---

1) 故智將務食於敵(고지장무식어적) '식(食)'은 동사 용법, '식어적(食於敵)'은 적에게서 (양식을) 취해 먹는다는 의미.

2) 食敵一鍾(식적일종) '종(鍾)'은 고대 용량 단위로 1종은 '6곡(斛) 4두(斗)'로 '64두(斗)'(曹操).

3) 萁秆一石(기간일석) '기(萁)'는 '두개(豆稭)'(曹操), '두기(豆萁)'(劉寅), 콩깍지의 '기(萁)'와 같음(周亨祥). '간(秆)'은 볏짚. '석(石)'은 고대의 중량 단위, '1석(石)은 120근(斤)'(曹操). 즉, 군사의 식량과 소와 말의 먹이를 먼 거리에 있는 자국으로부터 수송해 올 경우를 고려할 때 적지에서 취하는 것이 그만큼 값어치가 있다는 의미.

「작전」2-6: 그러므로 적을 죽이는 것은 분노요, 적의 이로움을 취하는 것은 재화이다. 그러므로 차전(車戰)에서 적의 전차 10승(乘) 이상을 얻었으면 맨 먼저 얻은 자에게 상을 주고 그 깃발을 바꾸고 수레는 뒤섞어서 타게 하며 사졸들은 잘 대우하고 돌봐주는데, 이것을 일러 적에게 이겨서 (자신이 날로) 더욱 강해진다고 한다.

「作戰」2-6: 故殺敵者, 怒也, 取敵之利者, 貨也. 故車戰, 得車十乘已上, 賞其先得者, 而更其旌旗,[1] 車雜而乘之,[2] 卒善而養之,[3] 是謂勝敵而益强.

---

1) 而更其旌旗(이경기정기) '(적에 탈취한 수레의 깃발을 바꾸어서) 나와 같게 함'(曹操), '(깃발) 색을 나와 동일하게 바꾸게 함'(李筌), '분간할 수 없게 함'(賈林), '적의 (깃발) 색을 바꾸어서 나와 같게 함'(張預), '적의 깃발을 바꾸는 것'(劉寅).

2) 車雜而乘之(거잡이승지) '잡(雜)'은 '홀로 맡겨 놓지 않음'(曹操), '적의 전차를 얻을 수 있어서 (획득한 적의 수레를) 나의 전차와 섞어서 타게 하는 것'(王晳, 劉寅), '나의 전차와 적의 전차를 섞어서 사용하게 하고 홀로 맡겨 놓을 수 없음'(張預), '곧 노획한 적의 전차만을 전투에 나가게 하지 않고 자신의 전차와 섞어서 내보내라는 의미.

3) 卒善而養之(졸선이양지) '졸(卒)'은 노획한 적군 곧 포로, '선(善)'은 잘 대우해주는 것, '양(養)'은 자신의 군사처럼 적군을 거두어 돌봐주고서 사용하는 것.

「작전」2-7: 그러므로 전쟁은 승리를 귀하게 여기지 오래 끄는 것을 귀하게 여기지 않는다.

「作戰」2-7: 故兵貴勝, 不貴久.[1]

1) 不貴久(불귀구) '전쟁을 오래 끌면 불리하다. 전쟁이란 불과 같아서 거두어들이지 못하면 장차 스스로를 불태움'(曹操). 곧 군사를 동원하면 서투르더라도 한 번에 빨리 끝내는 것이 중요함.

「작전」2-8: 그러므로 전쟁을 아는 장수는 백성들의 생명을 주관하는 사명(司命)이요 국가의 안정과 위태로움의 주재자(主宰者)이다.

「作戰」2-8: 故知兵之將, 生民之司命,[1] 國家安危之主也.[2]

1) 生民之司命(생민지사명) 조조본에는 '생(生)'자가 없음. '생민(生民)'은 일반적으로 백성을 가리킴. '사명(司命)'은 고대 전설 중에서 삶과 죽음을 장악한 별자리(星宿). 여기서는 인간의 명운(命運)을 장악한 자임을 비유한 것임(周亨祥).

2) 國家安危之主也(국가안위지주야) '주(主)'는 '주재(主宰)'(劉寅). 곧 백성들의 삶과 죽음, 국가의 안정과 위태로움이 장수의 현명함 여부에 달려 있는 것을 말함(張預).

제3장

❖

싸우지 않고 온전한 승리를 거두는 전쟁(全爭) - 『모공(謀攻)』

'모공(謀攻)'이란 남의 나라를 점령하고 다른 나라 군대를 정벌하는 것을 도모한다는 의미이다. 앞의 「작전」에서는 서투르더라도 전쟁을 빨리 끝내는 속결전이 중요하며 아무리 좋은 계책이라도 지구전을 피할 것을 강조하는데, 「모공」에서는 남의 나라와 싸우지 않고 완전하게 이익을 쟁취할 수 있는 '전쟁(全爭)'이 최상의 병법임을 밝힌다. 이 또한 전쟁이란 이익을 취하기 위한 하나의 정치적 수단이라고 생각한 손무의 군사철학의 특징을 보여준다. 본 편에서는 '전쟁'의 대원칙 하에 적의 계략을 무너뜨리는 즉 피아간 상호 손실이 없이 계략으로 적을 굴복시키는 벌모(伐謀), 적의 동맹관계를 무너뜨리는 즉 적의 외교관계를 정벌하는 벌교(伐交), 적의 군대를 공격하는 벌병(伐兵), 적의 성을 공격하는 벌성(伐城), 그리고 전쟁의 승리를 아는 다섯 가지 방법에 대해 서술한다. 특히 무엇보다도 피아간의 상황을 객관적으로 파악하여 정확하게 알고 대처하는 것이 전쟁에서 승리를 거두는 가장 확실한 방법임을 천명한다.

「모공」3-1: 손자가 말하다. 무릇 군사를 부리는 법으로는 (적의) 나라를 온전히 하는 것이 최상이고 나라를 깨뜨리는 것은 그 다음이며, (적의) 군(軍)을 온전히 하는 것이 최상이고 군(軍)을 깨뜨리는 것은 그 다음이며, (적의) 려(旅)를 온전히 하는 것이 최상이고 려(旅)를 깨뜨리는 것이 그 다음이며, (적의) 졸(卒)을 온전히 하는 것이 최상이고 졸(卒)을 깨뜨리는 것이 그 다음이며, (적의) 오(伍)를 온전히 하는 것이 최상이고 오(伍)를 깨뜨리는 것이 그 다음이다. 그러므로 백 번 싸워 백 번이기는 것이 잘하는 것 중에 잘하는 것이 아니며, 싸우지 않고도 적의 군대를 굴복시키는 것이 잘하는 것 중에 잘하는 것이다.

「謀攻」3-1: 孫子曰: 凡用兵之法, 全國爲上,[1] 破國次之, 全軍爲上,[2] 破軍次之, 全旅爲上,[3] 破旅次之, 全卒爲上,[4] 破卒次之, 全伍爲上,[5] 破伍次之. 是故百戰百勝, 非善之善者也,[6] 不戰而屈人之兵,[7] 善之善者也.

---

1) 全國爲上(전국위상) '전(全)'은 '~을 온전하게 한다는' 사동(使動) 용법, '국(國)'은 '적국(敵國)', '상(上)'은 계책 중의 '상책(上策)'. 즉, 병법의 상책은 싸우지 않고 적을 굴복시켜 적국을 온존하게 보존한 상태로 취하는 것임.

2) 全軍爲上(전군위상) '1만 2천 5백 명을 군(軍)이라 함'(曹操, 杜牧), 서주(西周) 시대의 군제(軍制)를 살펴보면 '무릇 군제(軍制)에는, 1만 2천 5백 명이 1군(軍)이며 옛날 왕은 6군(軍), 대국은 3군(軍), 그 다음의 나라가 2군(軍), 소국은 1군(軍)이었다. 군장(軍長)은 경(卿), 2천 5백 명은 사(師)가 되고 사(師)를 통솔하는 자는 모두 중대부(中大夫)이며, 5백은 려(旅)가 되고 려(旅)를 통솔하는 자는 모두 하대부(下大夫)이며, 1백 인은 졸(卒)이 되고 졸장(卒長)은 모두 상사(上士)이며, 25인은 양(兩)이 되고 양사마(兩司馬)는 모두 중사(中士)이며, 5인은 오(伍)가 되고 오(伍)는 모두 장(長)이 있었음'(『주례(周禮)』「하관(夏官)」「사마(司馬)」). 단, 춘추시대에 각 제후국들의 군제(軍制)가 『주례(周禮)』와 완전히 같지는 않음(周亨祥).

3) 全旅爲上(전려위상) '5백 명이 려(旅)임'(曹操).

4) 全卒爲上(전졸위상) '졸(卒)'은 고대 병제(兵制) 단위로, 1백 인이 졸(卒)임, 그래서 졸(卒)의 대장인 졸장(卒長)을 백부장(百夫長)이라 칭함(周亨祥).

5) 全伍爲上(전오위상) '오(伍)'는 고대의 가장 기본적인 군제(軍制) 단위, 5명으로 구성됨.

6) 非善之善者也(비선지선자야) 전쟁에서 이기는 것이 가장 중요하지만(善) 싸워서 이기는 것이 최상의 방책(善之善)은 아니라는 의미.

7) 不戰而屈人之兵(부전이굴인지병) '싸우지 않고 적이 스스로 굴복하게 하는 것(曹操)', '계책으로 적을 이기는 것'(杜牧).

「모공」3-2: 그러므로 최상의 병법으로는 (적의) 모략을 깨뜨리는 것이고, 그 다음은 (적의) 외교를 깨뜨리는 것이며, 그 다음은 (적의) 군대를 깨뜨리는 것이며 그 하책은 (적의) 성을 공격하는 것이다. 성을 공격하는 방법은 어쩔 수 없을 때(에 사용하는 방법)이다. (공성전에서 적의 정황을 살피는 망루 수레인) 노(櫓)와 (공성용 사륜 덮개 수레인) 분온(轒轀)을 수리하고 (공성전에 사용하는 모든) 기구들을 갖추는 데는 3개월이 걸린 후에야 완성되고, (적의 성곽을 굽어 볼 수 있는 높이의 공성용 흙산인) 거인(距闉)을 쌓는 것 또한 3개월이 걸린 후에야 끝마친다. 장수가 그 분노를 이기지 못하고 개미떼처럼 달라붙게 하여서 병사의 3분의 1을 죽였지만 (적의) 성은 함락되지 않는데 이것이 (바로 성을) 공격하는 재앙이다.

「謀攻」3-2: 故上兵伐謀,1) 其次伐交,2) 其次伐兵,3) 其下攻城.4) 攻城之法, 爲不得已. 修櫓轒轀具器械,5) 三月而後成, 距闉,6) 又三月而後已. 將不勝其忿,7) 而蟻附之,8) 殺士三分之一, 而城不拔者,9) 此攻之災.

1) 故上兵伐謀(고상병벌모) '상병(上兵)'은 최고의 용병(用兵) 계책 곧 최상의 병법. '(적을) 깨뜨리길 모략으로써 하는' '벌이모(伐以謀)'(周亨祥), '적의 모략을 깨뜨리는' '벌인지모(伐人之謀)'(劉寅).

2) 其次伐交(기차벌교) '기(其)'는 '벌모(伐謀)'. '교(交)'는 적이 외교로 맺은 연맹, '적의 연맹을 해산시키고 자기와 더불어 교류하는 것(交與)을 튼튼하게 함'(周亨祥), '적의 외교를 깨뜨리는' '벌인지모(伐人之交)'(劉寅).

3) 其次伐兵(기차벌병) '기(其)'는 '벌교(伐交)'. '야전(野戰)으로 적과 싸워 승리하는 방법'(周亨祥), '적의 군대를 깨뜨리는' '벌인지모(伐人之兵)'(劉寅). 반면 '태공(太公)이 말하길 필승의 방법(道)은 기계(器械)를 보배로 삼는다.'고 하였으므로 '병(兵)'은 '전쟁 기계(器械)의 총칭(總名)'(張預)이라는 견해도 있음, 곧 적의 전쟁 기계를 깨뜨림.

4) 其下攻城(기하공성) '기(其)'는 '기중(其中)', 곧 '기하(其下)'는 '모든 병법 중에서 최하등의 병법'.

5) 修櫓轒輼具器械(수노분온구기계) '노(櫓)'는 '큰 방패'(曹操), "공성전에서 적의 정황을 살피는 데 사용하는 망루(望樓)가 있는 수레, 춘추시대부터 사용되기 시작하였으며 망루 맨 위에 새집 모양과 같이 판자로 집을 지어(板屋) 그 속에서 적의 동향을 관찰하므로 '소거(巢車)'라고도 하며, '소(巢)', '루(樓)', '노(櫓)'는 모두 수레에 망루가 있는 것을 말함"(周亨祥). 뒤의 공성 무기인 수레(兵車)인 분온과 기계들이 나오므로 여기서는 '망루 수레'로 해석함. '본온(轒輼)'은 '네 바퀴 달린 수레임, 큰 나무를 배열하여 아래에 수십 명을 수용하는 병거(兵車)로 위에는 가죽을 씌우고 흙으로 덮어서 나무와 돌에 상하지 않도록 한 것임'(劉寅), 곧 성곽 위에서 적들이 공격하는 것을 피하기 위해 덮개를 씌워 그 안에 수십 명의 병사들이 숨어서 공성할 때 쓰이는 사륜 수레. '기계(器械)'는 성을 공격할 때 사용하는 모든 공성 기구를 총칭함.

6) 距闉(거인) '거인(距闉)'은 '토산(土山)으로, 흙을 쌓아 산을 만들어서 적의 성을 굽어보는(臨) 것임. 적의 허실을 살펴보거나 적의 망루를 허물거나 높은 곳에 올라 계책을 써서 적의 성으로 진입하기 위한 것임'(劉寅).

7) 將不勝其忿(장불승기분) '기분(其忿)'은 공성(攻城)할 준비가 완벽하게 갖추어지지 않았는데도 공격 시간이 자꾸 지체되자 성격 급한 장수가 분노함.

8) 而蟻附之(이의부지) '개미 의(蟻)'는 부사 용법으로 쓰여 '마치 개미와 같게 ~'라는 의미, 곧 병사들을 개미떼에 비유. '부지(附之)'는 적의 성곽에 병사들을 달라붙게 하는 것.

9) 而城不拔者(이성불발자) '이(而)'는 역접 접속사, '성불발자(城不拔者)'는 적의 성을 쳐서 빼앗지 못하는 것.

「모공」3-3: 그러므로 군사를 잘 부리는 자는 남의 군대를 굴복시키지만 싸우지 않으며, 남의 성을 빼앗지만 공격하지 않으며, 남의 나라를 훼손하지만 오래 하지 않는다. 반드시 천하에 온전하게 다툼으로써 병기가 무디어지지 않고도 이익을 온전히 할 수 있는데, 이것이 공격을 도모하는(謀攻) 방법이다.

「謀攻」3-3: 故善用兵者, 屈人之兵而非戰也,[1] 拔人之城而非攻也,[2] 毁人之國而非久也.[3] 必以全爭於天下,[4] 故兵不頓而利可全,[5] 此謀攻之法也.[6]

---

1) 屈人之兵而非戰也(굴인지병이비전야) '계책으로 적을 굴복시키므로 싸우지 않고 굴복시키는 것임'(李筌). '비전(非戰)'은 무력을 동원하여 적의 군대와 들판에서 실제로 생사를 건 전투(野戰)를 벌이지 않고 계략으로 적을 굴복시키는 것을 말함.

2) 拔人之城而非攻也(발인지성이비공야) '비공(非攻)'은 적의 성을 공격하여 빼앗으려는 공성전(攻城戰)을 벌이지 않고 계략으로 적의 성을 빼앗는 것을 말함.

3) 毁人之國而非久也(훼인지국이비구야) '남의 나라를 훼멸시키는 데 오랫동안 군대를 고달프게 하지(露師) 않음'(曹操), '술수로써 다른 나라를 훼손하는 데 오랫동안 상하게 하지(斃) 않음'(李筌). 곧 '비구(非久)'는 적의 나라를 소멸시키기 위해 지구전(持久戰)의 계략을 사용하지 않는 것을 말함.

4) 必以全爭於天下(필이전쟁어천하) '전쟁(全爭)'은 '적과 전쟁하지 않고 반드시 완전하게 그것을 얻는 것'(曹操), '병사들이 싸우지 않고 성을 공격하지 않고 훼손하길 오래하지 않는 모든 것이 계략으로 적을 굴복시키는 것'(梅堯臣), '싸우지 않으면 병사들이 상하지 않고, 공격하지 않으면 힘이 쇠하지(屈) 않고, 오래 끌지 않으면 재화가 낭비되지 않는다. 반드시 완전함으로 천하에 승리를 이루는 것(立勝)'(張預), 곧 싸우지 않고도 본래 의도한 이익의 쟁취라는 정치적 목적을 완벽하게 수행할 수 있음.

5) 故兵不頓而利可全(고병부둔이리가전) '돈 · 둔(頓)'은 '무딜 둔(鈍)'과 통함. 전쟁의 목적이 도덕적 명분이 아닌 이익의 쟁취(勝利)에 있다는 손무의 전쟁관이 드러난 내용.

6) 此謀攻之法也(차모공지법야) '모공(謀攻)'은 공격을 도모하다는 의미, 곧 '공격을 도모하는 방법'의 최상은 공격을 꾀하지만 싸우지 않고 이기는 것.

「모공」3-4: 그러므로 군사를 부리는 방법으로는 (적의 병력보다) 10배이면 포위하고 5배이면 공격하고 2배이면 분산(해서 공격)하며, (적의 병력과 비교해서) 대등하면 싸울 수 있고 적으면 도망할 수 있으며 같지 못하면 피할 수 있어야 한다. 그러므로 약한 병력의 군대가 강경하게 맞서면 강한 병력의 군대에게 사로잡히게 된다.

「謀攻」3-4: 故用兵之法, 十則圍之,[1] 五則攻之, 倍則分之,[2] 敵則能戰之,[3] 少則能逃之,[4] 不若則能避之.[5] 故小敵之堅,[6] 大敵之擒也.[7]

---

1) 十則圍之(십즉위지) '열로써 하나를 상대할 때(以十敵一) 그들을 포위해야(圍) 한다는 것은, 장수의 지혜와 용기 등이 대등하고(等) 병기의 예리하고 무딘 것이 비슷할(均) 경우이며, 만약 방어하는 쪽(主)이 약하고 공격하는 쪽(客)이 강하면 (굳이) 열을 사용하지 않아도 됨'(曹操, 張預). "이 구절의 '십(十)'과 아래 구절의 '오

(五)', '배(五)', '적(敵)', '소(少)', '불약(不若)' 등은 모두 나와 적을 비교하며 내가 처한 역량(力量)과 지위(地位)를 말하는 것이며 …… '위(圍)', '공(攻)', '분(分)', '전(戰)', '도(逃)', '피(避)' 등은 일정한 나와 적의 정세에 의거하여 상응하는 대책을 취하는 것"(周亨祥).

2) 倍則分之(배즉분지) 나의 군대가 배(一倍)가 더 많으면 마땅히 두 부대로 나누어 한 부대는 그 전면을 담당하고 한 부대는 그 후면을 찌르게(衝) 하며, 적이 전면에 대응하면 후면에서 치고(擊) (적이) 후면을 대응하면 전면에서 치는 것을 말함(張預).

3) 敵則能戰之(적즉능전지) '적(敵)'은 '균(均)'(梅堯臣), '등(等)'(何氏), 곧 나와 적군의 병력이 대등한 것을 말함. '능(能)'은 '내(乃)'자의 의미로 보는 경우(周亨祥)도 있으나 여기서는 의미가 중첩되는 해석(則乃)을 피하고, '능(能)'자를 넣음으로써 공격과 방어의 분기점 내지 기준을 표현한 것으로 파악하여 본래 '~할 수 있는'이라는 의미의 가능조동사로 해석함. 곧 상호 주(방어)·객(공격)의 관계에 놓여 있는 피아간의 병력이 대등할 때 아군과 적군의 군사의 사기, 무기의 상태 등 병력의 규모 이외의 제반 상황을 비교 고려하여 아군이 우세하다고 판단되면 싸워도 된다는 의미.

4) 少則能逃之(소즉능도지) '도(逃)'는 숨는다는 의미의 '복(伏)'(王晳), 다음 구절에 나오는 '피(避)'와 같은 의미(周亨祥), '아군(의 병력)이 적보다 적으면 마땅히 인내할 수 있는 마음을 다해서 우선 잠시 도망하였다가 적의 틈을 엿보고 그 피폐한 틈을 탄 연후에 불시에 기습하여 공격하는(襲而掩) 것임'(劉寅). 곧 '도(逃)'는 싸움을 포기하는 것이 아닌 조건이 불리하면 주동적으로 공격하기보다는 잠시 물러나 적의 상황을 파악하며 전세의 역전을 꾀한다는 의미.

5) 不若則能避之(불약즉능피지) '불약(不若)'은 '아군의 세력과 적과 대등하지 못하고 열세인 것을 말함.

6) 故小敵之堅(고소적지견) '소적(小敵)'은 '소규모 병력을 지닌 한쪽', '적(敵)'은 맞서고 있는 쌍방 중의 어느 한쪽. '견(堅)'은 고집스럽고 완고하게 맞선다는 의미, 곧 '병력이 약한 군대가 자신의 힘을 헤아리지 않고 도망가지도 피하지도 않고 완고하게 적과 맞서서 싸우는 것'(李筌, 杜牧, 劉寅).

7) 大敵之擒也(대적지금야) '대적(大敵)'은 '대규모 병력을 지닌 한쪽'. '금(擒)'은 상대방을 사로잡아 포로로 삼는 것.

「모공」3-5: 대저 장수란 자는 나라의 보좌이다. 보좌하는 것이 빈틈이 없으면 나라가 반드시 강하게 되고 보좌하는 것이 빈틈이 생기면 나라가 반드시 약해진다.

「謀攻」3-5: 夫將者,[1] 國之輔也.[2] 輔周則國必强,[3] 輔隙則國必弱.[4]

---

1) 夫將者(부장자) '부(夫)'는 발어사, '자(者)'는 '장수(將)'의 속성을 규정하는 주격 용법.

2) 國之輔也(국지보야) '보(輔)'는 '조(助)'(李筌).

3) 輔周則國必强(보주즉국필강) '주(周)'는 두루 미치어 빠지는 것이 없음. 곧 '보주(輔周)'는 '장수가 주도면밀(周密)하여 계책이 새어 나가지 않음'(曹操), '보좌의 계책이 주도면밀하여 적들이 진실로 엿볼 수 없다면 그 나라가 반드시 강성해짐'(劉寅).

4) 輔隙則國必弱(보극즉국필약) '극(隙)'은 '결(缺)'(李筌), 곧 '(장수의 계책이 주도면밀하지 못하여) 미세한 틈(微缺)이라도 생긴다면 적이 틈을 타고 들어오므로 그 나라는 약하게 됨'(張預).

「모공」3-6: 그러므로 군주가 군대에 재앙을 초래하는 것에는 (다음과 같은) 세 가지가 있다. (첫째) 군대가 진격해서는 안 되는 것임을 알지 못하고서 군대에게 진격하라 명령하고, 군대가 후퇴해서는 안 되는 것임을 알지 못하고서 군대에게 후퇴하라 명령하는데, 이것을 일러 '군대를 얽어매는 것'이라고 한다. (둘째) 삼군(三軍)의 일을 알지 못하면서 삼군의 정사를 함께한다면 '군사들이 의혹하게 되는 것'이다. (셋째) 삼군(三軍)의 권모(權謀의 道)를 알지 못하고 삼군의 임무를 함께한다면 '군사들이 의심하게 되는 것'이다. 삼군(三軍)이 이미 의혹하고 의심하게 되면 제후들의 재난이 이르게 되는데 이것을 일러 '(자신의) 군대를 어지럽혀서 (적군에게) 승리를 이끌게 하는 것'이라고 한다.

「謀攻」3-6: 故君之所以患於軍者三.[1] 不知軍之不可以進而謂之進,[2] 不知軍之不可以退而謂之退, 是謂'縻軍'.[3] 不知三軍之事,[4] 而同三軍之政者,[5] 則'軍士惑'矣.[6] 不知三軍之權,[7] 而同三軍之任,[8] 則'軍士疑'矣.[9] 三軍既惑且疑, 則諸侯之難至矣,[10] 是謂'亂軍引勝'.[11]

---

1) 故君之所以患於軍者三(고군지소이환어군자삼) '지(之)'는 주격, '환(患)'은 '군주가 알지 못하는 것'(梅堯臣), 여기서 '환(患)'은 재앙 내지 폐해를 초래한다는 의미의 동사 용법.

2) 不知軍之不可以進而謂之進(부지군지불가이진이위지진) '위지진(謂之進)'은 군대에게 전진을 명령하는(謂) 것.

3) 是謂縻軍(시위미군) '미(縻)'는 '어(御)'(曹操), '반(絆)'(李筌), 곧 '코뚜레에 잡아매는 줄인 '고삐', '얽어맨다'는 뜻의 '미(縻)'는 여기서 '군대를 속박한다(縻軍)'는 의미. 즉, 군사(軍事)의 사정에 조예가 없는 군주가 간섭하고 나서서 군대를 좌지우지하는 것을 말함.

4) 不知三軍之事(부지삼군지사) (옛날에 『사마법(司馬法)』「천자지의(天子之義)」에서는) "'군대의 예의는 국가에 들이지 않고 국가의 예의는 군대에 들이지 않는다'고 하였는데 (국가의) 예의(禮)로써 군대를 다스릴 수 없다(軍容不入國, 國容不入軍, 禮不可以治兵也)"(曹操), "군주의 직무는 마땅히 덕(德)을 닦고 정사를 행하며 현명한 사람을 구하여 다른 사람에게 임무를 맡길 뿐이며, 장수(의 직무)는 성 밖의 일을 맡아서 위로는 하늘이 없고 아래로는 땅이 없으며 앞에는 적이 없고 뒤에는 군주가 없으며 가능하다는 것을 보면 전진하고 어렵다는 것을 알면 후퇴하면서 (그의) 임무는 반드시 이기는 데에 있는데, 군주가 어찌 자신의 뜻대로 (그를) 얽어맬 수 있는가?(人君之職, 當修德行政, 求賢任人而已, 而將受閫外之寄, 無天於上, 無地於下, 無敵於前, 無君於後, 見可而進, 知難而退, 務在必勝, 人君豈可以己意而縻之)"(劉寅). '삼군(三軍)'은 일반적으로 군대를 일컫는 말로서 『통전(通典)』에는 '군중(軍中)'으로 되어 있음(周亨祥).

5) 而同三軍之政者(이동삼군지정자) '동(同)'은 참여(參與), 간섭(干涉), '정(政)'은 정사(政事) 곧 군중(軍中)의 행정 사무를 가리킴(周亨祥).

6) 則軍士惑矣(즉군사혹의) 첫 번째로 군대를 속박하는 '미군(縻軍)'에 이어 두 번째로 군사(軍事)의 사정에 밝지 못한 군주가 군사행정에 간섭하여 군사들의 혼란을 초래하는 것.

7) 不知三軍之權(부지삼군지권) '권(權)'은 '상황의 변화에 따라 그에 맞게 대처하는' '권변(權變)' 곧 '전시 상황의 변화에 대한 균형감을 지니고 그때그때 대처할 수 있는 모략(謀略)'을 의미하는 '권모(權謀)'.

8) 而同三軍之任(이동삼군지임) '임(任)'은 전투 임무 내지 직무. 즉, 군주 내지 군주가 군사(軍事)에 밝지 않는 자를 임용하여 장수들과 직무를 함께하는 것.

9) 則軍士疑矣(즉군사의의) '의(疑)'의 의미는 대체로 "권모(權謀)의 도(道)를 알지 못하고 그 임용(任用)에 참여한다면 실로 무리(병사들)가 의심하는 것"(梅堯臣), "용병(用兵)과 권모(權謀)를 알지 못하는 사람을 장수로 삼으면 군대가 다스려지지 않고 병사들이 의심하는 것"(何氏). 첫 번째 군대를 얽어매는 '미군(縻軍)'과 두 번째 군사들이 의혹하게 되는 '군사혹(軍士惑)'에 이어, 군사들이 의심하게 되는 '군사의(軍士疑)'는, 군주가 군대에 재앙을 초래하는 세 가지 중 마지막 세 번째 항목.

10) 則諸侯之難至矣(즉제후지난지의) '제후지난(諸侯之難)'은 자신의 군사들이 의혹하고 의심함으로써 군대가 허술해진 틈새를 타고 제후국들이 공격해오는 재난.

11) 是謂亂軍引勝(시위난군인승) '인(引)'은 승리를 빼앗긴다는 의미의 '탈(奪)'(曹操, 李筌), '난군인승(亂軍引勝)'은 자신의 군대를 어지럽혀서 승리를 상실(喪失)하게 하는 것.

「모공」3-7: 그러므로 승리를 아는 데에는 (다음의) 다섯 가지가 있다. (첫째) (적과) 싸울 수 있는가와 싸울 수 없는가를 알면 승리하고, (둘째) (병력의) 많음과 적음의 쓰임을 알면 승리하고, (셋째) 위와 아래가 하고자 하는 것이 같다면 승리하고, (넷째) 대비함으로써 대비하지 못함을 대응한다면 승리하고, (다섯째) 장수는 능력이 있고 군주가 제어하지 않는다면 승리한다. 이 다섯 가지가 승리를 아는 방법이다.

「謀攻」3-7: 故知勝有五.[1] 知可以戰與不可以戰者勝,[2] 識衆寡之用者勝,[3] 上下同欲者勝,[4] 以虞待不虞者勝,[5] 將能而君不御者勝.[6] 此五者, 知勝之道也.

---

1) 故知勝有五(고지승유오) '지승(知勝)'은 '승리를 예측(豫測)함'(周亨祥).

2) 知可以戰與不可以戰者勝(지가이전여불가이전자승) '자(者)'는 '~면'의 조건을 의미하는 접속사. '적의 정황을 헤아려 알 수 있고 그 허실(虛實)을 살필 수 있다면 승리함'(孟氏), '나와 적(의 상황)을 살핌'(何氏), '싸울 수 있다(고 판단된다)면 나아가 공격하고, 싸울 수 없다(고 판단된다)면 물러나 지킨다. 공격과 방어(攻守)의 마땅함을 살필 수 있다면 승리하지 못할 수 없음'(張預). 즉, 승리를 예측하는 첫 번째 방법은 공격과 방어에 대한 정확한 판단에 필요한 피아(彼我)간의 상황을 올바르게 이해하고 있는가의 여부를 살피는 것.

3) 識衆寡之用者勝(식중과지용자승) '(아군과 적군의) 힘을 헤아림(量力)'(李筌), '(병력의) 많음과 적음의 원활한 운용을 이해함'(周亨祥), '적군의 세력에 따라 어떤 경우에는 마땅히 많은 병력을 쓰고 어떤 경우에는 마땅히 적은 병력을 쓰는 것을 안다면 승리함'(劉寅), 곧 승리를 예측하는 두 번째 방법은 상황에 따라 병력의 많고 적음을 운용할 줄 아는가의 여부를 살피는 것.

4) 上下同欲者勝(상하동욕자승) '군주와 신하(君臣)가 하고자 하는 것을 같이함'(曹操), '위와 아래가 더불어 그 이욕(利欲)을 같이한다면 삼군(三軍)에는 원망함이 없고 적에게 승리할 수 있다는 것을 말함'(陳皞), 즉 승리를 예측하는 세 번째 방법은 윗사람과 아랫사람이 하고자 하는 욕망이 같아서 한마음으로 결집되어 있는가의 여부를 살피는 것.

5) 以虞待不虞者勝(이우대부우자승) '우(虞)'는 '법도(法度)'의 '도(度)'(孟氏, 杜佑)로서 '나의 법도를 갖춘 군사가 있어서 적의 법도가 없는 군사를 격퇴함'으로 해석, '도(度)'는 사전에 갖추어 준비한다는 '대비'의 의미인 '비(備)'(周亨祥), '우(虞)'는

'대비하고 예측함이 있음(有備預也)'(李筌, 杜牧), '나의 대비함으로 적의 대비하지 못한 것을 상대함'(王皙), '유비무패(有備無敗)'(士季, 張預), '대(待)'는 사전에 준비해놓고 상대에 '대응'한다는 의미, 곧 승리를 예측하는 네 번째 방법은 일이 없을 때도 사전에 다가올 일을 예측하며 대비할 줄 아는가의 여부를 살피는 것.

6) 將能而君不御者勝(장능이군부어자승) '어(御)'는 "마음대로 다루고 부린다는 의미의 '가어(駕御)', 여기서는 자유롭게 행동하지 못하도록 방해하는 '견제(牽制)' 내지 끼어들고 참견한다는 '간예(干預)'의 뜻"(周亨祥), 곧 승리를 예측하는 마지막 다섯 번째 방법은, 앞 문단의 '군사혹(軍士惑)'과 관련된 내용을 부연한 조항으로, 군주가 도성 안의 정치에 힘쓸 뿐 나라 밖의 전쟁과 관련된 군사(軍事)에 관한 일은 능력 있는 장수에게 전적으로 맡기고 간섭하지 않고 있는가의 여부를 살피는 것.

「모공」3-8: 그러므로 "적을 알고 자기를 알면 백 번 싸워도 위태롭지 않고, 적을 알지 못하고 자기만 알면 한 번 이기고 한 번 지며, 적을 알지 못하고 나를 알지 못하면 싸울 때마다 반드시 위태롭게 된다."고 말한다.

「謀攻」3-8: 故曰, "知彼知己, 百戰不殆,[1] 不知彼而知己, 一勝一負,[2] 不知彼不知己, 每戰必殆.[3]"

---

1) 百戰不殆(백전불태) '태(殆)는 위(危)'(周亨祥).

2) 一勝一負(일승일부) '승부가 각기 반인 것(勝負各半)'(杜佑).

3) 每戰必殆(매전필태) 조조(曹操)의 주석본과 그의 주석을 영인한 손성연(孫星衍)의 『평진본(平津本)』, 그리고 송대(宋代)의 『무경본(武經本)』에는 '필태(必殆)'는 반드시 패한다는 뜻의 '필패(必敗)'로 되어 있고, 『십가주(十家注)』, 『통전(通典)』, 『어람(御覽)』, 『십일가주(十一家注)』 본에는 '필태(必殆)'로 되어 있음.

제 4 장

온전한 승리를 위한 군대의 형세(軍形) 창출 – 『형(形)』

제4편의 제목은 「형(形)」인데 『위무제주손자(魏武帝註孫子)』와 『무경칠서(武經七書)』본에는 '군형(軍形)'으로, 은작산 한대 묘 죽간본에는 '형(刑)'으로, 『십일가주손자(十一家注孫子)』에는 '형(形)'으로도 되어 있다. 여기서 '형(形)'이 의미하는 것은 '군의 형세(軍形)'로서 군대의 형식이나 구조, 규모, 실력 등을 말한다. 손무는 쌍방 간의 형세를 객관적으로 파악하는 것이 공격과 수비의 전략을 취하는 데 가장 중요한 요소라고 말한다. 즉, 피아간의 '군의 형세(軍形)'에 대하여 객관적인 입장에서 파악할 것을 강조하고 그것에 의거하여 공격과 수비에 대한 전략적 원칙(修道)과 방법(保法)을 세워야 한다고 주장한다. 또한, 이 장에서는 공격과 수비의 어떠한 상황에 처해서도 만전을 기하여 승리할 수 있는 형세를 창출해야 한다는 손자의 만전주의(萬全主義) 사상이 보이며, 후반부에서는 병법의 다섯 가지 주요 요소 곧 도(度), 양(量), 수(數), 칭(稱), 승(勝)을 소개하면서 그것들의 상호 연관 관계를 생성론(生成論)의 관점에서 서술하고 있다.

「형」4-1: 손자가 말하다. 옛날에 전쟁을 잘하는 자는 먼저 (적이) 이길 수 없게 만들어 놓고 적을 기다림으로써 (자기가) 이길 수 있게 하였다. (적이) 이길 수 없음은 자기에게 있고 (자기가) 이길 수 있음은 적에게 있다. 그러므로 전쟁을 잘하는 자는 (자기를) 이길 수 없게 만들 수 있지만 (자기가) 적에게 이길 수 있게 할 수 없다. 그러므로 "승리는 알 수 있지만 만들 수 없다."고 말한다. 이길 수 없다면 지키고, 이길 수 있다면 공격한다. 수비는 부족할 때 하고 공격은 남음이 있을 때 한다. 수비를 잘하는 자는 구지(九地)의 아래에 감추고, 공격을 잘하는 자는 구천(九天)의 위에서 움직이므로, (지키면) 스스로를 보전하고 (공격하면) 온전한 승리를 거둘 수 있다.

「形」4-1: 孫子曰: 昔之善戰者,[1] 先爲不可勝,[2] 以待敵之可勝.[3] 不可勝在己,[4] 可勝在敵.[5] 故善戰者, 能爲不可勝,[6] 不能使敵之可勝.[7] 故曰, "勝可知,[8] 而不可爲.[9]" 不可勝者, 守也,[10] 可勝者, 攻也.[11] 守則不足,[12] 攻則有餘.[13] 善守者, 藏於九地之下,[14] 善攻者, 動於九天之上,[15] 故能自保而全勝也.[16]

---

1) 昔之善戰者(석지선전자) '선전자(善戰者)'는 앞 장에서 나온 군사를 잘 부리는 '선용병자(善用兵者)'와 같은 의미.

2) 先爲不可勝(선위불가승) 이른바 '자기를 아는 것(知己)'(張預), '불가승(不可勝)은 불가전승(不可戰勝)', '충분한 조건과 실력이 있으면 적이 결코 나를 이길 수 없음을 말함'(周亨祥), '도를 닦고 법을 보전함(修道保法)'은, 자기를 불패의 지위(不敗之地)에 서게 함(王皙), 곧 자기 자신의 객관적 상황을 먼저 잘 파악하여 향후 다가올 전쟁에 철저히 대비해야 한다는 의미. '수도보법(修道保法)'에 대한 자세한 설명은 다음 문단 「형」4-2의 역주 18번을 참조.

3) 以待敵之可勝(이대적지가승) 이른바 '적을 아는 것(知彼)'(張預), '가승(可勝)'은 '가이전승(可以戰勝)', '지(之)'는 '가승(可勝)'의 상황에 이르게 한다는 의미. "손자

는 말하길 '옛날에 대장 중에서 전쟁을 잘하는 자는 자기가 먼저 (적이) 이길 수 없는 형세를 만들어 놓고 적을 기다림으로써 (자기가) 승리할 수 있는 형세를 만들었다.'고 함"(劉寅), '자신의 형세를 숨기고 안을 다스리며(藏形內治) 적의 허술하고 해이함을 엿보며 기다림(伺其虛懈)'(梅堯臣), 곧 안으로 적의 침입에 철저히 대비하고 밖으로는 적의 동태를 잘 파악하는 가운데 적이 오길 기다려 전쟁에서 승리를 거둔다는 의미.

4) 不可勝在己(불가승재기) 적이 이길 수 없음은 적의 침략에 대비해서 사전에 대비하는 자신의 준비성에 달려있다는 의미. 곧 '수비를 견고하게 갖춤(守固備也)', '스스로가 (자신의 허술한 부분을) 손보아 고침(自修理)'(曹操), (적이) 승리할 수 없음은 '자기의 대비를 잘 갖추는 데 있음(在修己之備)'(劉寅).

5) 可勝在敵(가승재적) (자기가 적에게) 이길 수 있음은 적의 허점에 달려있다는 의미. 곧 '적이 허술하고 해이해지는 것을 기다림(以待敵之虛懈也)'(曹操), 자기가 승리할 수 있음은 '적의 허점을 틈타는 데 있음(在乘敵之虛)'(劉寅), '지키는 이유는 자기에게 있고(守之故在己) 공격하는 이유는 적에게 있음(攻之故在敵)'(張預).

6) 能爲不可勝(능위불가승) '자기를 이길 수 없는 형세를 만들 수 있음'(劉寅), 곧 적이 자신을 이길 수 없음은 자기 자신의 능력에 달린 것으로, 전쟁을 잘하는 자는 적이 공격해도 자기를 이길 수 없는 형세를 완벽하게 만들 수 있는 능력이 있다는 의미.

7) 不能使敵之可勝(불능사적지가승) 『죽간본』에는 '지(之)'자가 없음, 조조의 주석을 영인한 손성연(孫星衍)의 『평진본』과 송대의 『무경본』에는 '가승(可勝)' 앞에 '필(必)'자가 있어 '필가승(必可勝)'으로 되어 있으나 여기서는 『십일가주』를 따름. '적에게 달려있지 나에게 달려있지 않음(在敵不在我也)'(王晳), '만약 적의 강약(强弱)의 형세가 밖으로 드러나지 않는다면 내가 어찌 반드시 적에게 이길 수 있겠는가?'(張預), '자기에게는 지키고 방어하는 대비가 있고, 적에게는 틈탈 수 있는 형세가 없음을 말함(謂己有守禦之備, 敵無可乘之形也)'(劉寅), 곧 자신이 적에게 이길 수 없음은 적이 자신의 형세를 밖으로 드러내지 않는 방어 능력에 달린 것으로, 전쟁을 잘하는 자일지라도 적이 허점과 틈새를 보이지 않으면 이길 수 없다는 의미.

8) 勝可知(승가지) '이루어진 형세를 보는 것(見成形也)'(曹操), '안다는 것(知者)이란, 무릇 자기의 힘을 알 수 있으면 적에게 승리할 수 있다는 것'(杜牧), 승리는

자신이 적에게 승리할 수 있는 형세를 갖추었는지 스스로가 자신의 형세를 객관적으로 살펴보면 예측할 수 있다는 의미.

9) 而不可爲(이불가위) '적이 대비함이 있기 때문임'(曹操), '적에게 흠(闕)이 있다면 알 수 있고 적에게 흠이 없다면 만들 수 없음'(梅堯臣), '내가 대비함이 있으면 승리를 알 수는 있고 적이 대비함이 있으면 만들 수 없음'(張預), 곧 자신이 충분하게 대비를 갖추었는가를 보면 승리를 알 수 있지만, 적이 틈이나 허점을 보이지 않는다면 전쟁을 잘하는 자라도 승리를 만들 수 없다는 의미.

10) 守也(수야) '(자신의) 형세를 감추는 것(藏形也)'(曹操), '자기가 승리하지 못할 것임을 알면 자신의 기운을 다스리면서(守其氣) 적을 기다림'(張預), '적에게 틈탈 만한 형세가 없으면 이길 수 없으므로 장차 수비하며 기다림'(劉寅), 곧 적이 틈을 보이지 않아서 이길 수 없는 상황이면 적이 또한 자신의 형세를 가늠할 수 없게 감추고 수비에 만전을 기하는 가운데 적의 공격에 대비하며 기다려야 한다는 의미.

11) 攻也(공야) '적이 나를 공격하면 승리할 수 있음(敵攻己乃可勝)'(曹操), '그(적의) 흠을 봄(見其闕也)'(梅堯臣), 여기서 '공(攻)'은 자신의 형세를 감추고 수비하며 기다리는 피동적 상황에서 적의 공격에 맞서 공격한다는(攻) 해석과 적의 틈새를 틈타 자기가 주동적 차원에서 공격한다는(攻) 해석이 모두 가능하지만, 여기서는 앞 문장의 '수야(守也)'와 호응관계로 보고 자기가 적의 흠을 틈타 주동적 차원에서 공격한다는 의미로 봄.

12) 守則不足(수즉부족) '내가 수비하는 이유는 (적에 비해) 힘이 부족하기 때문임'(曹操, 李筌 등), 곧 적보다 힘이 부족할 때는 무리하게 적을 공격하기보다는 수비하며 적을 기다림.

13) 攻則有餘(공즉유여) '내가 공격하는 이유는 (적에 비해) 힘이 남음이 있기 때문임'(曹操, 李筌 등), "후세 사람들이 '부족(不足)'은 약하다는 것으로 '유여(有餘)'를 강하다는 것으로 말하는 것은 잘못된 것으로"(張預), '백 번(을 싸워 모두) 승리할 경우가 아니면 더불어 싸우지 않고 완전한 온전함(萬全)이 아니면 더불어 싸우지 않는다는 것을 말한 것임'(劉寅).

14) 藏於九地之下(장어구지지하) '구(九)'는 '지극함'(王晳), '구지(九地)'는 '깊어서 알 수 없음을 말함'(梅堯臣), '그 깊음을 비유한 것임'(劉寅), '구지지하(九地之下)'는 아예 헤아릴 수조차도 없이 구지(九地)보다도 깊은 상태, 곧 수비를 잘하

는 자는 적에게 자신의 형세를 짐작도 할 수 없게끔 수비하므로 적이 자기 흠을 틈타서 공략할 수 있는 어떠한 여지도 남겨놓지 않음.

15) 動於九天之上(동어구천지상) '구천(九天)'은 '높아서 추측할 수 없음을 말함'(梅堯臣), '그 높음을 비유한 것임'(劉寅), '구천지상(九天之上)'은 아예 헤아릴 수조차도 없이 구천(九天)보다도 높은 상태, 곧 공격을 잘하는 자는 적이 자신의 형세를 전혀 알 수 없게끔 매우 민첩하고 맹렬한 움직임으로 공격하므로 적이 대비해서 방어할 수 있는 기회조차 주지 않는다는 의미.

16) 故能自保而全勝也(고능자보이전승야) '지키면 견고하므로 스스로를 보전하고 공격하면 취하므로 온전한 승리를 거둘 수 있음'(張預, 劉寅), 곧 '자보(自保)'는 적의 공격으로부터 자신을 온전하게 보존하는 것, '전승(全勝)'은 자신은 피해를 입지 않고 적을 완벽하게 제압하여 이기는 것.

「형」4-2: 승리를 알아보는 것이 일반 사람들이 알아보는 것에 불과하다면 훌륭한 것 중에 훌륭한 것이 아니다. 싸워 이겨서 천하의 사람들이 (그것을) 훌륭하다고 말한다면 훌륭한 것 중에 훌륭한 것이 아니다. 그러므로 가을 터럭을 드는 데에는 많은 힘을 쓰지 않으며 해와 달을 보는 데에는 밝은 눈을 쓰지 않으며 천둥과 벼락 소리를 듣는 데에는 밝은 귀를 쓰지 않는다. 그러므로 옛날에 전쟁을 잘하는 자를 두고 말하길 쉽게 이기는 데(상태)에서 이기는 자라 한다. 그러므로 전쟁을 잘하는 자가 이기는 데에는 지혜롭다는 명성도 없고 용감하다는 공적도 없다. 그러므로 그가 싸워 이김에는 어긋나지 않으며, 어긋나지 않는다는 것은 그가 조처하는 것에서는 반드시 이기는데 (그 이기는 방법은) 이미 패한 자에게서 이기는 것이다. 그러므로 전쟁을 잘하는 자는 패하지 않는 위치에 서서 적이 패하는 것(기회)을 잃어버리지 않는다. 이런 까닭에 이기는 군대는 먼저 이기고 난 이후에 싸우려 하고 패하는 군대는 먼저 싸우고 난 이후에 이기려 한다. 군사를 잘 부리는 자는 (공·수의 전쟁에 대한) 방법(道)을 닦고 (공·수의 전쟁에 대한) 원칙(法)을 보전하므로 승패의 (이기고 지는 것을 마음대로 결정하는) 주인 노릇을 할 수 있다.

「形」4-2: 見勝不過衆人之所知,[1] 非善之善者也.[2] 戰勝而天下曰善,[3] 非善之善者也.[4] 故擧秋毫不爲多力,[5] 見日月不爲明目,[6] 聞雷霆不爲聰耳.[7] 古之所謂善戰者, 勝於易勝者也.[8] 故善戰者之勝也,[9] 無智名,[10] 無勇功.[11] 故其戰勝不忒,[12] 不忒者, 其所措必勝,[13] 勝已敗者也.[14] 故善戰者, 立於不敗之地, 而不失敵之敗也.[15] 是故勝兵先勝而後求戰,[16] 敗兵先戰而後求勝.[17] 善用兵者, 修道而保法,[18] 故能爲勝敗之政.[19]

---

1) 見勝不過衆人之所知(견승불과중인지소지) '견(見)'은 '마땅히 어떤 일이 일어나기 전에 알아보는 것(當見未萌)'(曹操, 孟氏), '견(見)'과 '지(知)'는 상호 보충하는 수사(修辭) 관계로 '미리 안다'는 의미의 '예견(豫見)', '예지(豫知)'를 말함. '견승(見勝)'은 '자기가 이미 승리하는 형세를 보는 것(見吾已勝之形)'(劉寅). 자기가 승리를 미리 예견하는 것이 대중(衆人)의 수준을 뛰어넘지 못하는 상태에 있음을 의미.

2) 非善之善者也(비선지선자야) 『죽간본』에는 '선지(善之)' 두 글자가 없어 '훌륭하지 않은 것'이라고 되어 있음. 곧 일반 사람의 수준을 뛰어넘지 못하므로 전쟁을 잘하는 자라고 할 수 없다는 의미.

3) 戰勝而天下曰善(전승이천하왈선) '전(戰)'은 '창끝으로 싸우며 다툼(爭鋒)'(曹操), '창끝으로 다투며 힘을 다하여 싸움(爭鋒力戰)'(李筌). '선(善)'은 '좋다', '잘하다', '훌륭하다'는 뜻. 곧 천하 사람들이 무력을 다투어 싸워 이긴 것을 훌륭하다고 칭송함.

4) 非善之善者也(비선지선자야) 앞 문장과 동일하게 『죽간본』에서 '선지(善之)' 두 글자가 없는지는 구절 전체가 소실되어 확인할 수 없음. "싸운 이후에 승리할 수 있어서 대중이 그것을 훌륭하다고 칭송하는 것은 지혜로운 계책(智謀)과 용맹한 공

적(勇功)이 있는 것이므로 '선하지 않다(非善)'고 말한 것이다. 만약 미세함을 보고 은밀함을 살펴서 형체가 없는 (상태에서) 승리를 취한다면 진정으로 훌륭한 것이다"(張預), 곧 최상의 병법은 전쟁에서 계책과 용맹을 뽐내며 무력을 다투는 방법을 찾기보다는 형체도 없이 어떠한 기미도 보이지 않는 상태에서 승리를 취하는 데 있음.

5) 故擧秋毫不爲多力(고거추호불위다력) '추호(秋毫)'는 '가을철에 털을 갈아서 가늘어진 짐승의 털'로서, 지극히 작고 가벼운 것을 비유하는 말, 곧 지극히 작고 가벼운 것을 드는 데에는 많은 힘(多力)을 쓰지 않음.

6) 見日月不爲明目(견일월불위명목) 『죽간본』에서는 '견(見)'은 '시(視)'로 되어 있음.

7) 聞雷霆不爲聰耳(문뇌정불위총이) '뇌정(雷霆)'은 천둥과 벼락, '총(聰)'은 귀가 밝은 것, '총이(聰耳)'는 소리에 밝은 귀. '견(見)'과 '문(聞)'은 쉽게 보고 들음(曹操, 李筌), 곧 "공격해서 싸워 이김으로써 천하 사람들은 훌륭하다고 말한다. (그러나) 대저 지혜롭고 능력이 있는 장수는 사람들이 예측하지 못하게 깊은 계략으로 그것을 행한다. 그러므로 손자(孫子)가 '알기 어렵기가 모르는(드러나지 않는) 것(陰)과 같다(難知如陰)'고 말한 것이다"(李筌).

8) 勝於易勝者也(승어이승자야) 『죽간본』에는 '어(於)'자가 없으며 『어람』에는 '승승이승(勝勝易勝)'으로 되어 있음, 여기서는 『십일가주』를 따름. "(쉽게 승리하는 것인) '이승(易勝)'이란 미세함을 보고 은밀함을 살펴서 미처 나타나기 전에(未形) 깨뜨리는 것이며, 만약 교전하며 칼날을 서로 부딪치면서(交兵接刃) 힘으로써 적을 제압한다면 이것은 (어렵게 승리하는 것인) '난승(難勝)'이다. 옛사람들이 이른바 전쟁을 잘하는 자라고 한 것은 '이승(易勝)'(의 상태)에서 이기는 자이지 '난승(難勝)'(의 상태)에서 이기는 자가 아니다"(劉寅). 곧 "교전하며 칼날을 서로 부딪친(交兵接刃) 이후에 적을 제압하는 것은 바로 '이기기 어려운 것(勝難)'이다. 미세함을 보고 은밀함을 살펴서 미처 나타나기 전에(未形) 깨뜨리는 것은 '이기기 쉬운 것(勝易)'이다. 그러므로 전쟁을 잘하는 자는 항상 그 '이승(易勝)'(의 상태)에서 공격하지 그 '난승(難勝)'(의 상태)에서 공격하지 않는다."(張預). 곧 전쟁을 잘하는 자란 적이 싸우려는 미세한 기미라도 보인다면 그것이 실제로 현실화되기(적이 완전히 전쟁준비를 갖추고 도발하기) 전에 자기가 이기기 용이한 상황에서 사전에 제압한다는 의미.

9) 故善戰者之勝也(고선전자지승야) 『죽간본』에는 '선자지전(善者之戰)', 『어람』에서

는 '지승(之勝)'은 '지소승(之所勝)'으로 되어 있음. 여기서는 『십일가주』를 의거하였으며 의미상 큰 차이는 없음.

10) 無智名(무지명) 『죽간본』에는 '무지명(無智名)' 앞에 '기이한 승리가 없다'라는 '무기승(無奇勝)'이란 세 자가 더 있음. '적을 이기지만 천하의 사람들이 알지 못하는데 어찌 지혜롭다는 명성이 있겠는가?'(李筌). 곧 적이 형세를 갖추기도 전에 그 기미만을 보고서도 사전에 제압해서 천하 사람들은 알 수 없기 때문에 대중이 그를 지혜롭다고 칭찬할 일도 없음.

11) 無勇功(무용공) '적병의 형세가 완성되기 전에 승리하므로 혁혁한 공적이 없음'(曹操). '드러나지 않게 계책하고 모르게 운용하며(陰謨潛運) 형체가 없는데서 승리를 취하여서(取勝於無形) 천하 사람들이 적을 예측해서 승리한 지혜를 듣지 못하고 (적의) 깃발을 빼앗아 오고 적장의 목을 벤 공로를 보지 못함'(張預). 『어람』에는 '공(功)'이 '공(攻)'으로 되어 있으나 전체 문맥의 흐름상 '공(攻)'이 아닌 '공(功)'으로 보아야 함.

12) 故其戰勝不忒(고기전승불특) 『죽간본』에는 '전(戰)'자가 없으며 '특(忒)'은 '대·특(貸)'으로 되어 있음. 옛날에 '특(忒)'과 '특(貸)'은 통용됨. '백 번 싸워 백 번 이기는데 어찌 의혹하여 어긋날 것(疑貳)이 있겠는가?'(李筌). 이전(李筌)의 경우 '특(忒)'자를 '이(貳)'로 사용(楊丙安). '힘을 다해 싸우며 승리를 얻고자 하는 데에는 비록 잘 싸우는 자라도 역시 패할 때가 있지만, 이전에 형체가 없는 데서 보고 미처 완성되기 전을 살핀다면 백 번 싸워 백 번 이기고 한 차례의 어긋남도 없다는 의미'(張預).

13) 其所措必勝(기소조필승) 『평진본』과 『무경본』에는 '필(必)'자가 없음. '적이 반드시 패할 수 있음을 살피면 어긋나지 않음'(曹操). '조(措)'는 '선료(善料)'(何氏). 곧 전쟁을 잘하는 자는 적의 의도나 형세를 사전에 잘 헤아려 살펴보면서 조치하기 때문에 싸우면 반드시 승리함.

14) 勝已敗者也(승이패자야) '패할 수 있음을 봄으로 승리하되 실수가 없음'(梅堯臣). 승리하는 방법은, '적에게 있는 이미 패하는 형세에서 승리하는 데에 달려있음(在勝敵人有已敗之形也)'(劉寅). 전쟁을 잘하는 자는 적에 앞서 미리 그들의 상황을 미세하게 살핀 후에 싸울 것을 결정하기 때문에 상대방은 이미 패한 상태에 있음. 그러므로 적이 이미 패한 상태에서 승리한다고 말함.

15) 而不失敵之敗也(이불실적지패야) 항상 적이 이길 수 없게 만들고 적을 기다려

이길 수 있는 형세를 조성하는 가운데 '적이 패할 기회(機)를 잃지 않음'(王皙), '적에게 승리할 수 있는 형세를 틈타서 그들을 공격하고 깨뜨림에 적의 패할 기회를 놓치지 않음'(劉寅), 곧 전쟁을 잘하는 장수라면 자기가 패하지 않을 곳에 위치하면서 적이 패할 수 있는 기회는 반드시 놓치지 않는다는 의미.

16) 是故勝兵先勝而後求戰(시고승병선승이후구전) '모의함이 있음과 사고함이 없음'(曹操), '계책이 있는 것과 계책이 없는 것'(李筌)을 말함, '무릇 용병(用兵)에는 먼저 필승의 계책을 정한 이후에 출군(出軍)함'(何氏).

17) 敗兵先戰而後求勝(패병선전이후구승) '승리하는 군대는 먼저 반드시 승리하는 형세가 있은 연후에야 적과 싸우길 청하고 패배하는 군대는 먼저 적과 싸운 연후에야 우연한 승리를 구함'(劉寅).

18) 修道而保法(수도이보법) '도(道)'란 '정치'(周亨祥), '자기를 이길 수 없는 방도'(劉寅), 두목(杜牧)을 비롯한 일부 유학자들이 '인의(仁義)'로 해석한 것은 오류, '법(法)'은 '용병(用兵)의 원칙 내지 법도'(周亨祥), '자기를 이길 수 없는 법'(劉寅), 여기서 '도(道)'와 '법(法)'은 공격과 수비의 전쟁하는 '방법'과 '원칙'으로 보는 것이 문맥상 타당함. 즉, '도(道)'는 이 문단에서 제시한 전쟁에서 취해야 할 공 · 수(攻守)의 방법, '법(法)'은 앞 문단에서 제시한 '이길 수 있다면 공격하고 이길 수 없다면 지키는 공 · 수(攻守)의 원칙'을 말함.

19) 故能爲勝敗之政(고능위승패지정) '승패지정(勝敗之政)'은 『죽간본』에 '승패정(勝敗正)'으로 되어 있음, 옛날에 '정(政)'과 '정(正)'은 통용, '정(正)'은 또한 '주(主)'와 통용되어 '권위(權威)'를 의미함(周亨祥), '승패지정(勝敗之政)은 곧 승패의 주인(主)을 말하며 실로 승패의 주동권(主動權)을 가리킴'(楊炳安). 즉, 이 문장에서 '정(政)'은 '주(主)'와 통용되어 전쟁에서 승패를 자신의 의지대로 마음대로 주재할 수 있는 '주인(主)' 또는 '주인노릇(主)' 의 의미.

「형」4-3: 병법에서는, 첫 번째를 '도(度)'라 말하고, 두 번째를 '양(量)'이라 말하고, 세 번째를 '수(數)'라 말하고, 네 번째를 '칭(稱)'이라 말하고, 다섯 번째를 '승(勝)'이라 말한다. 땅(地)은 도(度)를 낳고, 도(度)는 양(量)을 낳고, 양(量)은 수(數)를 낳고, 수(數)는 칭(稱)을 낳고, 칭(稱)은 승(勝)을 낳는다.

「形」4-3: 兵法,[1] 一曰'度',[2] 二曰'量',[3] 三曰'數',[4] 四曰'稱',[5] 五曰'勝'.[6] 地生度,[7] 度生量,[8] 量生數,[9] 數生稱,[10] 稱生勝.[11]

---

1) 兵法(병법) 『죽간본』에는 '병(兵)'자가 없음. 『죽간본』에 '법(法)'자만 있는 것에 근거하여 한대 묘(漢墓) 죽간본 발굴 이후에 '법'은 '군사법제', 이하의 다섯 가지는 군사법제의 기본적인 제도라고 해석하는 경우도 있음. 그러나 여기서는 병법상의 승부를 결정짓거나 예측할 수 있는 다섯 가지 기본 원칙으로 해석함.

2) 一曰度(일왈도) '도(度)'는 '길이(丈尺), 높고 낮음(高卑), 넓고 좁음(廣狹)'(『예기(禮記)』「명당위(明堂位)」, 周亨祥), '토지(土地)'(賈林), '길이(丈尺)'(王晳), '도(度)에는 다섯 가지가 있으며 분(分) · 촌(寸) · 척(尺) · 장(丈) · 인(引)을 말함(모두 길이를 재는 단위로 10分은 1寸, 10寸은 1尺, 10尺은 1丈, 10丈은 1引)'(劉寅), '토지의 넓이(幅員)를 말함'(周亨祥). 곧 뒤에 나오는 '땅은 도를 낳는다(地生度)'는 내용에 근거할 때 여기서 '도(度)'는 땅의 넓이, 길이, 높이 등을 포함한 '땅의 전반적인 형체 내지 형세'를 가리키는 것임을 알 수 있음.

3) 二曰量(이왈량) '량(量)'은 '인력의 많고 적음, 식량 창고(倉廩)의 허실을 헤아림'(價林), '량(量)'에는 다섯 가지가 있으며 약(龠) · 합(合) · 승(升) · 두(斗) · 곡(斛)을 말함(모두 용량을 재는 단위로 龠의 두 배는 1合, 10合은 1升, 10升은 1斗, 10斗는 1斛)'(劉寅), 곧 '물자의 많고 적음'을 말하는 것(周亨祥)으로, 뒤에 나오는 '도는 양을 낳는다(度生量)'는 내용에 근거할 때 '량(量)'은 땅으로부터 생산되는 모든 '물자의 용량'을 가리키는 것임을 알 수 있음.

4) 三曰數(삼왈수) '수(數)'는 '수를 헤아리는 셈(算數)', '셈으로 헤아리면(數推) 많고 적음(衆寡)을 알 수 있고 비고 찬 것(虛實)을 볼 수 있음'(賈林), '백(百)과 천(千)'(王晳), "'기수(氣數)', '계수(計數)'의 수(數)와 같은 것으로 (예컨대) 『관자(管子)』「칠법(七法)」에서는 '강하고 부드러움(剛柔), 가볍고 무거움(輕重), 크고 작음(大小), 허하고 실함(虛實), 많고 적음(多少) 등을 계수(計數)라고 말함", 곧 '부대 전투 실력의 강하고 약함과 병사 수의 많고 적음을 말함'(周亨祥), '수(數)에는 다섯 가지가 있으며 일(一) · 십(十) · 백(百) · 천(天) · 만(萬)을 말함', '군량은 이미 두(斗)와 곡(斛)으로 그 많고 적은 쓰임을 헤아렸다면 사졸(士卒) 또한 마땅히 천(天)과 만(萬)으로 그 많고 적음의 수를 계산하여야 하는데, 이것이 량(量)이 수

(數)를 낳는 이유임'(劉寅). 즉, 동원할 수 있는 물자의 용량에 따라서 병사의 수 또한 정해지기 마련이라는 의미.

5) 四曰稱(사왈칭) '칭(稱)'은 '권형(權衡)'(王晳), '권형(權衡)'은 사물의 가볍고 무거움 등을 고르게 균형 잡아준다는 뜻, '칭(稱)에는 다섯 가지가 있으며 수(銖) · 양(兩) · 근(斤) · 균(鈞) · 석(石)을 말함(24銖는 1兩, 16兩은 1斤, 30斤은 1鈞, 4鈞은 1石)', '사졸(士卒)을 이미 천(天)과 만(萬)으로 그 많고 적음의 수를 계산하였다면 병력 역시 마땅히 균(鈞)과 석(石)으로 그 가볍고 무거움의 구분을 저울질하여 비교해야 하는데, 이것이 수(數)가 칭(稱)을 낳는 이유임'(劉寅). 곧 전쟁에 동원한 자기 군사의 수를 파악한 이후에는 자기의 병력이 적의 병력과 상대할 수 있는 규모인지 저울질하여 비교해 보아야한다는 의미.

6) 五曰勝(오왈승) '승(勝)'은 '승패의 일(政)과 용병의 법(法)은 마땅히 이 다섯 가지 일로 헤아려서(稱量) 적의 실질(내지 정황, 情)을 앎'(曹操), '승부와 우열의 실정을 가리킴'(周亨祥). 곧 피차간의 병력을 비교하여 헤아린 이후에는 피차간의 실정을 토대로 적과의 싸움에서 승리(勝) 여부를 헤아려 본다는 의미.

7) 地生度(지생도) '땅의 형세로 인해 그것을 헤아리게 됨'(曹操). '지(地)'는 다섯 가지 일을 낳는 근원, 곧 전쟁을 수행하기 위한 병법의 시작은 땅의 형세와 규모(地)에 근거하여 그것을 파악(계산)하는 일(度)에서부터 시작됨.

8) 度生量(도생량) 첫 번째로 땅의 형세와 규모(地)를 파악(계산)하는 일(度)을 진행한 후, 그 계산한 것(度)을 근거로 두 번째로 그 땅에서 물자가 얼마나 생산될 수 있는지 용량을 파악하는 일(量)이 있게 됨.

9) 量生數(량생수) 두 번째로 그 땅에서 생산되는 물자의 용량을 파악하는 일(量)이 끝나면 세 번째로 그 물자의 용량을 근거로 얼마나 많은 병력을 동원할 수 있는지 병력의 수를 헤아리는 일(數)이 있게 됨. 곧 물자는 병력의 규모를 결정하는 원인이 되기 때문에 '량이 수를 낳는다(量生數)'고 말함.

10) 數生稱(수생칭) 세 번째로 자기가 동원할 수 있는 병력의 규모를 헤아리는 일(數)이 끝나면, 네 번째로 자기가 동원할 수 있는 병력의 규모와 적의 병력을 비교 대조하는 일(稱)을 진행해야 함.

11) 稱生勝(칭생승) 네 번째로 피차간의 군사 역량을 비교 대조하는 일(稱)이 끝나면, 마지막 다섯 번째로 승부의 우열을 헤아리는 일(勝)을 진행함.
이상 다섯 가지 일(五事)에 대한 내용은 생성론(生成論)적인 의미를 지닌 '생(生)'자의 의미에 초점을 맞추어 해석한 것임.

「형」4-4: 그러므로 승리하는 군대는 마치 일(鎰)로써 수(銖)를 저울질하는 것과 같고, 패하는 군대는 마치 수(銖)로써 일(鎰)을 저울질하는 것과 같다. 승리하는 자가 백성을 싸우게 함은 마치 천 길이나 되는 계곡에 쌓여 있는 물이 터지는 형세와 같다.

「形」4-4: 故勝兵若以鎰稱銖,[1] 敗兵若以銖稱鎰.[2] 勝者之戰民也,[3] 若決積水於千仞之谿者,[4] 形也.

---

1) 故勝兵若以鎰稱銖(고승병약이일칭수) '일(鎰)'과 '수(銖)'는 무게 단위로, 1일(鎰)은 20량(兩)이고 1수(銖)는 12푼(分), 24수(銖)가 1량(兩)이고 1일(鎰)은 20량(兩)이므로 무게가 480배의 차이가 있으므로 아주 가벼운 것과 무거운 것을 상대적으로 비유한 것임. 무거운 것으로 가벼운 것을 저울질하면 무거운 것이 가벼운 것을 '가볍게 들어 올리듯(力易擧也)'(梅堯臣) 강대한 군사력으로 약소한 군사력을 쉽게 제압한다는 의미.

2) 敗兵若以銖稱鎰(패병약이수칭일) '가벼운 것이 무거운 것을 들 수 없듯이(輕不能擧重也)'(曹操), 약소한 군사력으로 강대한 군사력에 대항하는 것을 말함.

3) 勝者之戰民也(승자지전민야) 『죽간본』에는 '승리를 저울질하는 자가 싸우게 하는 백성'이란 의미의 '칭승자전민야(稱勝者戰民也)'로, 『평진본』과 『무경본』에는 '승리하는 자의 싸움'이란 의미의 '승자지전(勝者之戰)'으로 되어 있으며 모두 뜻이 통함. '승자(勝者)'란 군대의 통솔력과 작전을 지휘하는 능력이 뛰어나 승리하는 자, 곧 장수를 가리킴. '장수가 싸우게 하는 것은 백성임(『위료자(尉繚子)』「전위(戰威)」: 夫將之所以戰者, 民也)' '전민(戰民)'은 '유능한 장수(勝者)의 지휘를 받는 백성 내지 군사들' 또는 '유능한 장수(勝者)의 지휘를 받는 백성 내지 군사들이 벌이는 전투' 모두 해석 가능함. 즉, 유능한 장수가 이끄는 군대의 기세 내지 그들이 싸우는 기세가 대단함을 강조한 내용.

4) 若決積水於千仞之谿者(약결적수어천인지계자) '적수(積水)'는 물이 흘러가지 못하고 쌓여 있는 것, '1인(仞)은 고대의 계량 단위로 8척(尺) 내지 일설에는 7척(尺)이라고 함'(周亨祥), '천인지계(千仞之谿)'는 깊이가 매우 깊은 계곡.

제5장

세(勢)를 운용하는 용병술 — 『세(勢)』

제5편의 제목은 조조(曹操)의 『위무제주손자』와 송대(宋代) 『무경칠서』본에는 '병세(兵勢)'로, 한대 묘(漢墓) 죽간본에는 '세(埶)', 『십일가주손자』에는 '세(勢)'로 되어 있다. 손무는 '세'의 운용을 병법사상 최초로 제기한 인물로서 후일 그가 제시한 세(勢) 개념은 중국사상사에서 손빈(孫臏)을 위시한 병법사상가들뿐만 아니라 신도(愼到)를 비롯한 법가사상들의 세론(勢論)에도 지대한 영향을 미치면서 발전한다. 손무가 말한 '세'란 곧 '전략적 이로움'을 의미하며, 전쟁에서 객관적 조건에 대한 인식을 토대로 자신의 주관적 능동성을 최대한 발휘함으로써 적보다 우위를 점유할 수 있는 상황의 창출을 말한다. 이 편에서는 군의 상황에 대한 객관적 인식을 토대로 기(奇)·정(正), 허(虛)·실(實)의 원리에 입각하여 세(勢)를 '절도(節)'있게 활용하는 용병술에 대해 서술한다. 자기에게 가장 유리한 세가 창출되는 시점은 곧 적을 공격하여 격파시키는 최상의 시점이 된다.

「세」5-1: 손자가 말하다. 무릇 많은 병력을 다스리길 적은 병력을 다스리는 것과 같이 함은 분 · 수(分數)가 그렇다. 많은 병력을 싸우게 하길 적은 병력을 싸우게 하는 것과 같이 함은 형 · 명(形名)이 그렇다. 삼군(三軍)의 병사들(衆)이 반드시 적의 공격을 받고서도 패하지 않을 수 있게 하는 것은 기 · 정(奇正)이 그렇다. 병력이 가해지는 것이 숫돌을 가지고 새알에 던지는 것과 같이 함은 허 · 실(虛實)이 그렇다.

「勢」5-1: 孫子曰: 凡治衆如治寡,[1] 分數是也.[2] 鬪衆如鬪寡,[3] 形名是也.[4] 三軍之衆, 可使必受敵而無敗者,[5] 奇正是也.[6] 兵之所加,[7] 如以碬投卵者,[8] 虛實是也.[9]

---

1) 凡治衆如治寡(범치중여치과) '치(治)'는 '다스리는 원리'인 '치리(治理)', '중(衆)'은 대규모 부대 '과(寡)'는 소규모 부대, 『오자(吳子)』「논장(論將)」에서는 "다스림(理)이란 많은 병력을 다스리길 마치 적은 병력을 다스리는 것과 같이 한다(理者, 治衆如治寡)"(周亨祥), 곧 문장의 의미를 확장하면 다스리는 원리 내지 이치를 알면 대부대도 소부대처럼 다스릴 수 있다는 의미.

2) 分數是也(분수시야) '부(部)와 곡(曲)은 분(分)이 되고 십(什)과 오(伍)는 수(數)가 됨'(曹操), "분(分)은 분별, 수(數)는 사람의 수, … 한신(韓信)이 '병력이 많을수록 좋다'고 말한 것이 이 때문이다."(杜牧), '분(分)은 (각 군영의 책임자인) 부장(偏裨)과 (병졸인) 졸오(卒伍)의 신분을 말하고, 수(數)는 십(十), 백(百), 천(千), 만(萬) 등의 (부대 규모에 따른 군사의) 수를 말함'(劉寅), '분수(分數)'는 '군대 편제(編制)와 정원(定員)'(周亨祥). 곧 각 군영마다 다스리는 책임자(偏裨)가 있고 그의 지위에 따라 다스리는 병사의 수가 정해짐(分數), 대장은 중심에 서서 소수의 각 군영의 책임자들만을 통솔하고 대장의 지휘를 받은 각 군영의 책임자들은 그의 명령에 따라 다수의 부대원들을 통솔하기 때문에, 많은 병력을 다스리는 것이 작은 병력을 다스리는 것과 같다고 말한 것임.

3) 鬪衆如鬪寡(투중여투과) 『어람』에는 '과(寡)'가 '소(小)'로 되어 있음, '투중(鬪衆)'

은 병력이 많은 대부대의 전투를 지휘하는 것, '투과(鬪寡)'는 병력이 적은 소부대의 전투를 지휘하는 것.

4) 形名是也(형명시야) '깃발(旌旗)은 형(形), 징과 북(金鼓)은 명(名)'(曹操), '형(形)은 (군대에서 명령을 내리는 깃발의 종류인) 정(旌) · 기(旗) · 휘(麾) · 치(幟)의 형상(形象, 形)을 말하고, 명(名)은 (군대에서 명령을 내리는 징과 북과 피리의 종류인) 금(金) · 고(鼓) · 가(笳) · 적(笛)의 명성(名聲, 名)을 말함'(劉寅). 곧 대부대의 전투를 지휘할 때 사람의 육성이 잘 들리지 않지만 깃발의 형상(形)과 악기의 소리(名)로 명령을 내리기 때문에 많은 병력을 싸우게 하는 것이 적은 병력을 싸우게 하는 것과 같다고 말한 것임.

5) 可使必受敵而無敗者(가사필수적이무패자) '수적(受敵)'은 적을 만나 대적함 또는 적의 공격을 받음, '필(必)은 필(畢)의 오자'라고 본 견해(王晳) 또한 가능함.

6) 奇正是也(기정시야) '먼저 출동하여 적과 교전하는 것은 정(正), 뒤에 출동하는 것은 기(奇)'(曹操), '일반적이고 상규(常規)인 것은 정(正), 특수하고 변화하는 것은 기(奇)', '전술상 먼저 나아가는 것은 정(正), 뒤에 나아가는 것은 기(奇)', '정면 공격은 정(正), 측면 공격은 기(奇)', '드러내놓고 싸우는 것(明戰)은 정(正), 몰래 습격하는 것(暗襲)은 기(奇)'(周亨祥). 『손빈병법(孫臏兵法)』「기정(奇正)」에서는 "형(形)으로써 형(形)을 응수하는 것은 정(正), 무형(無形)으로 형(形)을 제어하는 것은 기(奇)이다(形以應形正也, 無形而制形奇也)", "기(奇)가 발하여 나타난 것을 정(正)이라 한다면 아직 그 (형태가) 나타나지 않는 것을 기(奇)라 한다(奇發而爲正, 其未發者奇也)"라고 하는데, 곧 적이 예상한 출격은 정(正), 적의 예상을 벗어난 출격은 기(奇).

7) 兵之所加(병지소가) '지(之)'는 주격조사로 병력이 지향(指向)하는 것, 곧 병력의 투입 내지 병력을 투입하여 공격을 가하는 것.

8) 如以碬投卵者(여이하투란자) '하(碬)'는 '철을 다스리는 것(治鐵)'(王晳), '칼을 연마하는 돌'(周亨祥), 곧 숫돌로서, '투란(投卵)'은 숫돌을 알에 던지는 것, 곧 돌로써 알을 깨듯이 쉬움.

9) 虛實是也(허실시야) '(아군의) 지극히 실한 것으로써 (적군)의 지극히 허한 것을 깨트림(以至實擊至虛)'(曹操), '숫돌과 같이 실하고 새알과 같이 허하면, 실함으로써 허함을 깨뜨리는 것은 그 형세가 용이함(易)'(李筌), 곧 아군의 실함으로 적군의 허함을 공격하는 것은 돌로 알을 깨는 것처럼 용이하다는 의미.

「세」5-2: 무릇 전쟁이란 것은 정병(正兵)으로써 (적과) 싸우고 기병(奇兵)으로써 (적에게) 승리한다. 그러므로 기병(奇兵)을 잘 출동시키는 자는 무궁함이 하늘과 땅과 같고, 마르지 않음이 강과 하천과 같다. 끝나면 다시 시작함이 해와 달과 같이 그러하고, 죽으면 다시 살아남이 네 계절과 같이 그러하다. 소리는 다섯 가지에 지나지 않지만 다섯 가지 소리의 변화는 이루 다 들을 수 없다. 색은 다섯 가지에 지나지 않지만 다섯 가지 색의 변화는 이루 다 볼 수 없다. 맛은 다섯 가지에 지나지 않지만 다섯 가지 맛의 변화는 이루 다 맛볼 수 없다. 싸우는 형세는 기병(奇)과 정병(正)에 지나지 않지만 기병과 정병의 변화는 이루 다 끝을 헤아릴 수 없다. 기병과 정병이 서로 낳길 마치 순환하여 끝을 알 수 없는 것과 같이 하는데 누가 그것을 다할 수 있겠는가?

「勢」5-2: 凡戰者, 以正合,[1] 以奇勝.[2] 故善出奇者,[3] 無窮如天地, 不竭如江河.[4] 終而復始, 日月是也,[5] 死而復生,[6] 四時是也.[7] 聲不過五,[8] 五聲之變,[9] 不可勝聽也.[10] 色不過五,[11] 五色之變,[12] 不可勝觀也.[13] 味不過五,[14] 五味之變,[15] 不可勝嘗也.[16] 戰勢不過奇正,[17] 奇正之變, 不可勝窮也.[18] 奇正相生,[19] 如循環之無端,[20] 孰能窮之?

---

1) 以正合(이정합) '정(正)'은 적과 정면 대결하는 군대인 '정병(正兵)', '합(合)'은 적과 어울려 '싸움'.

2) 以奇勝(이기승) '기(奇)'는 적을 기습하는 군대인 '기병(奇兵)', '정은 적에게 맞서 대적하고 기병은 곁에 따르면서 (적의) 준비되지 않은 곳을 공격함(正者當敵, 奇兵從傍擊不備也)'(曹操), '전쟁에서 오직 속임수가 없으면 적에게 승리하기 어려움'(李筌), '승리하는 근본은 기(奇)를 사용함에 있음을 말함'(周亨祥), 곧 정병(正)은 적의 공격에 정면으로 맞서 적의 공격으로부터 아군을 지키는 것이고 기병(奇)은 몰래 적의 허술한 틈을 찾아 공격하여 최종적으로 승리를 거두게 한다는 의미.

3) 故善出奇者(고선출기자) '선출기자(善出奇者)'는 적이 예상하지 못한 기병(奇兵) 전술을 잘 운용하는 자.

4) 不竭如江河(불갈여강하) 앞 구절의 '끝이 없는 하늘과 땅과 같다(無窮如天地)'는 문장과 호응, 마르지 않고(不竭) 끊임없이 이어짐이 강과 하천의 물줄기와 같다는 의미. '선출기자(善出奇者)'의 '기(奇)의 무궁함이 천지만물의 변화와 같고, 그 마르지 않음이 도도하게 흐르는 강과 하천의 끊이지 않음과 같음'(周亨祥), '변화에 대응하며 기병을 냄에 다함이 있지 않은 것을 말함(言應變出奇, 無有窮竭)'(張預), 곧 전시상황의 변화에 따라 대응하는 기병(奇兵)의 전략이 무궁무진하여 다함이 없음을 강조한 문장.

5) 日月是也(일월시야) '기병(奇)의 변화가 해와 달이 이지러지고 차길(虧盈) 멈추지(不停) 않는 것과 같음'(李筌), '기(奇) · 정(正)의 변화가 해와 달이 나아가고 물러가는(進退) 것과 같음'(杜佑).

6) 死而復生(사이부생) 『평진본』과 『무경본』에는 '부생(復生)'이 '갱생(更生)'으로 되어 있음, 다시 생겨난다는 뜻으로 의미상 차이가 없음.

7) 四時是也(사시시야) '기병(奇)의 변화가 춥고 덥기(寒暑)를 멈추지(不停) 않는 것과 같음'(李筌), '기(奇) · 정(正)의 변화가 네 계절이 성하고 쇠하는(盛衰) 것과 같음'(杜佑). 곧 앞 문장의 '해와 달의 끊임없는 운행'과 호응하여, '네 계절의 끊임없는 운행'과 같이 전시상황의 변화에 따라 대응하는 기병(奇兵) 전략의 변화가 끊이질 않고 나온다는 의미.

8) 聲不過五(성불과오) 다섯 가지 소리는 '궁(宮) · 상(商) · 각(角) · 치(徵) · 우(羽)'(李筌, 劉寅 등). '다섯 가지 소리(五聲)'는 다음에 나오는 인간의 감각과 관계있는 '다섯 가지 색(五色)', '다섯 가지 맛(五味)'의 내용(문장)과 호응함.

9) 五聲之變(오성지변) 다섯 가지 소리가 어우러지면서 나오는 소리의 변화.

10) 不可勝聽也(불가승청야) 『어람』에 '청(聽)'은 '문(聞)', 의미상 차이가 없음, '불가승(不可勝)'은 '이루 다 헤아릴 수 없음', 곧 다섯 가지 소리가 다양하게 융합하면서 나오는 소리의 변화가 이루 다 들을 수 없음(不可盡聽)'(李筌, 劉寅).

11) 色不過五(색불과오) 다섯 가지 색깔은 '청(靑) · 황(黃) · 적(赤) · 백(白) · 흑(黑)'(李筌, 劉寅 등), 고대의 원색(原色, 基色)은 다섯 가지로 '청(靑) · 황(黃) · 적(赤) · 백(白) · 흑(黑)이며 정색(正色), 그 나머지는 간색(間色)이라 칭함'(周亨祥).

12) 五色之變(오색지변) 다섯 가지 색깔이 섞이면서 낳게 되는 색의 변화.

13) 不可勝觀也(불가승관야) '다섯 가지 색깔의 변화함에 이르러서는 이루 다 볼 수 없는 것'(劉寅).

14) 味不過五(미불과오) 다섯 가지 맛은 '신맛(酸) · 매운맛(辛) · 짠맛(鹹) · 단맛(甘) · 쓴맛(苦)'(李筌 등), '원미(原味)'(周亨祥).

15) 五味之變(오미지변) 다섯 가지 맛이 융합하면서 내는 맛의 변화.

16) 不可勝嘗也(불가승상야) '다섯 가지 맛의 변화를 이루 다 맛볼 수 없음'(劉寅), '무궁여천지(無窮如天地)' 이하는 모두 기(奇) · 정(正)의 무궁함을 비유함(曹操), '오성(五聲) · 오색(五色) · 오미(五味)의 변화로써 기(奇) · 정(正)이 서로 낳는 무궁함을 비유함'(張預).

17) 戰勢不過奇正(전세불과기정) '전세(戰勢)'는 작전 방식과 용병(用兵) 배치(部署)의 형식을 가리킴, 여기서 '세(勢)'는 형식 또는 방식(周亨祥).

18) 不可勝窮也(불가승궁야) 이루 다함 내지 끝남(마침)이 없음, 곧 '무궁무진함'(周亨祥), '궁구(窮究)'(劉寅).

19) 奇正相生(기정상생) 기(奇)와 정(正)이 상호 전화(轉化)하며 민첩하게 운용됨을 의미하는 '상생(相生)'은 『죽간본』에서 기(奇)와 정(正)의 '상생' 작용이 끝이 없이 순환한다는 의미의 '환상생(環相生)'으로 되어 있음, '상생(相生)이란, 기(奇)는 정(正)이 될 수 있고 정(正)은 기(奇)가 될 수 있고, 기병을 쓰고자 한다면 적에게 정병을 보이고 정병을 쓰고자 한다면 적에게 기병을 보이는 것으로, 일정한 조건 하에서 정(正)인 것이 (상황의 변화에 따른) 다른 조건 하에서는 기(奇)가 되는 것을 가리킴'(周亨祥).

20) 如循環之無端(여순환지무단) 『죽간본』에는 '순(循)'자가 없음. '단(端)'은 '끝(말단)'(周亨祥), '기와 정이 서로 의거하여 생겨남이 마치 둥근 것(團圓)과 같아서 시작과 끝(端倪)을 궁구할 수 없음'(李筌), '변화의 움직임이 돌며 원을 그리길(周旋) 다하지 않음(不極)'(梅堯臣), '기 역시 정이 되고 정 역시 기가 되며 변화하며 상생하길(相生) 마치 순환하는 고리와 같아서 근본과 말단(本末)이 없는데 누가 끝까지 캐서(窮詰) 알 수 있겠는가?'(張預), '기와 정의 상생함이 고리를 따라 도는 것 같아서 시작과 끝(端倪), 근본과 말단(本末)이 있는데 누가 궁구할 수 있겠는가(孰能窮之)'(劉寅), '무단(無端)'은 '전략의 다함이 없음' 내지 '전략이 무궁무진하여 누구도 캐서 알 수 없다'는 두 가지 의미로 해석, 곧 기병과 정병

이 전시 상황의 변화에 따라 서로 역할을 바꾸면서 대처하는 전략이 무궁무진함을 의미.

「세」5-3: 세찬 물의 빠름이 돌을 떠다니게 하는 데까지 이르게 함은 세(勢)이다. 사나운 새의 빠름이 훼손하고 꺾는 데까지 이르게 함은 절도(節)이다. 그러므로 전쟁을 잘하는 자는 그 세(勢)가 험하고 그 절도(節)가 짧다. 세(勢)는 쇠뇌를 당기는 것과 같고 절도(節)는 발사장치(機)를 작동하는 것(쇠뇌의 방아쇠를 당기는 것)과 같다.

「勢」5-3: 激水之疾,[1] 至於漂石者,[2] 勢也.[3] 鷙鳥之疾,[4] 至於毁折者,[5] 節也.[6] 是故善戰者, 其勢險,[7] 其節短.[8] 勢如彍弩,[9] 節如發機.[10]

---

1) 激水之疾(격수지질) 『죽간본』에만 '격(激)'자가 없음, '격수(激水)'는 세차게 흐르는 물줄기, '질(疾)'은 (세찬 물줄기가) 빠르게 흐름.

2) 至於漂石者 '표석(漂石)'은 세찬 물줄기의 빠른 속도로 인해 돌이 떠다니는 것.

3) 勢也(세야) '세(勢)의 준엄함은 거대한 돌이 비록 무겁더라도 그치게 할 수 없음'(孟氏), '물의 성질이 부드럽고 약하지만 지세가 험하고 막힌(險隘) 곳에 부딪쳐서(激) 빠르게 흐름은 거대한 돌을 떠내려가게(漂轉) 하는데 그 세(勢)가 그렇게 만드는 것임'(劉寅), 곧 세(勢)를 거대한 돌을 옮기거나 막힌 곳을 뚫을 수 있는 세찬 물줄기로 비유 수식함.

4) 鷙鳥之疾(지조지질) '지조(鷙鳥)'는 사나운 새로 육식하는 새를 통틀어 일컬음, '질(疾)'은 맹금류가 나는 빠른 속도, 조조(曹操)와 두우(杜佑)가 주석한 『집교(集校)』에는 '질(疾)'은 '먹이를 낚아챈다는 의미의 '격(擊)'으로 되어 있음, '사나운 새의 빠름 역시 세(勢)'(王皙).

5) 至於毁折者(지어훼절자) '발기(發起)하여 적을 침'(曹操), '훼절(毁折)'은 사나운 맹금류가 자신의 먹이를 훼손시켜 꺾는 것.

6) 節也(절야) '절(節)'이란 '멀고 가까운 것을 알맞게 헤아려서(節量) 그것(먹이)을 잡는 것'(杜牧), '그 힘을 알맞게 헤아려서 반드시 그곳에 이르러 잃지 않도록 함'(劉寅).

7) 其勢險(기세험) '험(險)'은 '질(疾)'(曹操, 李筌, 張預), 앞의 '격수지질(激水之疾)'과 호응하여 세가 몹시 세차고 험악함을 비유한 것.

8) 其節短(기절단) '단(短)'은 '근(近)'(曹操, 杜佑, 張預 등), '예컨대 사나운 새가 발동(發)하여 가까이 접근해서(近) 먹이를 잡을 때에 힘과 생각을 온전하고(全) 집중한다면(專) 반드시 얻음'(杜牧), '험하면 빨라야 하고(險則迅), 짧으면(내지 거리가 가까우면) 예리해야 함(短則勁)'(梅堯臣). 여러 해석이 있으나 여기서 '기절단(其節短)'은 그 기세의 절도가 있음이 짧고도 리듬감이 있다는 의미로 해석, 부연하면 '기세험(其勢險)'은 험한 곳에서는 적과 싸울 때는 거대한 돌을 옮기는 세찬 물줄기처럼 '그 세(勢)는 (빠르고) 험함', '기절단(其節短)'은 적과 가까운 곳에서 적과 싸울 때는 먹이에 가까이 다가가 순간 먹이를 낚아채는 사나운 새처럼 '그 세(勢)의 절도가 있음이 (예리하고) 짧음'.

9) 勢如彍弩(세여확노) 세(勢)를 쇠뇌에 비유함. '확(彍)'은 활을 쏘기 위해 길게 쭉 잡아당기는 의미의 '장(張)', '노(弩)'는 여러 개의 화살을 연달아 쏘게 되어 있는 쇠로 된 발사 장치가 달린 활, 곧 그 기세가 연달아 여러 발의 화살을 쏘는 활과 같이 험악함(險).

10) 節如發機(절여발기) '기(機)'는 쇠뇌를 발사시키는 장치, '절도(節)'란 목표물을 적중시키기 위해 쇠뇌의 방아쇠를 당기는 순간과 같이 짧은 순간(短)의 응집(내지 집중)된 세(勢)의 운용.

「세」5-4: 뒤섞이어 어수선하고 싸움을 벌이길 어지럽게 하지만 어지러울 수 없다. 뒤섞이고 엉기어 있어서 형체는 둥글지만 패퇴시킬 수 없다.

「勢」5-4: 紛紛紜紜,[1] 鬪亂而不可亂也.[2] 渾渾沌沌,[3] 形圓而不可敗也.[4]

1) 紛紛紜紜(분분운운) 뒤섞이어 어수선하고 어지러운 모양, '분분(紛紛)은 군대의 깃발(旌旗) 모양, 운운(紜紜)은 병사(士卒)의 모양'(杜佑).

2) 鬪亂而不可亂也(투란이불가란야) '투란(鬪亂)은 투어란(鬪於亂), 혼란 속에서 전투를 지휘하는 것을 말함, 조금도 흐트러짐 없이 지휘를 잘하여 행군(行陣)이 어지러울 수 없음'(周亨祥), '진법(陳法)을 말한 것임'(杜牧), '군대의 깃발이 어지러워 적에게 마치 어지러운 것처럼 보이지만 징과 북(金鼓)으로 그것을 가지런히 함'(曹操), '병사들에게 전투시키는 것이 어지러워 보이지만 실제로 어지러울 수 없는 것은 분(分) · 수(數)가 있기 때문임'(劉寅), '분(分) · 수(數)'에 대해서는 「세」5-1의 주 2번 참조.

3) 渾渾沌沌(혼혼돈돈) 뒤섞이고 엉기어 있어서 구체적인 형태가 없는 모양, '혼돈(渾沌)은 (모여 뒤섞여있다는 의미의) 합잡(合雜)'(李筌), '혼혼(渾渾)과 돈돈(沌沌)은 둥근 형상'(劉寅), '혼혼(渾渾)은 차량(車輛) 운행(轉行), 돈돈(沌沌)은 빠르게 걷고(步驟) 달림(奔馳)'(杜佑).

4) 形圓而不可敗也(형원이불가패야) '형원(形圓)은 행군(行陣)의 형상구조(形制)가 원형인 곧 원진(圓陣), 원진은 머리와 꼬리가 서로 연결되어 있고 사면(四面)이 밖을 향하며 빙빙 돌면서(旋轉) 적에게 대응하기 때문에 상대방이 패퇴시키기 어려운 군진(軍陣)임'(周亨祥), '형원(形圓)은 좇음과 등짐(向背)이 없음, 상대방이 패할 수 있을 것처럼 보이지만 패퇴시킬 수 없는 것은 지휘명령(號令)의 정돈(齊整)에 있음'(李筌), '포진한 형상이 둥근데 적이 패퇴시킬 수 없는 것은 형(形) · 명(名)이 있기 때문임'(劉寅), '형(形) · 명(名)'에 대해서는 「세」5-1의 주 2번 참조.

「세」5-5: 어지러움은 다스림에서 생기고, 겁냄은 용감함에서 생기고, 약함은 강함에서 생긴다. 다스림과 어지러움은 수(數)이고, 겁냄과 용감함은 세(勢)이며, 강함과 약함은 형(形)이다.

「勢」5-5: 亂生於治,[1] 怯生於勇,[2] 弱生於彊.[3] 治亂數也,[4] 勇怯勢也,[5] 强弱形也.[6]

---

1) 亂生於治(난생어치) '어지러움(亂)'과 '다스림(治)'은 진(陣)을 치고 싸우는 쌍방간에 상대적인 것임. 다음에 나오는 '겁냄(怯)'과 '용감함(勇)', '약함(弱)'과 '강함(彊)' 또한 마찬가지로 서로 상대적으로 존재하는 것임(周亨祥). 곧 자기가 잘 다스려지는 것은 적이 갈수록 혼란하게 되는 원인으로 작용함. 부연하면 어느 한쪽의 '혼란함'은 상대방의 '다스림'으로부터 나오는 것임을 말함.

2) 怯生於勇(겁생어용) 어느 한쪽의 겁냄은 상대방의 용감함에서 비롯함.

3) 弱生於彊(약생어강) 어느 한쪽의 약함은 상대방의 강함에서 비롯함

4) 治亂數也(치란수야) '부분명수(部分名數)하므로 혼란할 수 없음'(曹操), '다스려졌는데도 혼란하게 되는 분수에 있음'(梅堯臣), '행오(行伍)와 부곡(部曲)이 각각 분수(分數)가 있음은 그것(잘 다스려지고 있는 것)을 (적에게) 혼란한 것처럼 보이게 할 수 있음'(劉寅). 곧 다스려지는 것이 (적에게) 혼란하게 보일 수 있는 것은 '군사편제와 그에 해당하는 정원'의 '분 · 수(分 · 數)'에 기인함. 또는 다스림과 혼란함은 모두 '분 · 수(分 · 數)'에 달려있음. 위의 '부분명수(部分名數)', '행오(行伍)와 부곡(部曲)'에 관해서는 「세」5-1의 주 2번과 주 4번 참조.

5) 勇怯勢也(용겁세야) '대저 병사들은 그 세(勢)를 얻으면 겁쟁이가 용감해지고 그 세(勢)를 잃으면 용감한 자가 겁을 먹음. 병법(兵法)에는 확정(定)된 것이 없고 오직 세(勢)로부터 이루어짐(成)'(李筌), '용감하고 겁냄의 세(勢)의 변화(變)'(王晳), '실제로 용감하지만 거짓으로 겁내는 것처럼 보이는 것은 그 세(勢)에서 기인함'(張預), '칼날을 감추고 예리함을 쌓으며 가볍게 출동하지 않음은 (적에게) 용맹함을 겁내는 것처럼 보이게 할 수 있음'(劉寅). 곧 용감한 것을 겁내는 것처럼 보일 수 있게 하는 것은 세(勢)에 기인함. 또는 용감함과 겁냄은 모두 세(勢)에 달려있음.

6) 强弱形也(강약형야) '형세의 마땅함(形勢所宜)'(曹操), '강한 것을 약한 것처럼 그 형세(形)를 보임'(杜牧), '강하고 약함은 형(形)의 변화(變)'(王晳), '실제로 강하지만 거짓으로 약한 것처럼 보이는 것은 그 형(形)을 보인 것임'(張預), '(적에게) 말을 낮추고 자기를 굽히며 이익을 보고도 다투지 않음은 강하면서도 약한 것처럼

보이게 할 수 있음'(劉寅), 곧 강한 것을 겁내고 있는 것처럼 보이게 할 수 있는 것은 형세를 보이는 것임, 또는 강함과 약함은 군대의 상황을 반영하는 형세(形勢)에 달려 있음.

「세」5-6: 그러므로 적을 잘 움직이게 하는 자는 드러내 보이면 적이 반드시 그를 따라오고, 주면 적은 반드시 그것을 취한다. 이로움으로써 적을 움직이고 사졸로써 그들을 기다리게 한다.

「勢」5-6: 故善動敵者,[1] 形之,[2] 敵必從之,[3] 予之,[4] 敵必取之.[5] 以利動之,[6] 以卒待之.[7]

---

1) 故善動敵者(고선동적자) 형세를 위장하여 적을 유도하는 데 뛰어난 능력을 지닌 자.

2) 形之(형지) '(자신의) 형세를 (적에게) 드러내 보임(見羸形也)'(曹操), '형세를 약하게 보이면 적은 반드시 따라옴'(張預), '적에게 거짓 형상(假像)을 (보여)주는 것을 가리킴'(周亨祥), 곧 적에게 자신의 형세를 위장하여 보여줌.

3) 敵必從之(적필종지) '종(從)'은 약한 형세를 보여주어 적을 따라오게 하고 강한 형세를 보여주어 적을 멈추게 한다는 의미.

4) 予之(여지) '이익으로 적을 유인함'(曹操), 곧 적을 유인하기 위해 적에게 먼저 작은 이익을 내보이는 것.

5) 敵必取之(적필취지) '취지(取之)'는 자기가 내보인 작은 이익을 적이 취하는 것.

6) 以利動之(이리동지) 『죽간본』에는 '이차동지(以此動之)'로 되어 있음, '이로움으로써 적을 움직임(以利動敵也)'(曹操).

7) 以卒待之(이졸대지) 손성연의 『평진본』과 송대 『무경본』에 '졸(卒)'은 '본(本)'으로 되어 있음. '졸(卒)은 정졸(精卒)'(梅堯臣), '대(待)'는 작은 이익을 내보이며 이익으로 적을 유인한 후 정선한 병사들 곧 정예병을 매복시키고 적을 기다리게 하는 것.

「세」5-7: 그러므로 전쟁을 잘하는 자는 세에서 그것을 구하고 사람에게서 취하지 않으므로, 사람을 가려 쓸 수 있어서 세(勢)에 맡긴다. 세(勢)에 맡기는 자가 병사들을 싸우게 함은 마치 나무와 돌을 굴리는 것과 같다. 나무와 돌의 성질은 안정되면 고요하고, 위태로우면 움직이고, 네모나면 멈추고, 둥글면 굴러간다. 그러므로 전쟁을 잘하는 사람의 세(勢)는 마치 천 길의 산에서 둥근 돌이 굴러가는 것과 같은 세(勢)이다.

「勢」5-7: 故善戰者, 求之於勢,[1] 不責於人,[2] 故能擇人而任勢.[3] 任勢者,[4] 其戰人也,[5] 如轉木石.[6] 木石之性, 安則靜,[7] 危則動,[8] 方則止,[9] 圓則行.[10] 故善戰人之勢, 如轉圓石於千仞之山者,[11] 勢也.

---

1) 求之於勢(구지어세) '지(之)'는 승리.

2) 不責於人(불책어인) '책(責)'은 '구(求)(『설문(說文)』: 責, 求也)'(周亨祥), 전쟁을 잘하는 자는 '세(勢)'로써 이기는 것을 찾지 재주 없는(不才) 사람에게서 찾지 않음.

3) 故能擇人而任勢(고능택인이임세) '전쟁을 잘하는 자는 먼저 병세(兵勢)를 헤아린(料) 연후에 사람의 재질(材)을 헤아려(量) 단점과 장점에 따라 그를 임용하며 재주가 없는(不材) 사람에게서 성공하길 구하지 않음'(杜牧), 전쟁을 잘하는 자는 세를 운용할 재주가 있는 사람을 선별할 능력이 있고(能擇人), 임용된 자 또한 능력이 되므로 세를 맡김, 곧 사람을 가려 쓰고 (분업의 원리에 의해) 선별된 자에게 기세를 맡김.

4) 任勢者(임세자) 당(唐)나라 두우(杜佑)가 주석한 『통전(通典)』에는 '임(任)'자가 없음, '자연의 세에 맡김(任自然勢也))'(曹操).

5) 其戰人也(기전인야) '전인(戰人)은 「형(形)」에 나오는 전민(戰民)과 같음'(周亨祥), 즉 전투를 세에 맡기는 자가 그의 군사들을 지휘하며 벌이는 전투 내지 군사들의 전투기세, '전민'에 관한 내용은 「형」4-4의 주 3번 참조.

6) 如轉木石(여전목석) '세(勢)에 맡겨 군사들(衆)을 다스림(御)이 마땅히 이와 같

음'(李筌), '나무와 돌은 무거운 물건이며, 세(勢)로써 움직이기에 쉽고 힘(力)으로써 옮기기에는 어렵다. 삼군(三軍)은 지극히 많은 인원으로 세(勢)로써 싸울 수 있지만 힘(力)으로써 부릴 수 없음은 자연의 도(道)이다'(梅堯臣).

7) 安則靜(안즉정) '안(安)'은 평지(平地), 나무와 돌은 경사가 없는 평지에서는 움직이지 않고 정지한 상태(靜)로 있음, '정(靜)'은 움직임이 없이 고요함.

8) 危則動(위즉동) '위(危)'는 높고 경사진 곳, 나무와 돌은 경사진 높은 곳에서는 움직이며 구르게 됨(動).

9) 方則止(방즉지) 나무와 돌의 형태 자체가 네모나면(方) 구르지 못하고 그침(止).

10) 圓則行(원즉행) 나무와 돌의 형태 자체가 둥글면(圓) 굴러감(行). 이상 '정(靜)'·'동(動)'·'지(止)'·'행(行)'한 상태는 모두 나무와 돌의 자연적 성질이 반영된 것으로 병사들의 기세 또한 자신들이 처한 상태에 따라 이와 같이 '정(靜)'·'동(動)'·'지(止)'·'행(行)'하는 현상을 보임.

11) 如轉圓石於千仞之山者(여전원석어천인지산자) '둥근 돌을 천 길의 산 위에서 굴려서 멈추게 할 수 없음은 기세(勢)가 그렇게 만들기 때문임'(劉寅), 곧 전쟁을 잘하는 사람은 둥근 돌이 천 길의 산 위에서 구르는 것처럼 병사들이 자연스럽게 전투에 임할 수 있도록 세를 조성한다는 의미.

제6장

허(虛)와 실(實)에 의거한 공격과 수비(攻·守) 전략 — 『허실(虛實)』

제6편 제목은 통행본에서는 모두 「허실(虛實)」이라 되어 있고 『죽간본』에서는 「실허(實虛)」라고 되어 있으며 의미상 차이는 없다. 이 장에서는 피아간의 실정의 허(虛)와 실(實)을 객관적으로 파악하여 공수(攻守)의 전략을 운영하는 것에 대해 서술한다. 돌로 알을 깨듯이 쉽게 승리를 거둘 수 있는 용병의 전략과 전술은 바로 적의 실정에 대한 허 · 실(虛 · 實)을 파악하는 데 있다. 우선, 군사상의 전략 전술에서 전쟁의 주도권을 확보하는 것이 중요한 것임을 밝히고, 자신의 세는 집중하고 적의 세는 분산시켜야 할 것, 적의 형세를 파악하기 위해 끊임없이 탐색하며 적정의 변화에 대응할 것, 적의 형세는 드러나게 하고 자신의 형세는 숨기는 용병의 전략 전술을 강조한다.

「허실」6-1: 손자가 말하다. 무릇 싸울 곳에 먼저 자리하고서 적을 기다리는 자는 편안하다. 싸울 곳에 뒤에 자리하고서 싸우러 달려가는 자는 수고롭다. 그러므로 전쟁을 잘하는 자는 적을 이르게 하지 적에게 이끌려 가지 않는다.

「虛實」6-1: 孫子曰: 凡先處戰地而待敵者佚,[1] 後處戰地而趨戰者勞.[2] 故善戰者, 致人而不致於人.[3]

---

1) 凡先處戰地而待敵者佚(범선처전지이대적자일) '힘에 남음이 있음'(曹操, 李筌, 王晳), '형세(形勢)의 지역에서 내가 먼저 그곳에 있으면서(據) 적군이 오길 기다리면 병사와 말이 한가롭고 편안해서(閑逸) 힘이 여유가 있음'(張預).

2) 後處戰地而趨戰者勞(후처전지이추전자로) '힘이 부족함'(李筌), '편리한 지역에 뒤에 처져 있으면서 달려 나가서(趨走) 싸우는 자는 병사와 말이 수고롭고 지쳐서 힘이 부족함'(劉寅).

3) 致人而不致於人(치인이불치어인) '적이 수고롭게 하는 데 이르고 적이 편안하게 하는 데 이르게 하지 말게 함'(李筌), '적을 올 수 있게 하면 적은 피곤하고, 내가 앞으로 나아가지(往就) 않으면 나는 편안함'(梅堯臣).

「허실」6-2: 적군에게 스스로 이르게 할 수 있는 것은 이롭게 하기 때문이고, 적군에게 이르지 못하게 할 수 있는 것은 해롭게 하기 때문이다. 그러므로 적이 편안하면 그들을 수고롭게 할 수 있어야 하고, (적이) 배부르면 그들을 굶주리게 할 수 있어야 하며, (적이) 안정하면 그들을 움직이게 할 수 있어야 한다. 적이 달려가지 않는 곳으로 나아가고, 적이 예상하지 않는 곳으로 달려간다. 천 리를 행군하고도 수고롭지 않은 것은 적(의 지킴)이 없는 곳으로 가기 때문이다. 공격하여 반드시 가지게 되는 것은 적이 지키지 않는 곳을 치기 때문이다. 지키면 반드시 견고한 것은 적이 공격하지 않는 곳을 지키기 때문이다. 그러므로 공격을 잘하는 자는 적이 그 지킬 곳을 알지 못하고, 수비를 잘하는 자는 적이 그 공격할 곳을 알지 못한다. 미묘하고도 미묘하여 형체가 없는 데에 이르고, 신묘하고 신묘하여 소리가 없는 데에 이르므로, 적의 (목숨을 마음대로 좌지우지하는) 사명(司命)이 될 수 있다.

「虛實」6-2: 能使敵人自至者, 利之也,[1] 能使敵人不得至者,[2] 害之也.[3] 故敵佚能勞之,[4] 飽能飢之,[5] 安能動之.[6] 出其所不趨,[7] 趨其所不意.[8] 行千里而不勞者,[9] 行於無人之地也.[10] 攻而必取者,[11] 攻其所不守也.[12] 守而必固者, 守其所不攻也.[13] 故善攻者, 敵不知其所守,[14] 善守者, 敵不知其所攻. 微乎微乎,[15] 至於無形,[16] 神乎神乎, 至於無聲,[17] 故能爲敵之司命.[18]

---

1) 利之也(리지야) '적을 유인하길 이익으로 함'(曹操), '이익으로 적을 유도하면 적은 스스로 먼 곳에서 오게 됨'(李筌), '무엇 때문에 스스로 올 수 있게 하는가? 이익을 보임으로써이다'(梅堯臣), '적군이 스스로 오게 할 수 있는 것은 이익으로 유인하기 때문임'(劉寅).

2) 能使敵人不得至者(능사적인부득지자) 『어람(御覽)』에는 '능(能)'자가 없음. '반드시 달려갈 곳으로 출동하고 반드시 구원할 곳을 공격함'(曹操), '그 급한 곳을 해치면 적은 반드시 나를 풀어놓고 스스로 단단히 지킴(固)'(李筌), '적군이 반드시 이르게 할 수 없는 까닭은 적이 돌보고 아끼는 것을 해치기 때문임'(張預).

3) 害之也(해지야) 『어람』에는 '제해지지(除害之地)'로 되어 있음. 곧 자기가 불리한 상황에서 적이 공격해 오는 것을 막기 위하여 그들이 중요하게 여기는 것을 '해쳐서(害)' 그곳으로 적의 방향을 바꾸게 한다는 의미. '해지(害之)'는 적이 중요하게 여기는 것(之)을 해침 또는 해롭게 함.

4) 故敵佚能勞之(고적일능로지) '일(佚)'은 편안함, '로(勞)'는 사역동사로 수고롭게 한다는 의미, '일로써 적을 번거롭게 함(以事煩之)'(曹操), '그들을 흔들어서(撓) 휴식하지 못하도록 하게 함'(梅堯臣), '적군이 본래 스스로 한가롭고 편안하면 내가 계책을 세워 그들을 수고롭게 하는 것'(劉寅).

5) 飽能飢之(포능기지) '군량을 나르는 길(糧道)을 끊음으로써 적을 굶주리게 함(絕糧道以饑之)'(曹操), '기(饑)'와 '기(飢)'는 고대에 통용됨, '적의 쌓아 모아놓은 식량(積聚)을 불태우고, 벼의 모를 베며, 그 식량을 나르는 길을 끊음'(李筌), '적군이 본래 식량이 풍족하여 병사들이 충분히 배부르다면 내가 계책을 세워 그들을 굶주리게 하는 것'(劉寅).

6) 安能動之(안능동지) 이 구절은 『죽간본』에만 없음. '안(安)'은 '동(動)'과 대비되어 안정(安定)을 의미, '적이 반드시 아끼는 것을 공격하고 적이 반드시 달려가는 곳으로 출동해서 적들로 하여금 서로 구원할 수밖에 없게 하는 것'(曹操), '적군이 본래 안정적으로 지키며 스스로 견고히 하면 내가 계책을 세워 그들을 수고롭게 하는 것'(劉寅), 곧 적이 안정되게 견고하게 지키면서 움직이지 않을 때에는 계책을 세워 그들을 움직이게 할 수 있어야 한다는 의미.

7) 出其所不趨(출기소불추) 『죽간본』에는 앞의 '안능동지(安能動之)'가 없고, 이 구절(出其所不趨)과 뒤에 나오는 '추기소불위(趨其所不意)' 구절이 없으며, '출어기소필(出於其所必)'로 되어 있고 앞 문장에 속하여 있음, 즉, '(적이) 배부르면 그들을 굶주리게 할 수 있어야 하는 것은 적이 반드시 달려가는 곳으로 출동해야 한다'는 내용의 '포능기지자(飽能飢之者), 출어기소필(추야)(出於其所必(趨也))'로 앞 문장에 '출어기소필(出於其所必)'이 속해 있음, 그러나 여기서는 '적이 대비하지 않는 곳을 공격하고 적이 예기치 않는 곳으로 출동한다(攻其無備, 出其不意)'는 의미로 보고 『십일가주』를 비롯한 『평진본』과 『무경본』에 의거함. 판본의 차이에 의해 '적이 서로 왕래하여 구원할 수 없게 함'(曹操), '적군이 모름지기 나를 대응하게 함'(何氏), '적이 달려가지 않는 곳으로 출동함'(劉寅) 등의 다양한 주석을 있게 함.

8) 趨其所不意(추기소불의) '적이 뜻하지 않는 곳으로 달려감'(劉寅), 곧 적이 예기치 못한 곳을 공격한다는 의미.

9) 行千里而不勞者(항천리이불로자) '수고롭게(피곤하게) 여기지 않는다'는 '불로(不勞)'는 『죽간본』에 '두려워하지 않는다'는 '불외(不畏)'로 되어 있음.

10) 行於無人之地也(행어무인지지야) '무인지지(無人之地)'는 '적이 방어하고 지킴이 없는 땅'(劉寅).

11) 攻而必取者(공이필취자) '근심 없이 쉽게 취함(無虞易取)'(李筌).

12) 攻其所不守也(공기소불수야) '동쪽을 경계하면 서쪽을 치고, 앞쪽으로 유인하면 뒤쪽을 습격함'(杜牧), '남쪽을 공격하지만 실제로 북쪽을 공격하기 위한 것임'(梅堯臣).

13) 守其所不攻也(수기소불공야) 『죽간본』, 오구룡(吳九龍)의 『손자교석(孫子校釋)』, 『어람』에는 '불공(不攻)'이 '필공(必攻)'으로 되어 있음. '적이 반드시 공격할 곳을 지킨다'는 해석과 앞 구절의 연장선상에서 '적이 공격하지 않는 곳을 (사전에 적의 공격에 대비하여) 지킨다.'는 해석이 모두 가능함. '적이 나의 서쪽을 공격하면 또한 동쪽을 대비함'(李筌).

14) 敵不知其所守(적부지기소수) 뒤의 나오는 '적부지기소공(敵不知其所攻)' 구절과 더불어 '실정이 새 나가지 않는 것'(曹操)을 말함.

15) 微乎微乎(미호미호) 두우(杜佑)의 『통전(通典)』에는 '미호미미(微乎微微)'로 되어 있으나, 의미상 차이가 없음. 미묘함을 중첩시켜 강조함. 뒤의 신묘함을 강조한 '신호신호(神乎神乎)' 또한 『통전(通典)』에는 '신호신신(神乎神神)'로 되어 있으며 이와 용법이 같음.

16) 至於無形(지어무형) 전쟁을 잘하는 자가 펼치는 공격하고 수비하는 전술의 미묘함이 형상이 볼 수 없는 경지에까지 이르렀음을 말함.

17) 至於無聲(지어무성) 전쟁을 잘하는 자가 펼치는 공격하고 수비하는 전술의 신묘함이 소리를 들을 수 없는 경지에까지 이르렀음을 말함. '무형(無形)이면 은밀(隱密)하므로 볼 수 없고 무성(無聲)이면 신속(神速)하므로 알 수 없음'(梅堯臣).

18) 故能爲敵之司命(고능위적지사명) '사명(司命)'은 고대 전설 중에서 삶과 죽음을 장악한 별자리(星宿), 여기서는 인간의 명운(命運)을 장악한 자임을 비유한 것임.「작전」2-8 역주 1번 참조.

「허실」6-3: 나아가면 방어할 수 없는 것은 적의 빈 곳을 치기 때문이고, 물러나면 추격할 수 없는 것은 빨라서 미칠 수 없기 때문이다. 그러므로 내가 싸우고자 하면 적이 비록 보루를 높이고 해자를 깊게 하더라도 나와 싸우지 않을 수 없는데 적이 반드시 구원해야 할 곳을 공격하기 때문이며, 내가 싸우고자 하지 않으면 땅에 금을 그려 놓고 그곳을 지키더라도 적이 나와 더불어 싸울 수 없는데 적이 갈 곳을 어긋나게 하기 때문이다.

「虛實」6-3: 進而不可禦者,[1] 衝其虛也,[2] 退而不可追者,[3] 速而不可及也.[4] 故我欲戰, 敵雖高壘深溝,[5] 不得不與我戰者, 攻其所必救也,[6] 我不欲戰, 畫地而守之,[7] 敵不得與我戰者, 乖其所之也.[8]

---

1) 進而不可禦者(진이불가어자) 『죽간본』에는 '진격하면 막을 수 없다'는 '진이불가어(進而不可禦)'는 '진격하면 맞을 수 없다'는 '진불가영(進不可迎)'으로 되어 있음. '진(進)은 (적의) 공허(空虛)하고 나태한 것(懶怠)을 습격함'(李筌), 곧 적의 허(虛)를 습격하기 때문에 적이 방어하지 못함.

2) 衝其虛也(충기허야) '충(衝)은 충격(衝擊)'(劉寅), 곧 급격하게 공격함.

3) 退而不可追者(퇴이불가추자) 『죽간본』에는 '불가추(不可追)'는 '후퇴를 멈추게 할 수 없다는' '불가지(不可止)'으로 되어 있음. 추(追)는 추격(追擊).

4) 速而不可及也(속이불가급야) '나의 군대의 행군속도가 빠른 연유로 적이 미칠 수 없음'(劉寅), '(아군의) 행동이 신속하여 적군의 추격이 미치지 못함'(周亨祥).

5) 敵雖高壘深溝(적수고루심구) '고루(高壘)'는 높은 보루 곧 적의 침입을 막기 위해 높이 쌓은 구축물, '심구(深溝)'는 깊은 해자 곧 적의 침입을 막기 위해 성 앞에 깊이 파놓은 도랑.

6 攻其所必救也(공기소필구야) 앞서 나온 '적이 수비를 견고히 하며 안정되어 있으면 움직이게 해야 한다.'는 '안능동지((安能動之)'의 내용으로, 적이 반드시 구원해야 할 것을 공격해서 적이 어쩔 수 없이(不得不) 싸움에 응할 수밖에 없게 만듦.

7) 畫地而守之(획지이수지) '획지(畫地)'는 땅에 금을 긋는 것. 예컨대 성문을 열어 놓고 방어를 하는 것은 바로 땅에 경계선을 그어 놓고 수비하는 것과 마찬가지인데, 성문을 열어 놓고 방어를 하면 적은 도대체 무슨 속임수가 있지 않나 의심스러워 감히 공격해 들어가질 못함, 이러한 방어술은 상황에 대처하는 권변(權變)에서 나온 속임수임.

8) 乖其所之也(괴기소지야) '괴(乖)'는 『죽간본』에 '어긋날 호(膠)'로 되어 있으며 '속이다', '그르치다'의 의미를 지닌 '류(謬)'와 '교(膠)' · '호(膠)'는 통용되어 의미상 차이가 없음. '괴(乖)는 어그러질 려(戾), 그 길이 어긋나도록 이익과 해로움을 보임으로써 적에게 의혹하게 함'(曹操), '괴(乖)는 기이할 이(異), 기이함(기이한 계책)을 써서 의혹하게 함으로 적이 나와 더불어 싸울 수 없음'(李筌), '권변(權變)을 세워 적들을 의혹하게 하고 결단을 내리지 못하게 하면 처음 왔을 때의 (공격하고자 하는) 마음에서 어긋나 감히 나와 더불어 싸우지 못함'(杜牧), '적이 나와 더불어 싸울 수 없는 것은 권변(權變)을 세워 적이 처음에 가려고 하는 마음을 어긋나게 하기 때문임'(劉寅), 곧 적은 최초에 나를 공격하러 왔지만 내가 싸움을 피하기 위해 속임수로 적을 의혹시키면, 적은 공격하려는 처음의 마음과는 달리 (어긋나서) 공격하지 못한다는 의미.

「허실」6-4: 그러므로 적을 드러나게 하지만 나는 드러남이 없으면 나는 집중하고 적은 분산된다. 나는 집중하여 하나가 되고 적은 분산되어 열이 되므로 열로써 그 하나를 공격하면 나는 많고 적은 적게 된다. 많은 병력으로써 적은 병력을 칠 수 있다는 것은 곧 나와 더불어 싸우는 자들이 줄어든다는 것이다. 내가 그들과 싸우는 곳을 알 수 없게 하며, 알 수 없으면 적은 대비하는 곳이 많아지게 되고, 적이 대비하는 것이 많아지면 내가 더불어 싸워야 할 자가 적어진다. 그러므로 앞쪽을 대비하면 뒤쪽이 적어지고 뒤쪽을 대비하면 앞쪽이 적어지며, 왼쪽을 대비하면 오른쪽이 적어지고 오른쪽을 대비하면 왼쪽이 적어지며, 대비하지 않은 것이 없으면 적어지지 않는 것이 없게 된다. (병력이) 적어지는 것은 상대방을 대비하기 때문이고 (병력이) 많아지는 것은 상대방에게 자기를 대비하게 하기 때문이다.

「虛實」6-4: 故形人而我無形,[1] 則我專而敵分.[2] 我專爲一, 敵分爲十,[3] 是以十攻其一也,[4] 則我衆而敵寡.[5] 能以衆擊寡者,[6] 則吾之所與戰者, 約矣.[7] 吾所與戰之地不可知,[8] 不可知, 則敵所備者多,[9] 敵所備者多, 則吾所與戰者, 寡矣.[10] 故備前則後寡, 備後則前寡, 備左則右寡, 備右則左寡, 無所不備,[11] 則無所不寡.[12] 寡者備人者也,[13] 衆者使人備己者也.[14]

---

1) 故形人而我無形(고형인이아무형) 『죽간본』에는 '훌륭한 장수는 남(적)을 드러나게 하면서 (자기는) 드러남이 없다.'라는 '선장자형인이무형(善將者形人而無形)'으로 되어 있음.

2) 則我專而敵分(즉아전이적분) '나는 전일(專一)하고 적은 분산(分散)됨'(杜佑), '타인은 드러남이 있고 나의 드러남은 보지 못하므로 적은 병력을 분산해서 나를 대비함'(梅堯臣).

3) 敵分爲十(적분위십) 아군의 형세가 드러나지 않으므로 적군은 병력을 나누어 대비해야 하기 때문에 적군의 병력이 분산되어 열이 됨.

4) 是以十攻其一也(시이십공기일야) 『죽간본』에 '공(攻)'은 '격(擊)'으로 되어 있음, 『통전』과 『태평어람』에 '공(攻)'은 '공(共)'으로 되어 있으며 둘 다 가능함(楊丙安).

5) 則我衆而敵寡(즉아중이적과) 『죽간본』에는 '아과이적중(我寡而敵衆)'으로 되어 있음, 『손자교석(孫子校釋)』에서는 '즉(則)'자가 없이 이 구절이 위 문장을 승계하는 것이 아닌 별개의 한 구절로 봄. 다음 문단에 나오는 '적이 비록 (병력은) 많으나 싸울 수 없게 할 수 있다(敵雖衆, 可使無鬪)'는 문장과 병존(竝存)하는 것으로 보기도 함(楊丙安). '나는 오로지 하나가 되므로 많고 적은 나뉘어 열이 되므로 적음'(杜佑), '적의 허(虛)와 실(實)을 보아서 수고롭게 많은 준비를 하지 않으므로 하나가 되지만, 적은 그렇지 않고 나의 드러남을 보지 못하므로 나뉘어 열이 된다. 이 때문에 나의 십분(十分)으로 적의 일분(一分)을 공격하는 것이다. 그러므로 나는 많을 수밖에 없고 적은 적을 수밖에 없음'(張預).

6) 能以衆擊寡者(능이중격과자) 『죽간본』에는 '능이과격중(能以寡擊衆)'으로 되어 있음, 즉 '나는 집중하여 하나가 되고 적은 분산되어 열이 된다.'는 문장에 비추어 볼 때 '적은 것으로 많은 것을 상대한다.'는 것 역시 가능함. 『간본주(簡本注)』에서는 '간본의 뜻이 마치 비록 적은 많고 아군은 적으나 만약 열로써 하나를 공격하는 것과 같이 할 수 있다면 적은 것이 많은 것을 이길 수 있다'고 하는데, 이는 옳음(周亨祥).

7) 約矣(약의) '약(約)은 소(少)'(杜牧, 杜佑, 梅堯臣 등), 대부분의 학자들이 약(約)을 소(少)로 보고 있지만, 이와 달리 '약(約)은 속(束), 굴(屈), 궁(窮)의 뜻으로 곤란하여(困屈) 스스로 어떻게 할 수 없는 곤경(困境)에 빠졌다는 뜻'(周亨祥)으로 보기도 함.

8) 吾所與戰之地不可知(오소여전지지불가지) '드러난 형세(形勢)가 없기 때문에 그러함'(張預).

9) 則敵所備者多(즉적소비자다) '적이 알지 못하면 곳곳에 대비함'(梅堯臣).

10) 寡矣(과의) 적이 곳곳에 병력을 분산시켜 대비하므로 내가 공격하는 어느 한곳의 적의 병력은 줄어듦. 『죽간본』에서 '적소비자다(敵所備者多)……과의(寡矣)'는 '소비자다(所備者多), 즉소전자과의(則所戰者寡矣)'로 되어 있음.

11) 無所不備(무소불비) 대비하지 않는 곳이 없이 곳곳을 대비함.

12) 則無所不寡(즉무소불과) '대비하는 곳 모두가 적음'(梅堯臣), 즉 (곳곳을 대비하기 위해 분산된) 각 곳의 병력들이 모두 적음.

13) 寡者備人者也(과자비인자야) '병력이 적어지는 이유는 세력을 나누어 상대방을 폭넓게 대비하기 때문임'(劉寅).

14) 衆者使人備己者也(중자사인비기자야) '인(人)'은 '나(己)'와 맞서고 있는 상대방, '병력이 많아지는 이유는 세력이 전일(專)하여 적(人)에게 나(己)를 대비시키게 하기 때문임'(劉寅).

「허실」6-5: 그러므로 싸울 곳을 알고 싸울 날짜를 알면 천 리라도 어울려 싸울 수 있다. 싸울 곳을 모르고 싸울 날짜를 모른다면 왼쪽은 오른쪽을 구원할 수 없고, 오른쪽은 왼쪽을 구원할 수 없으며, 앞쪽은 뒤쪽을 구원할 수 없고 뒤쪽은 앞쪽을 구원할 수 없는데, 하물며 멀게는 수 십리(里)이고 가깝게는 몇 리(里)에서 어떻겠는가? 내가 헤아려보건대 월(越)나라 사람의 병력이 비록 많다고 하지만 또한 어찌 이기고 지는 것에 유익함이 있겠는가? 그러므로 말하길 "승리는 만들 수 있다."라고 하며, 적이 비록 (병력은) 많으나 싸울 수 없게 할 수 있는 것이다.

「虛實」6-5: 故知戰之地,[1] 知戰之日, 則可千里而會戰.[2] 不知戰地, 不知戰日, 則左不能救右, 右不能救左, 前不能救後, 後不能救前, 而況遠者數十里,[3] 近者數里乎? 以吾度之,[4] 越人之兵雖多, 亦奚益於勝敗哉?[5] 故曰, "勝可爲也",[6] 敵雖衆, 可使無鬪.[7]

---

1) 故知戰之地(고지전지지) 『죽간본』에는 '지(地)'가 '일(日)'로, 바로 뒤 구절에 나오는 '일(日)'이 '지(地)'로 서로 위치가 바뀌어 있음.

2) 則可千里而會戰(즉가천리이회전) '회전(會戰)'은 적과 어울려 싸움, 대규모 병력이 싸우는 큰 전투, 장수된 자가 먼저 적과 싸울 지역을 미리 알고 싸울 날짜를 미리 알면 '천 리 멀리에서도 적과 회전할 수 있음'(劉寅), "『관자(管子)』에서 이르길 '계책(計)을 미리 정하지 않고 출병한다면 싸워 스스로를 훼손시키는(毁) 것이다'라고 함"(杜牧).

3) 而況遠者數十里(이황원자수십리) '구할 수 없음'을 강조한 반문(反問) 형의 문장.

4) 以吾度之(이오탁지) 『무경본』에는 '오(吾)'는 오나라의 '오(吳)'로 되어 있음. "'오(吾)'는 '오(吳)'자의 잘못, 오나라의 병력으로 월나라의 병력을 헤아려보니 비록 (병력은) 많지만 승리하는 데 유익함이 없음을 말한 것임"(張預), '탁(度)'은 헤아려 추측(推測)하는 '췌탁(揣度)'.

5) 亦奚益於勝敗哉(역해익어승패재) 『죽간본』, 『무경본』 등에는 '패(敗)'자가 없으며 『십일가주』를 따름. 의미상의 차이는 없음.

6) 勝可爲也(승가위야) '승리를 만드는 것은 나에게 있기 때문에 만들 수 있다고 말

한 것임'(曹操), "승리를 만드는 것이 나에게 있기 때문이다. 「형(形)」에서 이르길 '승리는 알 수 있지만 만들 수 없다'고 하였는데 지금 '승리는 만들 수 있다'고 말한 것은 무엇 때문인가? 대개 「형」에서는 공 · 수(攻 · 守)의 세(勢)를 논하면서 적에게 만약 대비함이 있다면 반드시 만들 수 없다는 것을 말한 것이고, 지금은 주로 월(越)나라 군대(兵)에 대해 말하면서 월나라 사람이 반드시 싸울 곳과 날짜를 알 수 없음을 헤아리기 때문에 '만들 수 있다(可爲)'라고 말한 것이다"(張預).

7) 可使無鬪(가사무투) '나와 싸워 이길 수 없게 함'(杜牧), '적의 세를 분산시키고 힘을 다스려서 함께 모여 나아가게(同進) 하지 못한다면 어찌 나와 다툴 수 있겠는가?'(張預), 적의 형세를 분산시켜서 비록 병력이 많더라도 나와 싸워 이길 수 없게 함.

「허실」6-6: 그러므로 계책하길 얻고 잃는(得·失) 계산을 알고, 만들길 움직이고 고요한(動·靜) 이치를 알며, 드러내길 죽고 사는(死·生) 곳을 알며, 다투길 남고 부족한(有餘·不足) 것을 알아야 한다.

「虛實」6-6: 故策之而知得失之計,[1] 作之而知動靜之理,[2] 形之而知死生之地,[3] 角之而知有餘不足之處.[4]

---

1) 故策之而知得失之計(고책지이지득실지계) 이 문장부터 뒤에 나오는 '형지이지사생지지(形之而知死生之地)'까지 『죽간본』과는 차이가 많이 나며, '계(計)'가 '사생지지(死生之地)' 뒤에 놓이고 뒤로 빠진 '득실(得失)' 앞에 위치함(……死生之地, 計之(而知)得失之□), 그러나 『죽간본』의 잔간(殘簡)이 많아 확실한 차이점을 비교해서 알 수 없음. '책(策)'은 분석하고 연구함, '책지(策之)'는 적의 정황을 분석하여 계책을 세우는 것, '지(知)'는 전투를 통해 쌍방이 얻고 잃게 되는 경우의 수를 계산하는(得失之計) 것, '적이 얻고 잃는 계산은 내가 계책함으로써 앎'(梅堯臣), 적의 정황을 근거로 계책을 세우면 쌍방이 얻고 잃는 것이 무엇인지 계산하여 알 수 있음.

2) 作之而知動靜之理(작지이지동정지리) '작(作)'은 『설문(說文)』에 '기(起)', 여기서는 '사지기(使之起)'로 '선동 내지 도발한다(挑動)'는 의미(周亨祥), 적의 동정을 살필 수 있도록 행동을 조작하는 것, '작(作)은 격하게 행동하게 한다는(激作) 의미, 적군을 격하게 움직이게 해서 나에게 대응하도록 하게 한 뒤에, 적의 움직임과 조용함(動 · 靜)과 다스려짐과 혼란함(治 · 亂)의 형상(形)을 관찰하는 것을 말함'(杜牧).

3) 形之而知死生之地(형지이지사생지지) '형(形)은 노출(露出), 표현(表現)함, 여기서는 정찰하게 한다는 사동(使動)의 의미, 정찰을 보내면 전투 지역의 각 곳의 공 · 수(攻守)와 진 · 퇴(進退)의 이로운지 여부를 알 수 있음'(周亨祥), '형체로써 보여주면 적이 점거한 땅이 죽을 곳인지 살 곳인지 안다. 보여주길 약하게 하면 적은 반드시 진격하고, 보여주길 강하게 하면 적은 반드시 후퇴하는 것을 말함'(劉寅), '적이 죽고 사는 땅은 내가 형세를 보여줌으로써 앎'(梅堯臣), '적에게 이미 동정(動靜)이 있다면 나는 그 드러남을 볼 수 있다. 모의함이 있으면 그 처한 곳에서 반드시 살고, 모의함이 없으면 던져진 곳에서 반드시 죽는다'(陳皥).

4) 角之而知有餘不足之處(각지이지유여부족지처) 『죽간본』에는 '유여부족(有餘不足)'이 '부족유여(不足有餘)'로 되어 있음. '각(角)은 추측하여 헤아린다는 의미의 량(量)'(曹操), '각(角)은 견주어 헤아림(較量), 적에 대해 시험적(탐색적)으로 접촉함을 가리킴'(周亨祥), '그 힘의 정예로움과 용맹함(精勇)을 헤아리면 허 · 실(虛實)을 알 수 있음'(李筌), "정예병을 가지고 좌우로 접촉하며 적의 여유 있고(견고함) 부족한 곳(견고하지 못하고 하자가 있음)을 아는 것이다. …… 내가 생각건대 '계책하고(策之)' '만들고(作之)' '나타내고(形之)' '다투는(角之)' 네 가지는 나로부터 나오는 것이고, '득과 실(得失)' '동과 정(動靜)' '사와 생(死生)' '유여와 부족(有餘不足)' 여덟 가지는 적에게 대응하는 것이다. '책(策)과 작(作)'은 계책을 쓰는 것이고 '형(形)과 각(角)'은 군사를 부리는 것이다"(劉寅).

「허실」6-7: 그러므로 병력을 드러내는 지극함은 (드러난) 형세가 없는 데까지 이르고, (드러난) 형세가 없으면 깊이 숨어든 간첩도 엿볼 수 없고, 지혜로운 자라도 도모할 수 없다. (드러난) 형세로 인해 많은 사람들에게 이기도록 조치하지만 많은 사람들은 알 수 없다. 사람들은 모두 승리하게 된 (드러난) 형세만을 알지 내가 승리할 수 있게 한 (드러나지 않은) 형세를 알지 못한다. 그러므로 싸워서 이기길 (같은 방법) 다시 하지 않고 형세에 대응하길 무궁무진하게 한다.

「虛實」6-7: 故形兵之極,[1] 至於無形,[2] 無形則深間不能窺,[3] 智者不能謀.[4] 因形而錯勝於衆,[5] 衆不能知.[6] 人皆知我所以勝之形,[7] 而莫知吾所以制勝之形.[8] 故其戰勝不復,[9] 而應形於無窮.[10]

---

1) 故形兵之極(고형병지극) '형병(形兵)'은 적에게 자신의 병력을 드러내는 것, 곧 자신의 병력의 허(虛)와 실(實)을 보여주며 적을 유인하는 전략의 지극함.

2) 至於無形(지어무형) 『회남자(淮南子)』「병략훈(兵略訓)」에서 '용병(兵)의 지극함이 무형(無形)에 이르면 지극하다(極)고 말할 수 있다'라고 한 뜻과 대략 같음(周亨祥), '적에게 보여주는 미묘함(妙)이 무형의 상태(無形)에 진입함(入)'(李筌), '병력의 허와 실로써 적에게 보여줌이 극치에 경지에 도달하면 (그의 용병 전략의) 드러남(形)은 측량할 수가 없음'(劉寅), 즉 최상의 용병술은 적이 측량하고 예측할 만한 어떠한 단서도 주지 않는다는 의미.

3) 無形則深間不能窺(무형즉심간불능규) '심간(深間)'은 자신의 진영에 깊이 숨어든 간첩, '규(窺)'는 간첩이 몰래 훔쳐보는 것.

4) 智者不能謀(지자불능모) 적장이 아무리 지혜로운 자일지라도 도모할 방법이 없음.

5) 因形而錯勝於衆(인형이조승어중) 『평진본』과 『무경본』에는 '조(錯)'는 '조(措)'로 되어 있으며 고대에는 두 글자가 통용됨, '조(錯)'는 '치(置)'(李筌), 곧 '조승(錯勝)'은 승리를 취득한다는 의미.

6) 衆不能知(중불능지) '적의 변동(變動)하는 형세에 말미암아 승리를 거둔 것이지만 많은 사람들이 알지 못함'(張預), 적의 형세의 변화를 읽고 대처하는 그의 용병전술이 탁월하여 적들(衆)에게서 승리를 취하지만 그의 용병술이 무형(無形)의 경지에 도달해서 많은 사람들(衆)은 그 원인을 알 수 없음.

7) 人皆知我所以勝之形(인개지아소이승지형) '형(形)'은 적에게 승리하는 과정에서 외재적으로 드러난 상황, 곧 '적의 깃발을 뽑고 적장을 베는 (밖으로) 드러난 형상(形)'(劉寅).

8) 而莫知吾所以制勝之形(이막지오소이제승지형) '형(形)'은 적의 변동(變動)하는 형세를 읽고 대처하여 승리를 이끌게(制勝) 한 내재적인 실정(實情), 곧 '원인의 유래(因由) 즉 방략(方略)'(周亨祥).

9) 故其戰勝不復(고기전승불부) '불부(不復)'는 '싸워서 이긴 전략을 다시 쓰지 않음'(張預, 劉寅 등), '중복해 움직이며 그것에 대응하지 않음'(曹操).

10) 而應形於無窮(이응형어무궁) '이전에 모의함으로써 승리를 거둔 것을 다시 하지 않고 (상황의) 마땅함에 따라서(隨宜) 변화를 줌(制變)'(李筌), '적의 형세에 따라 대응하며 기(奇)를 내는 것이 무궁함'(張預).

「허실」6-8: 대저 용병(兵)의 형세는 물을 본뜨는데 물의 흐름은 높은 곳을 피하고 낮은 곳으로 달려가고, 용병(兵)의 형세는 적의 실한 곳을 피하고 허한 곳을 공격한다. 물은 땅으로 인해 흐름이 만들어지고 군대는 적으로 인해 승리가 만들어진다. 그러므로 용병(兵)에는 일정한 형세가 없고 물은 일정한 형세가 없으므로, 적의 변화에 따라서 승리를 취할 수 있는 것을 일러 '신묘함(神)'이라 한다. 그러므로 오행(五行)에는 항상 이기는 것이 없고 네 계절(四時)에는 항상적인 자리가 없으며, 해에는 짧고 긺이 있고 달에는 죽고 삶이 있다.

「虛實」6-8: 夫兵形象水,[1] 水之行,[2] 避高而趨下,[3] 兵之形,[4] 避實而擊虛.[5] 水因地而制流,[6] 兵因敵而制勝.[7] 故兵無常勢,[8] 水無常形,[9] 能因敵變化而取勝者, 謂之神.[10] 故五行無常勝,[11] 四時無常位,[12] 日有短長,[13] 月有死生.[14]

1) 夫兵形象水(부병형상수) ‘용병(兵)의 형세는 물의 흐름과 같아서 더디고 빠른 세(勢)가 일정함이 없음’(孟氏), ‘형(形)’은 ‘구조와 형식, 운동 법칙(規律)’(周亨祥).

2) 水之行(수지행) 『죽간본』에는 ‘수행(水行)’으로 되어 있음.

3) 避高而趨下(피고이추하) ‘성질(性也)’(梅堯臣), ‘흐르는 물의 법칙’(周亨祥).

4) 兵之形(병지형) 『죽간본』에는 ‘병승(兵勝)’, 『교석』에는 ‘병지승(兵之勝)’으로 되어 있음. 뒤에 나오는 ‘군대는 적으로 인해 승리가 만들어진다(兵因敵而制勝)’는 내용에 비추어 볼 때 뜻이 통함.

5) 避實而擊虛(피실이격허) ‘이로움(利也)’(梅堯臣), ‘군대가 적의 허술한(빈) 곳(虛)을 치면 이롭게 됨’(張預).

6) 水因地而制流(수인지이제류) 『죽간본』과 『교석』에는 ‘제류(制流)’는 ‘제행(制行)’으로 되어 있으며 뜻이 통함. ‘물의 네모지고 둥글고 기울고 곧음은 땅으로 인해 흐름이 만들어짐’(劉寅)

7) 兵因敵而制勝(병인적이제승) ‘적의 허로 말미암음’(杜牧), ‘군대의 허함과 실함, 강함과 약함은 적(의 실정)에 따라서 승리하는 것임’(劉寅), 곧 물의 흐름이 땅의 형세를 따르듯 자기의 승리도 적의 형세로부터 말미암은 것이라는 의미.

8) 故兵無常勢(고병무상세) 『죽간본』에서만 오직 ‘상세(常勢)’는 ‘성세(成勢)’로 되어 있음. ‘적은 변동함(變動)이 있으므로 일정한 세(勢)가 없음’(張預).

9) 水無常形(수무상형) 『죽간본』에서만 오직 ‘상형(常形)’은 ‘항제(恒制)’로 되어 있고 ‘수(水)’자가 없음. 물에는 일정한 형태가 없음.

10) 謂之神(위지신) 『죽간본』에 ‘능인적변화이취승자위지신(能因敵變化而取勝者謂之神)’은 ‘능여적화지위신(能與敵化胃之神)’으로 되어 있으며, 『통전』에 ‘인(因)’은 ‘수(隨)’로 되어 있음. ‘세(勢)가 흥성하면 반드시 쇠하고 형세가 드러나면 반드시 패하므로 적의 변화에 말미암아서 승리를 거두는 것이 신(神)과 같다고 함’(曹操), ‘따라서 변화하니 미묘함이 예측할 수 없음’(梅堯臣), ‘적의 허와 실의 변화에 인하여 내가 기(奇)와 정(正)으로 (대응)하여 적들에게 승리를 취하는 것을 일러 신묘하여 헤아릴 수 없다고 함’(劉寅).

11) 故五行無常勝(고오행무상승) 오행(五行)은 목(木), 화(火), 토(土), 금(金), 수(水)이고, 오행은 상극(相剋)의 성질을 가지고 있기 때문에 항상 이기는 것이 없

음, 곧 목(木)은 토(土)를, 화(火)는 금(金)을, 토(土)는 수(水)를, 금(金)은 목(木)을, 수(水)는 다시 화(火)를 이기기 때문에 이와 같이 말함.

12) 四時無常位(사시무상위) 네 계절은 항상 자리를 바꾸기 때문에 일정하게 항상적인 자리가 없음.

13) 日有短長(일유단장) 해가 봄과 여름 북쪽으로 가면 길어지고 가을과 겨울 남쪽으로 가면 짧아지며 일정한 길이가 없음.

14) 月有死生(월유사생) '달이 그믐이 되면 백(魄)이 죽고 초하루가 되면 백(魄)이 살아남을 말함'(劉寅), '백(魄)'은 달빛(月光)을 말함. 달이 차고 기울며 일정한 형체가 없음을 비유함. 이상 '오행(五行)' '사시(四時)', '일(日)' '월(月)'의 변화에 빗대어 용병에는 일정함이 없이 형세의 변화에 따라야 함을 말한 것임.

제 7 장

전쟁의 목적과 방법 — 『군쟁(軍爭)』

제7편의 제목인 '군쟁(軍爭)'은 양쪽 군사들이 이익을 다툰다는 의미로서, 곧 전쟁의 목적은 이익에 있음을 밝힌다. 전쟁(兵)은 도덕적 문제가 아니며 속임수로써 이익을 다투는 것이기 때문에 이로움으로써 움직이며, 전투에 임해서는 나누어지고 합쳐지는 것(분산과 집중)으로 용병술의 변화를 중시해야 한다. 즉, 이익을 쟁취하기 위해 부단한 정세의 변화에 대처하며 전쟁에서 승리할 수 있는 조건의 창출 문제를 변증법적 관점에서 서술한다. 또한 항상 자신의 군대가 적보다 유리한 위치를 점유하는 가운데 적을 유인하는 용병술을 쓸 것을 강조하며, 우회하면서도 직행의 효과를 거두는 것, 걱정스러운 상태를 유리한 상태로 전환하는 변화의 용병술의 중요성을 강조한다.

이 편의 마지막 부분인 「군쟁」7-7의 내용은 지세(地勢)에 의거한 전투에 대처하는 요령을 소개하고 있는데 이는 다음 편인 「구변(九變)」의 내용과도 자연스럽게 연결된다. 이 때문에 혹자는 그 내용을 「구변」의 일부로 파악하여 「구변」에서 다루기도 한다. 그러나 여기에서는 「군쟁」 말미의 내용을 「구변」의 일부로 취급하는 연구 방식에는 여전히 해결해야 할 문제가 많이 남는다고 판단(역주 참조)하여 『십일가주(十一家注)』의 체제와 구성을 따른다.

「군쟁」7-1: 손자가 말하다. 무릇 군사를 부리는(用兵) 방법은 장수가 군주에게 명령을 받아서 군사를 모으고 무리를 모아서, 성루를 맞대고 대치하면서 군대가 (서로) 다투는 일(軍爭)보다 어려운 것이 없다. 군대의 다툼(軍爭)이 어려움은 우회하는 것을 직행하게 하고 근심스러운 것을 이롭게 해야 하는 데 있다. 그러므로 그 길을 우회하여 적을 유도하길 이로움으로써 하여 적보다 늦게 출발해도 적보다 앞서 도달하는데, 이는 우회와 직행의 계책을 아는 자이다.

「軍爭」7-1: 孫子曰: 凡用兵之法, 將受命於君, 合軍聚衆,[1] 交和而舍,[2] 莫難於軍爭.[3] 軍爭之難者, 以迂爲直, 以患爲利.[4] 故迂其途而誘之以利,[5] 後人發先人至, 此知迂直之計者也.[6]

---

1) 合軍聚衆(합군취중) '나라 사람들을 모아 항오(行伍)를 결성하고 부곡(部曲)을 가리고 진영을 일으켜 군진(軍陣)을 삼음'(曹操), 여기서 '항오(行伍)'와 '부곡(部曲)'은 군사편제를 말함. 곧 '항오'는 한 줄에 5명을 세우는 것을 오(伍), 그 5줄의 25명을 항(行)이라 하여 군사의 대오를 말함, '부곡'은 직위를 분별하는 '분(分)'으로써 책임자인 부장과 병졸 등의 신분을 말함, '나라 사람들을 모아서 군대를 만드는 것'(梅堯臣), '합군(合軍)과 취중(聚衆)은 같은 뜻'(周亨祥). 그러나 '합군(合軍)'은 기존 각 부대에 소속된 군사들 곧 부대를 동원하는 것으로, '취중(聚衆)'은 일반 백성을 군사로 편입시키는 것으로 보는 것이 마땅함.

2) 交和而舍(교화이사) '군문(軍門)을 화문(和門)이라 함'(曹操, 梅堯臣, 張預 등), '화(和)는 군문(軍門)을 가리키는 것이 아니며 실로 (군대의 보루인) 군루(軍壘)와 관계있는 것이 분명함'(楊炳安), "이 구절은 양쪽의 군(軍)이 보루에서 대치하며 주둔하는 것을 말함, 즉, '교(交)'는 접(接)의 의미, '화(和)'는 역대 주석가들이 '군문(軍門)'으로 해석하였으나 성벽과 성루인 벽루(壁壘)의 이름으로, '교화(交和)'는 보루(堡壘)를 구축(構築)하고 적군(敵軍)과 상대하는 일인 '대루(對壘)'를 말함"(周亨祥), '교화(交)'는 서로 성루에서 인접하게 맞대고 있는 것, '사(舍)'는 주둔하며 대치하고 있는 것.

3) 莫難於軍爭(막난어군쟁) '군쟁(軍爭)은 양쪽 군대가 승리를 다툼'(曹操), '쟁(爭)은 이로움을 다툼'(王皙), '다른 사람을 상대하며 이익을 다투는 것이 천하의 지극히 어려운 일임'(張預).

4) 以迂爲直以患爲利(이우위직이환위리) '먼 것을 변화시켜(變) 가깝게 하고 재앙(患)을 바꾸어(轉) 이롭게 만들 수 있는 것이 어렵다'(梅堯臣), '멀고 굽은 것을 변화시켜 가깝고 곧게 만들고, 재앙과 해로움을 바꾸어 편하고 이로움으로 만드는 일, 이것이 군대의 다툼의 어려운 것임'(張預).

5) 故迂其途而誘之以利(고우기도이유지이리) '그 길을 우회하여 빨리 가지 않는 것(速進)처럼 보이고 적보다 늦게 떠난 것처럼 보이지만 먼저 도착한다. 용병(用兵)이 이와 같으면 재앙을 이로움으로 만드는 것이다'(李筌), '그 길을 우회하고 유도하길 이익으로써 하여 그것을 좇게 하는(肆) 것임'(梅堯臣).

6) 此知迂直之計者也(차지우직지계자야) "그 길을 우회하여 멀리 가서 거짓으로 알지 못하는 척하고 다시 작은 이익으로 유도하여 적에게 탐내도록 하여 우리가 나아감을 생각하지 못하게 한다면, 내가 적보다 늦게 출발하여도 적보다 먼저 도달할 수 있는데, 이것이 이른바 '우회함으로 곧음을 삼고 재앙을 이로움으로 만들 수 있는 계책을 안다'고 하는 것이다"(劉寅).

「군쟁」7-2: 그러므로 군대의 다툼은 이롭기도 하지만 군대의 다툼은 위험하기도 하다. (모든) 군대를 일으켜서 이로움을 다투면 (제 시간에) 미치지 못하고, (보급) 군대를 내버려두고 (적과) 이로움을 다투면 군수물자(輜重)가 버려지게 된다. 이 때문에 갑옷을 말아 올리고 달려 나가 밤낮으로 머무르지 않고 두 배나 되는 길을 한 번에 달려가서 1백리에 이르러 (적과) 이로움을 다툰다면 삼군(三軍)의 장수가 잡히고, 굳센 자가 먼저 도착하고 피로한 자가 나중에 도착하는데 일반적인 경우(法)가 10분의 1만 도착한다. 5십리에 이르러 이로움을 다툰다면 상장군이 쓰러지고 일반적인 경우(法)가 반만 도착한다. 3십리에 이르러 이로움을 다툰다면 3분의 2만 도착한다. 이 때문에 군대는 치중(輜重)이 없으면 망하고 식량이 없으면 망하고 저축한 축적물이 없으면 망한다.

「軍爭」7-2: 故軍爭爲利, 軍爭爲危.[1] 擧軍而爭利則不及,[2] 委軍而爭利則輜重捐.[3] 是故卷甲而趨,[4] 日夜不處,[5] 倍道兼行,[6] 百里而爭利, 則擒三將軍,[7] 勁者先, 疲者後,[8] 其法十一而至.[9] 五十里而爭利, 則蹶上將軍,[10] 其法半至. 三十里而爭利, 則三分之二至. 是故軍無輜重則亡, 無糧食則亡, 無委積則亡.[11]

---

1) 軍爭爲危(군쟁위위) 『죽간본』, 『평진본』, 『무경본』에 모두 '중쟁위위(衆爭爲危)'로 되어 있으나 『십일가주본』을 따름. '잘하는 자는 이롭고 잘하지 못하는 자는 위험함'(曹操), '군대의 다투는 일은 이롭고도 위험함'(梅堯臣), '중쟁위위(衆爭爲危)'로 된 판본을 따를 경우 '군대가 다투는 것은 자기를 이롭고자 한 것이나 만약 대병력을 일으켜 다툰다면 도리어 이로움을 잃고서 위태롭게 된다'(劉寅)라고 주석하기도 함. 이때 '중쟁(衆爭)'은 무질서한 무리가 다투는 것으로 볼 수도 있음.

2) 擧軍而爭利則不及(거군이쟁리즉불급) '불급(不及)'은 '더디어 미치지 못함'(曹操), '치중(輜重)의 행군(行)이 더딤'(李筌), '치중(輜重) 때문에 그러함'(王晳), 제때 도착하지 못하는 것을 말함. '거군(擧軍)은 뒤에 나오는 위군(委軍)과 대조되는 말로써 모든 치중(輜重)을 이끌고 가는 군대'(周亨祥), '모든 군대를 동원하여 적과 이익을 다투면 행군이 느려 (제때) 미칠 수 없음'(劉寅), '치중(輜重)'은 군대에서 사용하는 모든 군수 물품.

3) 委軍而爭利則輜重捐(위군이쟁리즉치중연) '위(委)는 버릴 기(棄)', '연(捐)은 기(棄) 또는 실(失)'(周亨祥), '군대가 소유한 것을 버리고 행군하는 것 곧 군수물자를 버림'(梅堯臣), '위군(委軍)은 보급 부대 없는 정예부대로도 해석이 가능함. 『통전』에는 이 구절이 없음.

4) 是故卷甲而趨(시고권갑이추) 갑옷을 말아 올린다는 뜻의 '권갑(卷甲)'은 무장을 가볍게 함. '추(趨)'는 급히 속보로 달림.

5) 日夜不處(일야불처) '쉬지 않음'(曹操), 곧 쉬지 않고 달려가는 것.

6) 倍道兼行(배도겸행) 이틀 길을 하루에 걸음, 곧 속도를 배가시켜 평상시의 두 배에 해당하는 길을 한 번에 가는 것.

7) 則擒三將軍(즉금삼장군) '금(擒)'은 피동용법, 『교석』에는 '삼군장(三軍將)'으로 되어 있어 '삼군(三軍)의 수장'이라는 뜻이 명확하나 다른 판본에는 모두 '삼장군(三將軍)'으로 되어 있음.

8) 疲者後(피자후) "『통전』에 '피(疲)'는 '피(罷)'로 되어 있으며 손성연은 이를 그르다 하였지만 고대에는 두 자는 음이 같고 뜻의 차이가 없이 통용됨"(楊丙安).

9) 其法十一而至(기법십일이지) 『통전』에는 '십이일지(十而一至)'로 되어 있음, '십일(十一)은 10분의 1, 고대의 모수(母數)와 자수(子數)를 연용(連用)하여 분수를 표시하는 법의 하나, 법(法)은 통상적인 규칙인 상규(常規)'(周亨祥), 여기에서는 그렇게 하였을 때 '일반적으로 해당하는 경우'라는 의미.

10) 則蹶上將軍(즉궐상장군) '궐(蹶)은 (꺾인다는 의미의) 좌(挫)'(曹操, 杜佑 등), '군대의 위엄이 꺾이지만 사로잡히지는 않음'(李筌), '상장군(上將軍)'은 『교석』에 '상군장(軍將)'으로, 『죽간본』에는 '상장(上將)'으로 되어 있음, '상장군(上將軍)은 전군(全軍)의 장령(將領), 옛날에 삼군(三軍)은 좌(左) · 중(中) · 우(右) 또는 상(上) · 중(中) · 하(下)로 칭함'(周亨祥).

11) 無委積則亡(무위적즉망) '위적(委積)'은 만일을 대비해 모아서 저축한 군수물자, 즉 "'치중(輜重)'이 없으면 군사물품의 쓰임(器用)를 제공하지 못하게 되고, '양식(糧食)'이 없으면 군량이 부족하게 되고, '위적(委積)'이 없으면 재화가 불충분하니 모두가 망해 엎어지는 도(道)이다. 이 세 가지는 (보급) 부대를 내버려두고 (적과) 이로움을 다투는 것을 말한 것이다'(張預).

「군쟁」7-3: 이 때문에 제후의 모의하는 것을 알지 못하는 자는 미리 교류할 수 없고, 산과 숲, 구덩이와 높고 낮은 경사진 곳, 늪과 못의 형세를 알지 못하는 자는 군대를 출동시킬 수 없으며, 향도(鄕導)를 쓰지 않는 자는 땅의 이로움을 얻을 수 없다.

「軍爭」7-3: 故不知諸侯之謀者,[1] 不能豫交,[2] 不知山林·險阻·沮澤之形者,[3] 不能行軍, 不用鄕導者,[4] 不能得地利.[5]

---

1) 故不知諸侯之謀者(고부지제후지모자) '제후지모(諸侯之謀)'는 '장수가 자신이 모시는 제후의 의도', '다른 제후국들의 실정과 의도'라는 두 가지 주석이 있으나 뒤의 내용을 볼 때 후자가 옳음.

2) 不能豫交(불능예교) '적의 실정과 모의(情謀)를 알지 못하는 자는 교류를 맺을 수 없음'(曹操), '예(豫)는 비(備), 적의 실정을 알아서 반드시 그 교류에 대비함'(李筌), "('예(豫)'는 '비(備)'의 의미가) 아니다(非也). '예(豫)'는 '선(先)', '교(交)'는 '교전(交兵)'을 의미한다. 제후들이 모의하는 것을 모름지기 먼저 안 연후에야 교전(交兵合戰)할 수 있음을 말한 것이다. 만약 그 모의하는 것을 알지 못하면 진실로 더불어 교전할 수 없다"(杜牧), "'예(豫)'는 (간여 또는 참여하다는 의미의) '예(預)'자와 통용된다. 그러므로 장수된 자가 제후의 계책을 알지 못하면 앞서 다른 나라와 교류하지 못하는 것이다"(劉寅).

3) 不知山林險阻沮澤之形者(부지산림험조저택지형자) "높고 높은 것이 '산(山)'이고, 많은 나무들이 모여 있는 것이 '림(林)'이고, 구덩이(坑塹)가 '험(險)'이고, 한쪽은 높고 한쪽은 낮은 것이 '조(阻)'이고, 수초(水草)가 축축하게 흠뻑 젖어 있는(漸洳) 것이 '저(沮)'이고, 많은 물이 모여(歸) 흐르지 않는 것이 '택(澤)'이다. 군대가 주둔할 산천(山川)의 형세를 알지 못한다면 군대를 나아가게 할 수 없다"(曹操).

4) 不用鄕導者(불용향도자) '향(鄕)은 향(向)과 통함'(周亨祥), '향(向'은 곧 '향(嚮)'을 말하며 '향도(鄕導)'는 '향도(嚮導)'로 길을 안내하는 길잡이.

5) 不能得地利(불능득지리) '리(利)는 편리함(便利)'(杜佑), 곧 지리(地利)는 지세(地勢)의 편리함, 이상 이 문단의 세 문장의 내용은「구지」11-13에도 그대로 나옴.

「군쟁」7-4: 그러므로 전쟁(兵)은 속임수로써 이루고, 이로움으로써 움직이며, 나누어지고 합쳐지는 것(분산과 집중)으로 변화를 삼는 것이다. 그러므로 그 빠름이 바람과 같으며, 그 느림이 숲과 같으며, 침략하기가 불과 같으며, 움직이지 않음이 산과 같으며, (자기를 아는) 어려움이 그늘과 같으며, 움직임이 천둥 벼락과 같다. 마을을 약탈함에는 약탈한 물자를 무리에게 나누며, 넓은 지역은 이로움을 나누며, 저울을 걸어놓고 움직인다. 먼저 우회와 직행의 계책을 아는 자는 승리하니 이것이 군대가 싸우는 방법(法)이다.

「軍爭」7-4: 故兵以詐立,[1] 以利動,[2] 以分合爲變者也.[3] 故其疾如風,[4] 其徐如林,[5] 侵掠如火,[6] 不動如山,[7] 難知如陰,[8] 動如雷霆.[9] 掠鄕分衆,[10] 廓地分利[11], 懸權而動.[12] 先知迂直之計者勝,[13] 此軍爭之法也.

---

1) 故兵以詐立(고병이사립) '적을 속여서 나의 본래 실정을 알지 못하게 한 연후에야 승리를 이룰 수 있음'(杜牧), '속임수의 방법(詭道)이 아니면 일을 이룰 수 없음'(梅堯臣), '변화(變)와 속임수(詐)로 근본을 삼고 적이 우리의 기(奇)와 정(正)이 있는 바를 알지 못하게 한다면 내가 이룰 수 있음'(張預), '변화와 속임수로 위엄을 세움'(周亨祥).

2) 以利動(이리동) '이로움을 보여 움직이기 시작하도록 함(始動)'(杜牧), '이익이 아니면 움직이게 할 수 없음'(梅堯臣), '이로움이란 적의 허(虛)를 보고 움직여서(動) 그 이로움을 꾀하는 것(乘)'(劉寅), '이익에 의거하여 행동함'(周亨祥), 즉 이 구절은 이로움을 보여 적을 움직여 유인하게 한다는 의미와, 군대의 다툼(軍爭) 곧 전쟁이 이로움을 쟁취하기 위한 것이란 점에서 이로움에 의거해서 출동한다는 의미로 두 가지 해석이 가능함.

3) 以分合爲變者也(이분합위변자야) '혹(或) 나누었다 혹(或) 모았다 하며 적을 유혹함으로써 나에게 대응하는 형세를 관찰한 연후에 변화로써 승리를 쟁취할 수 있음'(杜牧), '언뜻(乍) 모였다 언뜻(乍) 나뉘었다 하는 것은 (정황에 따라) 수시로(隨) 변화하는 것임'(陳皥), '혹 그 형세를 분산했다가 혹 그 세를 한데 모았다가(合聚) 하는 것은 모두 적의 동정(動靜)으로 말미암아 변화하는 것임'(張預), '(병력을) 나누었다 모으고 모았다 나누는(以分而合合而分) 것으로 변화의 방법(道)을 삼는다. 속임수(詐)란 적에게 나의 허실(虛實)의 형세를 헤아리지 못하게 하여

나의 근본을 세우는 것임'(劉寅), '분산과 집중을 변화의 수단으로 삼음, 실정에 근거하여 혹 분산하거나 혹 집중함이 변화에 대응하며 흔들리지 않음'(周亨祥).

4) 故其疾如風(고기질여풍) '(적의) 공허한 곳을 공격함(擊空虛也)'(曹操), '나아가고 물러남이다. 오는 데 자취가 없고 물러나는 데 빠르게 도달함'(李筌), '적을 맞아 신속하게 (승기를) 타야 할 적엔 우리 군대가 빠르게 행군함이 회오리바람과 같이 빠름'(劉寅).

5) 其徐如林(기서여림) '이로움을 보지 않음(不見利也)'(曹操), 서(徐)는 (느릴) 완(緩)'(杜牧), '진영을 정돈하며 행군함'(李筌), '이로움이 보이지 않으면 전진하지 않는데 마치 바람이 숲에 불듯이 작게 움직이고 크게 이동하지 않음'(杜佑), '질서 정연하고 엄숙함(齊肅)'(王晳), '서(徐)는 서(舒), 느리게(徐緩) 행군하는 것이 마치 숲의 나무가 빽빽하게 있는 것(森森然)과 같아서 아직 이로움을 보지 못한 것을 말함'(張預), '적에게 아직 탈만한 형세가 있지 않으면 느리게 전진하며 숲의 나무가 빽빽하게 있는 것과 같이 함'(劉寅).

6) 侵掠如火(침략여화) '빠름(疾)'(曹操), '불이 무서운 기세로 타들어가는 들판과 같아서 풀을 남겨 둠이 없음'(李筌), '적국을 침략하는 것이 불이 무서운 기세로 타들어가는 들판과 같아서 가고 올 수 없음'(賈林), '적의 국경을 침략하길 마치 사나운 불꽃의 형세와 같게 함'(劉寅).

7) 不動如山(부동여산) '지킴(守)'(曹操), '군사를 머물게 함(駐軍)'(李筌), '편하고 이로움(便利)을 아직 보지 못하여 적이 나를 유혹하지만(誘誑) 내가 움직이지 않으므로 산과 같이 안정됨'(賈林), '견고하게 지킴'(王晳), '지중함(持重)'(張預), '움직이지 않는다는 것은 지중(持重)하는 것이다. 지중(持重)할 때에는 산이 움직이지 않는 것 같이 하는 것임'(劉寅).

8) 難知如陰(난지여음) '그 세를 헤아릴 수 없는 것이 그늘과 같아서 온갖 형상(萬象)을 엿볼 수 없음'(李筌), '어둡고 미미해서 헤아릴 수 없음'(何氏), '마치 짙은 구름이 하늘을 가려서 별의 형상(辰象)을 볼 수 없음'(張預), '실정을 보기가 어려움'(周亨祥), 즉 적에게 아군의 허실(虛實)과 동정(動靜) 등을 비롯한 실상을 파악하기 어렵게 함.

9) 動如雷霆(동여뇌정) 『통전』과 『어람』, 이를 따른 『십일가주』를 제외하고 모든 판본에 '정(霆)'은 '진(震)'으로 되어 있음, '그 움직임이 빨라서 대응하지 못함'(賈林), '신속하여 피하지 못함'(梅堯臣), '신속하기가 천둥과 같이 갑자기 내려침으로 피할 바를 알지 못함'(張預).

10) 掠鄕分衆(략향분중) '략(掠)'은 노략질, '향(鄕)'은 적의 향촌 또는 촌락. '분중(分衆)'과 다음에 나오는 '곽지분리(廓地分利)' 구절에는 다양한 주석이 존재함. 우선 적의 방비가 허술한 향촌을 노략질할 때는 병력을 나누어 여러 길로 가야 한다는 주석(李筌 등)이 있고, 두 번째는 적의 향촌을 노략질하게 되면 무리에게 분배해주어야 한다는 주석(張預 등)이 있음. 군량은 적지에서 취한다거나 군대의 다툼은 이익에 있다는 관점에서 볼 때 적의 방비가 허술한 향촌을 노략질한다는 의미에는 이의가 없음. '분중(分衆)'의 경우 약탈한 물자를 무리에게 골고루 분배하여 이해의 균형을 도모한 것이라고도 볼 수 있으나 방비가 허술한 적의 한 마을을 노략질해서 과연 군량의 문제를 모두 해결할 수 있는지에 대해서는 의문이 남음. 따라서 당시 방비가 허술한 적의 향촌의 경우 저축한 물자 또한 많지 않았을 것이므로 적의 여러 향촌에 '병력을 나누어 가게 한 것'으로 보는 것이 타당함.

11) 廓地分利(곽지분리) '곽지(廓地)'는 넓은 땅, '분리(分利)'는 위의 '분중(分衆)'과 마찬가지로 여러 주석이 존재하는데 대체로 적으로부터 획득한 넓은 땅에서 나오는 이로움을 전승의 공로로 분배한다거나 분배해서 개척하게 한다는 관점(李筌, 杜牧 등)이 있고, 두 번째는 공허하고 평탄한 넓은 지역은 병력을 나누어 편리한 곳을 지켜서 적의 침략으로부터 지켜야한다는 주석(王晳, 張預, 劉寅 등)이 있음. '분리(分利)'는 위의 '분중(分衆)'과 상응하여 적으로부터 획득한 넓은 땅의 이로움을 전승의 공로로 군사들에게 '이로움을 나누어 갖게 하는 것'으로 보는 것이 문맥상 자연스러움.

12) 懸權而動(현권이동) '적을 헤아리며 움직임'(曹操), '마치 저울대를 매달아 놓고 저울질하듯 자기의 안정감을 헤아린(稱量) 연후에 움직임'(杜牧, 何氏), '저울대(衡)에 저울추(權)를 매달아놓듯이 하여 경중(輕重)을 헤아려 안 연후에 움직임'(張預), '마치 저울추를 저울대 위에 매달아 놓고서 적의 형세의 경중(輕重)과 허실(虛實)을 헤아린 연후에 거동함'(劉寅). 곧 이해(利害)와 경중(輕重)을 비교하며 실제 정황에 민첩하게 대응하며 움직임.

13) 先知迂直之計者勝(선지우직지계자승) '우직(迂直)은 도로임. 수고로움과 편안함과 굶주림과 추움은 도로에서 생겨남'(李筌), '군대의 다툼(軍爭)이란 것은 먼저 모름지기 멀고 가까움(遠近)과 우회하고 직행함(迂直)을 계산한 연후에 승리할 수 있다. 계산하고 헤아려서 살핌은 마치 저울대에 저울추를 매달아놓듯이 일(鎰)과 수(銖)를 잃지 않은 연후에 움직여 승리를 취할 수 있음'(杜牧). '일(鎰)과

수(銖)'는 무게 단위로 자세한 내용은 「형」4-4 역주 1번 참조. '무릇 적과 이익을 다툼에는 반드시 먼저 도로의 굽고 곧음(迂直)을 헤아리고, 깊이 살펴본 이후에 움직인다면 수고롭게 애쓰는 일(勞頓)과 추위와 굶주림의 재앙이 없고 또한 나아가고 물러남과 느리고 빠름에 그 기회를 잃지 않으므로 승리함'(張預).

「군쟁」7-5: 『군정(軍政)』에서 말하길 "말이 서로 들리지 않기 때문에 징과 북을 사용하고, 눈으로 서로 보이지 않기 때문에 깃발을 사용한다."라고 하였다. 대저 징과 북과 깃발이란 것은 백성의 귀와 눈을 하나로 통일시키게 하기 때문이다. 백성이 이미 전일하게 되면 용감한 자가 홀로 진격할 수 없고, 겁이 있는 자가 홀로 후퇴할 수 없는데, 이것이 군사들을 부리는 방법(法)이다. 그러므로 야간 전투에는 불과 북을 많이 사용하고, 주간 전투에는 깃발을 많이 사용하는데, 백성들의 귀와 눈을 변통(變通)하기 위함이기 때문이다.

「軍爭」7-5: 『軍政』曰,[1] "言不相聞, 故爲金鼓,[2] 視不相見, 故爲旌旗.[3]" 夫金鼓旌旗者, 所以一人之耳目也.[4] 人旣專一, 則勇者不得獨進,[5] 怯者不得獨退,[6] 此用衆之法也. 故夜戰多火鼓,[7] 晝戰多旌旗,[8] 所以變人之耳目也.[9]

---

1) 軍政曰(군정왈) '군정(軍政)'은 '군사에 관한 옛 법전(舊典)'(梅堯臣), '고대 군서(軍書)'(王晳), '고대 병서'(周亨祥), 손무가 인용한 고대 병서로서 현재 기록이 남아있지 않아 정확하게 알 수 없음.

2) 故爲金鼓(고위금고) '금고(金鼓)'는 『죽간본』에는 '고금(鼓金)'으로, 『통전』과 『어람』에는 '고탁(鼓鐸)'으로 되어 있으며 의미상 차이가 없음. '위(爲)는 설치함 또는 사용함'(周亨祥), 전투지역이 넓고 병력이 많으므로 말로써 지휘할 수 없으므로,

군사들의 귀를 통일시키기 위해 징과 북(金鼓)을 사용하여 작전을 지휘한 것을 말함.

3) 故爲旌旗(고위정기) 군사들의 눈을 통일시키기 위해 깃발(旌旗)을 사용하여 작전을 지휘한 것을 말함.

4) 所以一人之耳目也(소이일인지이목야) '일(一)'은 '~를 일치(전일하게)시켰다'는 사동용법, '인(人)'은 『죽간본』과 『어람』에 '민(民)'으로 되어 있으며 '민(民)'으로 해석하는 것이 타당함. 이하 이 문단의 '인(人)'은 모두 '민(民)'으로 해석함.

5) 則勇者不得獨進(즉용자부득독진) 징과 북과 깃발의 작전 지휘 도구로 병사들의 귀와 눈을 이미 통일시켰기 때문에 용감한 자라도 이를 어기며 독자적으로 행동하지 않는다는 의미.

6) 怯者不得獨退(겁자부득독퇴) 징과 북과 깃발의 작전 지휘 도구로 병사들의 귀와 눈을 이미 통일시켰기 때문에 아무리 비겁한 자라도 싸우길 두려워하여 이를 어기며 독자적으로 물러나지 않음.

7) 故夜戰多火鼓(고야전다화고) '화고(火鼓)'는 『죽간본』에는 '고금(鼓金)'으로, 『무경본』에는 '금고(金鼓)'로 되어 있음. '밤에 보고 듣는 것'(李筌).

8) 晝戰多旌旗(주전다정기) '정기(旌旗)'는 '낮에 지휘하는 것'(李筌).

9) 所以變人之耳目也(소이변인지이목야) '화고정기(火鼓旌旗)는 듣거나 볼 수 있으므로 주간과 야간에 그것을 다르게 사용함'(賈林). '변인지이목(變人之耳目)'은 (작전도구의 변화를 준 것은 주간과 야간이라는 상황의 변화에 따라) 장수와 사졸의 시력과 청력에 적응하기 위한 방법(周亨祥). 곧 낮과 밤의 상황 변화로 인해 달라진 군사들의 눈과 귀가 편하게 적응하도록 작전도구의 변화를 준 것이라는 의미. 다시 말해 '변(變)'은 형편(形便)에 따라서 작전 도구에 변화를 주어서 막힘없이 작전을 지휘한다는 변통(變通)의 의미. 유인(劉寅)은 '인(人)'을 '민(民)'이 아닌 '적(敵)'으로 보고 '북은 적의 귀를 변란(變亂)시키는 것이고, 불과 깃발은 적의 눈을 변란(變亂)시키는 것'이라고 주석하지만, 위의 백성의 이목을 전일하게 한다는 문맥에 비추어 볼 때 타당하지 않음.

「군쟁」7-6: 그러므로 삼군(三軍)은 (적의) 기운(氣)을 빼앗을 수 있고 장군은 (적장의) 마음(心)을 빼앗을 수 있다. 이 때문에 (적의) 아침의 기세(氣)는 날카롭고 낮의 기세는 나태하고 저녁의 기세는 돌아가려고 한다. 그러므로 군사를 잘 부리는 자는 그 날카로운 기세를 피하고 그 나태하고 돌아가려 하는 것을 공격하는데, 이것이 기운(氣)을 다스리는 것이다.

다스림으로써 혼란함을 기다리고, 고요함으로써 떠들썩하기를 기다리는데, 이것이 마음(心)을 다스리는 것이다.

가까이서 멀리서 오는 것을 기다리고, 편안함으로써 수고로운 것을 기다리고, 배부름으로써 굶주리는 것을 기다리는데, 이것이 힘(力)을 다스리는 것이다.

바르고 떳떳한 깃발을 맞이하지 말고, 위엄 있고 당당한 진영을 공격하지 말아야 하는데, 이것이 변화(變)를 다스리는 것이다.

「軍爭」7-6: 故三軍可奪氣,[1] 將軍可奪心.[2] 是故朝氣銳,[3] 晝氣惰,[4] 暮氣歸.[5] 故善用兵者, 避其銳氣, 擊其惰歸,[6] 此治氣者也.[7] 以治待亂,[8] 以靜待嘩,[9] 此治心者也.[10] 以近待遠, 以佚待勞, 以飽待飢, 此治力者也. 無邀正正之旗,[11] 勿擊堂堂之陳,[12] 此治變者也.[13]

---

1) 故三軍可奪氣(고삼군가탈기) '탈기(奪氣)'는 '적의 용감하고 예리함을 빼앗음'(李筌), '위엄의 열기가 쇠퇴해지고 느슨해지면(震熱衰惰) 군대의 사기(軍氣)가 없어짐'(王晳), '기(氣)란 삼군(三軍)의 무리가 믿고 싸우는 것'(張預, 劉寅), '탈기(奪氣)'는 '상대방의 사기(士氣)를 빼앗음(剝奪)'(周亨祥).

2) 將軍可奪心(장군가탈심) '마음(心)이란 장수가 주장하는(主) 것이다. 대저 다스림과 혼란함, 용감함과 겁냄은 모두 마음에서 주관(主)하므로 적을 잘 제어하는 자는, 그것(적의 마음)을 흔들어 (적을) 혼란하게 하고 그것(적의 마음)을 움직여(激) (적을) 미혹되게 하고, 그것(적의 마음)을 압박하여 두렵게 하므로 적이 마음속으

로 꾀한 것(心謀)을 빼앗을 수 있음'(張預), '심(心)이란 삼군(三軍)의 장수가 주장하여 도모하는 것'(劉寅), '탈심(奪心)'은 '장수의 결심을 동요시킴'(周亨祥).

3) 是故朝氣銳(시고조기예) '(적이) 처음 왔을 때의 기세(氣)는 바야흐로 왕성하게 예리함(盛銳)으로 그들과 다투지 말아야 함'(陳皞), '병사들의 무리는 무릇 처음에 일어났을 때 기세가 예리함'(王晳), '적이 이른 아침에 왔을 때에는 그 기세가 반드시 성대함'(劉寅), 여기서 '조(朝)' · '주(晝)' · '모(暮)'는 단순히 '아침' · '낮' · '저녁'을 가리키는 것이 아니라 전투의 경과를 말하는 것으로 '전투가 처음 시작되었을 때의 기운', '전투가 시작되어 중반에 이르렀을 때의 기운', '전투가 끝나갈 무렵의 기운', 곧 처음 마주할 때 기세가 등등하다가 시간이 갈수록 기세가 수그러드는 흐름으로 이해할 수 있음.

4) 晝氣惰(주기타) '점차 오래 지속되면 나태함에 빠짐(漸久少怠)'(王晳), '병력을 진열하는 점심때쯤에 이르면 병사들의 기운(人力)이 피곤하고 게을러짐'(劉寅), '전쟁이 계속되면 기운이 쇠함'(周亨祥).

5) 暮氣歸(모기귀) '아침은 그 시작을 말하고, 낮은 그 중간을 말하고, 저녁은 그 끝을 말한다. 전쟁이 시작될 때 예리하지만, 오래되면 나태해지고 돌아갈 것을 생각하므로 공격할 수 있음'(梅堯臣), '해질 무렵에 이르면 사람들의 마음은 돌아갈 것을 생각하여 그 기운이 더욱 쇠함'(劉寅).

6) 擊其惰歸(격기타귀) '적의 기운이 성대하면 굳건히 지키면서 그것을 피하고, 적이 나태하고 돌아가려하면 출병하여 적을 공격함'(張預), '처음 마주하여 전투의 욕이 넘치는 적의 예리한 기운을 피하고 적이 점차 나태해지고 돌아가려는 마음이 들어 적의 기세가 꺾이길 기다렸다 공격하는 것.

7) 此治氣者也(차치기자야) '기(氣)는 군대의 용감함(氣勇)'(李筌), '자신의 기운을 잘 다스려 적의 기운을 빼앗는 것'(張預, 劉寅).

8) 以治待亂(이치대란) 자신의 군대는 잘 다스리고 있으면 적이 지쳐서 혼란해지길 기다림.

9) 以靜待嘩(이정대화) '진정하고 적을 기다리므로 모든 병사들의 마음이 편안함'(梅堯臣), '화(嘩)는 (적들이) 의논하느라 떠들썩한 것(諠譁)'(賈林), 정(靜)은 침착하고 안정된 모습, 곧 자신의 진영이 침착하게(靜) 견고히 수비를 하고 있으면 적들은 당황하여 어떻게 할 것인지에 대해 떠들썩하게 의논하게 되는 것을 말함.

10) 此治心者也(차치심자야) 『사마법(司馬法)』의 '본심이 안정되어야 견고히 한다

(本心固)'고 말한 것임(杜牧, 劉寅), '다스림으로써 혼란함을 기다리며, 고요함으로써 떠들썩하기를 기다리며, 안정됨으로써 성급해지길 기다리며, 인내함으로써 분노하기를 기다리며, 엄격함으로써 나태하길 기다리는데, 이것이 자기의 마음을 잘 다스려서 적의 마음을 빼앗는다고 말하는 것임'(張預).

11) 無邀正正之旗(무요정정지기) '정정(正正)'은, '가지런함(齊)'(曹操), '가지런히 정돈됨(齊整)'(李筌), '두려움이 없음(無懼)'(杜牧). '정돈되고 다스려짐(整治)'(劉寅), '엄격하게 정돈된 모습'(周亨祥).

12) 勿擊堂堂之陳(물격당당지진) '당당(堂堂)'은 '큼(大也)'(曹操), '행진이 성대한 것'(劉寅), '성대한 모습'(周亨祥). '진(陳)'과 '진(陣)'은 고대에 통용됨.

13) 此治變者也(차치변자야) "이는 변화하는 도(道)를 잘 다스려서 적에게 대응하는 것이다. 앞 편에서 '충실하면 대비하고 강하면 피한다'라고 말한 것이 이것임'(劉寅), '권변(權變)으로써 적에게 대응함'(周亨祥), 적이 잘 정돈되어 있고 당당한 진용을 갖추고 있으면 인내하며 그 틈을 보일 때까지 자신의 힘을 다스리며 기다렸다 대응하는 것, 곧 적의 변화하는 형세에 대응함.

「군쟁」7-7: 그러므로 군사를 부리는 법은 높은 언덕이면 향하지 말며, 언덕을 등지고 있으면 거스르지 말며, 거짓으로 달아나면 쫓지 말며, 정예로운 병사들이면 공격하지 말며, 미끼 역할을 하는 병사들이면 먹지 말며, 돌아가려는 군대는 막지 말며, 군대를 포위하면 반드시 틈을 내어주며, 궁지에 몰린 적은 압박하지 말아야 하는데, 이것이 군사를 부리는 법이다.

「軍爭」7-7: 故用兵之法,[1] 高陵勿向,[2] 背邱勿逆,[3] 佯北勿從,[4] 銳卒勿攻,[5] 餌兵勿食,[6] 歸師勿遏,[7] 圍師必闕,[8] 窮寇勿迫,[9] 此用兵之法也.

1) 故用兵之法(고용병지법) '이하의 내용은 다음 편인 「구변(九變)」의 글인데 그 일부 죽간(竹簡)이 위치를 벗어나 여기에 잘못 놓인 것', "여기 나오는 여덟 가지와 바로 뒤의 「구변」에 나오는 '끊어진 땅에는 머물지 말아야 한다'('無'를 '勿'로 봄)는 '절지무유(絕地無留)' 구절과 통하여 '구변(九變)'이라고 보는 장분(張賁)의 주장이 이치가 있음"(劉寅). 그러나 이들의 주장을 수용할 경우 「구변」에서 '절지무유(絕地無留)'와 연이어 나오는 '허물어진 땅에서는 머물지 않는다'는 '비지무사(圮地無舍)' 등을 비롯한 나머지 세 구절은 또 어떻게 이해할 것인가의 문제가 다시 남을 뿐만 아니라, 「구변」에서 아홉 가지를 모두 다루고 있다는 점에서 유인(劉寅) 등의 주장은 재고될 필요가 있으며, 여기서는 『십일가주』의 체제를 따름. 「구변」8-2의 역주 2번 참조.

2) 高陵勿向(고능물향) '지세(地勢)에 대해서 말함'(李筌), '향(向)'은 '앙(仰)'(杜牧), 곧 적군이 높은 산릉에 주둔해 있을 때에는 우러러보며 공격하는 것(仰攻)을 하지 말아야(勿) 한다는 의미.

3) 背邱勿逆(배구물역) 『죽간본』에는 '언덕을 등지고 있는 적은 맞이하지 말라는' '배구물영(倍丘勿迎)'으로 되어 있으나 뜻이 통함, '지세(地勢)에 대해서 말함'(李筌), '배(背)'는 '의(倚)', '역(逆)'은 '영(迎)(杜牧), 곧 적군이 높은 산언덕을 기대고 주둔해 있을 때에는 우러러보며 공격하는 것(仰攻)을 하지 말아야(勿) 한다는 의미.

4) 佯北勿從(양배물종) '혹 복병(伏兵)이 있는 것'(李筌, 杜牧)을 경계함, '형세가 달아날 정도에 이르지 않았다면 반드시 속임수가 있는 것이니 곧 추격하지 말아야 함'(王皙), '적이 아직 기운이 쇠하지 않았는데 갑자기 달아나면 반드시 기병(奇)과 복병(伏)으로 아군을 공격하려는 것이니 장수와 병사에게 삼가 조심시키고 억지로(勤勒) 추격하게 하지 않음'(賈林), '양배(佯北)'는 거짓으로 달아남, '종(從)'은 적의 말미를 추격함.

5) 銳卒勿攻(예졸물공) '(적의) 실함(實)을 피함'(杜牧), '강한 기운을 피함'(李筌), 곧 앞에 나온 '실을 피하고 허를 침(避實擊虛)', '적의 날카로운 기세를 피함(避其銳氣)'을 말함.

6) 餌兵勿食(이병물식) '이(餌)'는 미끼를 드리워 유인하는 것, '아군에게 이로움으로 유혹하면(餌) 반드시 기병(奇)과 복병(伏)이 있음'(王皙), 곧 아군을 유혹하는 적군의 소부대를 가서 제거하려 하지 말아야 함.

7) 歸師勿遏(귀사물알) '적이 돌아가려는 마음을 품으면 반드시 죽기로 싸울 수 있으니 (그 뜻을) 멈추도록 공격할 수 없음'(孟氏), 또는 '병사들이 돌아가려는 마음을 품으면 그 의지를 막을 수 없음'(李筌).

8) 圍師必闕(위사필궐) "『사마법(司馬法)』에 '적의 삼면(三面)을 포위하고 그 한 면은 비워둔다. 살길(生路)을 보여주고자 하기 때문임'을 말한 것"(曹操), '살길(生路)을 보여주어 (적의) 필사(必死)의 마음을 없게 하고 그것을 말미암아 공격함'(杜牧), '살길을 보여주어 적이 견고하게 싸우지 못하도록 함'(張預), '궐(闕)'은 '결(缺)'.

9) 窮寇勿迫(궁구물박) 『죽간본』에는 이 구절이 없음. '새도 궁지에 몰리면 후려치고(鳥窮則搏) 짐승도 궁지에 몰리면 깨문다(獸窮則噬)는 것을 말함'(陳皡), '곤경에 몰린 짐승이 싸우는 것과 같이 사물의 이치가 그러하다'(梅堯臣).

제 8 장

『구변(九變)』 아홉 가지 변칙의 변증적 용병술

제8편의 제목인 '구변(九變)'은 땅과 형세와 관련하여 각기 다른 상황에 적응하며 대처하는 용병의 아홉 가지 방법을 말한다. 또한 땅의 형세(地形)를 알더라도 아홉 가지 변화(九變)의 이로움에 통달하지 못하면 땅의 이로움을 얻을 수 없고, 아홉 가지 변화의 술(術)을 알지 못하면 비록 다섯 가지의 이로움을 알더라도 사람의 쓰임을 얻을 수 없다고 말한다. 즉, 용병에서 중요한 것은 정형화된 틀에 의거한 정상적인 방법보다는 객관적으로 상황의 변화를 인식하며 그것에 적절하게 대처하는 변화의 방법이 중요한 것임을 거듭 강조한다. 또한 만전주의(萬全主義)의 입장을 견지하며 다섯 가지 승리할 수 있는 유리한 조건인 '오리(五利)'와, 장수가 경계해야 할 다섯 가지 위험인 '오위(五危)'에 대해 서술한다.

「구변」8-1: 손자가 말하다. 무릇 군사를 부리는(用兵) 방법은 장수가 군주에게 명령을 받아서 군사를 모으고 무리를 모아서, 허물어진 땅에서는 머물지 말며, 갈림길의 땅에서는 교류를 맺으며, 단절된 땅에서는 머물지 않으며, 포위된 땅이면 도모하고, 죽을 땅이면 싸워야 한다.

「九變」8-1: 孫子曰: 凡用兵之法, 將受命於君, 合軍聚衆,[1] 圮地無舍,[2] 衢地交合,[3] 絕地無留,[4] 圍地則謀,[5] 死地則戰.[6]

---

1) 合軍聚衆(합군취중) 이상의 내용은 「군쟁」7-1을 참조.

2) 圮地無舍(비지무사) '의지하는 바가 없는 것, 물(水)이 훼손한 것을 비(圮)라 함'(曹操), '지하를 비(圮)라 하며, 행군에는 반드시 물을 적시게(水淹) 됨'(李筌), '산과 숲, 구덩이와 높고 낮은 경사짐, 늪과 못은 무릇 행군하기 어려운 길로 비지(圮地)임, 그 의지할 바가 없으므로 머무르며 멈추어 있을 수가 없음'(張預), '비지(圮地)'는 『죽간본』에는 '범지(泛地)', 『어람』에는 '범지(氾地)'로 되어 있음, '무(無)'는 '물(勿)'의 의미로 보아도 무방함.

3) 衢地交合(구지교합) '제후와 (교류를) 맺음'(曹操), '네 방향으로 통하는 것(四通)을 구(衢)라 하며 제후들과 교류를 맺는 곳임'(李筌), '제후들과 원조를 맺음'(賈林), '대저 네거리 갈림길(四通)로 이웃한 나라(旁國)와 더불어 서로 통하여 마땅히 교류를 맺음'(梅堯臣), '구지(衢地)는 사통팔달의 중추 요지'(周亨祥), '교합(交合)'은 『무경본』과 『평진본』에는 '합교(合交)'로 되어 있고 「구지(九地)」에서도 '구지즉교합(衢地則交合)'으로 되어 있으므로 '합교(合交)'가 옳음(楊丙安), 여기서도 '합교(合交)'의 의미로 해석함.

4) 絕地無留(절지무류) '오래 멈추어 있지 않음'(曹操), '절지(絕地)'는 '땅에 샘과 우물(泉井), 가축(畜牧), 장작도 없는 곳을 말하며 머물 수 없음'(李筌), '앞에 통로가 없는 것을 절(絕)이라 하며 마땅히 신속하게 가고 머무르지 않음'(賈林), 「구지(九地)」의 내용을 염두에 두고서 '처음 나라를 떠나 처음 국경을 넘은 것은 마치 경지(輕地)에 머무르는 것 같아서 이는 오래 머무르면 안 됨'(李筌), '경지(輕地)'는 「구지(九地)」에 나오며 국경을 넘은 군대가 막 적진에 얕게 들어간 상태로

이때 병사들은 집으로 돌아가려는 생각이 강하게 들게 됨, '도로가 통하지 않고 식량과 물과 풀도 없는 곳, 이런 곳은 신속하게 가고 머물지 말아야 함'(周亨祥), 이상의 '절지(絕地)'에 대해서는 여러 주석 있으며 모두 '위험한 곳'이라는 의미에 위배되지 않으므로 '절지(絕地)'의 유형들이라고 보아도 무방함, '무류(無留)와 무지(無止)는 같은 의미'(楊丙安).

5) 圍地則謀(위지즉모) '기묘한 모략(奇謀)을 발휘해야 함(發奇謀也)'(曹操), '사방의 험한 곳 가운데 있는 것을 위지(圍地)라 말하며 적은 왕래할 수 있으나 나는 출입이 어려움'(賈林), '앞이 막히고(隘) 뒤가 닫힌 곳(固)에 머무르면 마땅히 기모(奇謀)를 발휘해야 함'(張預), '사면(四面)이 험해서(險阻) 도로를 출입하기가 협소한 지역'(周亨祥).

6) 死地則戰(사지즉전) '죽기를 결심하고 싸우는 것(殊死戰也)'(曹操), '달아나려도 갈 데가 없으면 마땅히 죽기를 각오하고 싸움'(張預), '앞으로는 나아갈 수 없고 뒤로는 물러날 수 없기에 죽기를 각오하고 승리하고자 않는다면 생존할 수 없는 땅'(周亨祥).

「구변」8-2: 길에는 가지 않아야 될 길이 있으며, 군대에는 공격하지 않아야 될 군대가 있으며, 성에는 공격하지 않아야 될 성이 있으며, 땅에는 다투지 않아야 될 땅이 있으며, 군주의 명령에는 받지 않아야 될 명령이 있다.

그러므로 장수가 아홉 가지 변화(九變)의 이로움에 통달한 자라면 군사를 부릴 줄 아는 것이다. 장수가 아홉 가지 변화(九變)의 이로움에 통달하지 못한 자라면 비록 땅의 형세(地形)를 알더라도 땅의 이로움을 얻을 수 없다. 군대를 다스리면서 아홉 가지 변화의 술(術)을 알지 못하면 비록 다섯 가지의 이로움을 알더라도 사람의 쓰임을 얻을 수 없다.

「九變」8-2: 塗有所不由,[1] 軍有所不擊,[2] 城有所不攻,[3] 地有所不爭,[4] 君命有所不受.[5] 故將通於九變之利者,[6] 知用兵矣. 將不通於九變之利者,[7] 雖知地形, 不能得地之利矣.[8] 治兵不知九變之術,[9] 雖知五利,[10] 不能得人之用矣.[11]

---

1) 塗有所不由(도유소불유) '좁고 험한(隘難) 지역에서는 당연히 좇지 않으며, 어쩔 수 없이 좇게 되면 변(變)으로 함'(曹操), '복병을 염려함'(王晳), '험하고 좁은 지역은 수레가 나란히 나아갈 수 없고 기병(騎兵)이 대열을 이룰 수 없으므로 가지 않아야 하며 부득이해서 갈 때에는 반드시 권변(權變)으로써 함'(張預), '만일 이로운 바가 없으면 또한 반드시 갈 필요 없음'(劉寅), 참고로 『손자병법』에서는 기병(騎兵)에 대한 전문적인 언급이 없음, '도(塗)는 도(途), 유(由)는 경유(經由), 통과(通過)'(周亨祥).

2) 軍有所不擊(군유소불격) 「군쟁」7-7에 공격하지 말아야 할 적에 대해서 자세히 나옴, '작은 이익을 보여도 적을 동요시킬 수 없으면 그들을 공격하지 않음'(陳皞), '가봐야 이익이 없음'(李筌), '적들을 풀어주어도 손해가 되는 것이 있고 이겨도 이로운 것이 없다면 또한 굳이 공격할 필요가 없음'(張預).

3) 城有所不攻(성유소불공) '성이 작으나 견고하고 양식이 넉넉하면 공격할 수 없음'(曹操), '성을 함락시켜도 지킬 수 없고 버려도 우환이 되지 않으면 굳이 공격할 필요가 없음'(張預).

4) 地有所不爭(지유소부쟁) '얻어도 지키기 어렵고 잃어도 해가 없음을 말함'(杜牧), '얻어도 이익이 되질 않음'(梅堯臣), '그것(적의 땅)을 얻어도 싸움에 유리하지 않고 그것을 잃어도 나에게 해로움이 없다면 굳이 다투지 않음'(張預).

5) 君命有所不受(군명유소불수) 「구변」8-1의 다섯 가지 항목과 이 구절 위의 네 가지 항목의 내용이 '구변(九變)'에 해당하는 내용으로 문단을 바꾸어야 하지만, 여기서는 일단 『십일가주』의 체제를 유지함. 군주의 명령이 앞에서 언급한 4변(變) 곧 '도유소불유(塗有所不由)', '군유소불격(軍有所不擊)', '성유소불공(城有所不攻)', '지유소부쟁(地有所不爭)'과 위배되면 행하지 않는다는 의미, 『손자병법』 일문(逸文)인 「사변(四變)」에서는 "군주가 명령해도 실행하지 않는 것은 군주의 명령이 이러한 4변(四變)을 뒤집는(反) 것이라면 행하지 않는다."고 나옴, '진실로 일에 유익하다면 군주의 명령에 얽매이지(따르지) 않음'(曹操, 李筌, 張預).

6) 故將通於九變之利者(고장통어구변지리자) ‘구변(九變)’이란 ‘그 정(正)을 변화시켜 그 아홉 가지 쓰임을 얻는 것’(曹操), ‘변화의 지극함’ 혹은 ‘구지(九地)의 변화’(王皙), ‘변(變)이란 상법(常法)에 구애받지 않고 일(事)에 임하여 변화하며(適變) 마땅함에 따라 행하는 것을 말한다. 무릇 적(人)과 이익을 다툼에는 구지(九地)의 변화를 알아야 하므로 군쟁(軍爭)의 다음에 위치한 것’(張預), ‘구변(九變)’은 위의 ‘땅과 관계된 일(地事)’이 아닌 ‘군명유소불수(君命有所不受)’의 내용을 제외한 아홉 가지를 말함.

7) 將不通於九變之利者(장불통어구변지리자) 『무경본』에는 ‘자(者)’자가 없음.

8) 不能得地之利矣(불능득지지리의) ‘비록 땅의 형세를 알지만 마음이 변통함(變通)이 없으면 그 이로움을 얻을 수 없으며 또한 도리어 해를 입을 수도 있음’(賈林), ‘무릇 지형의 험하고 평탄함과 넓고 좁음을 알더라도 또한 실제로 그 땅의 이로움을 얻을 수 없음’(劉寅).

9) 治兵不知九變之術(치병부지구변지술) 『어람』에는 ‘치인부지오변(治人不知五變)’으로 되어 있음. ‘술(術)’은 용병(用兵)의 방법 또는 용병술.

10) 雖知五利(수지오리) ‘오리(五利)는 아래의 다섯 가지 일(五事)을 말함’(曹操), “조공(曹操)이 말한 것은 ‘구변(九變)’ 아래의 다섯 가지 일을 말한 것이지 다음에 나오는 ‘잡어리해(雜於利害)’ 아래의 다섯 가지 일을 말한 것이 아님”(楊丙安), 곧 ‘오리(五利)’는 ‘땅의 이로움(地利)’을 말한 것, ‘오리(五利)와 오변(五變)은 또한 구변(九變) 속에 있음. 세(勢)에 합치하여(遇勢) 변화할 수 있으면 이롭고 변화하지 못하면 해로움’(賈林), ‘비록 다섯 가지 땅의 이로움을 알지만 그 변화에 통하지 못하면 마치 음조(音調)를 바꾸지 못하여 한 가지 소리밖에 내지 못하는 것(膠柱鼓瑟)과 같을 따름임’(王皙), “여기서 ‘오리(五利)’는 ‘도유소불유(塗有所不由)’, ‘군유소불격(軍有所不擊)’, ‘성유소불공(城有所不攻)’, ‘지유소부쟁(地有所不爭)’, ‘군명유소불수(君命有所不受)’의 다섯 가지 조항을 가리킴”(周亨祥).

11) 不能得人之用矣(불능득인지용의) 유인(劉寅)은 뒤에 나오는 ‘지자(智者)’를 염두에 두고 ‘인지용(人之用)’을 ‘지모가 있는 사람을 얻어 쓰는 것’으로 보았으나, 아래에서 지자(智者)는 전쟁을 총지휘하는 책임자가 지혜로울 것을 요구한다는 점에서, 이 구절은 전쟁책임자가 포괄적으로 전쟁에 참여한 모든 군사들의 전투 역량을 발휘시키는 것으로 보는 것이 타당함.

「구변」8-3: 이 때문에 지혜로운 자의 생각에는 반드시 이로움과 해로움이 뒤섞여 있다. 이로움에 (해로움을) 뒤섞으면 힘써 할 일은 (순리대로) 펼쳐질 수 있다. 해로움에 (이로움을) 뒤섞으면 재앙을 당한 일은 풀릴 수 있다. 이 때문에 (이웃 나라의) 제후들을 굴복시키는 것은 해로움으로써 하고, (이웃 나라의) 제후들을 노역시키는 것은 사업(業)으로써 하며, (이웃 나라의) 제후들을 달려오게 하는 것은 이로움으로써 한다.

「九變」8-3: 是故智者之慮, 必雜於利害.[1] 雜於利而務可信也.[2] 雜於害而患可解也.[3] 是故屈諸侯者以害,[4] 役諸侯者以業,[5] 趨諸侯者以利.[6]

---

1) 必雜於利害(필잡어이해) '이로움이 있으면 해로움을 생각하고, 해로움이 있으면 이로움을 생각하며, 어려움을 당해서는 권모를 행함(當難行權也)'(曹操). 『평진본』의 조조 주(曹注)에는 마지막 구절 '당난행권야(當難行權也)'가 없음. '비록 이로운 곳에 있더라도 반드시 해로운 것을 생각하고, 비록 해로운 곳에 있더라도 반드시 이로운 것을 생각함. 이 또한 변통(變通)을 말한 것임'(張預).

2) 雜於利而務可信也(잡어리이무가신야) '신(信)'은 '신(申)'(杜牧) 곧 '신(伸)'(張預). '해로움이 되는 것으로써 이로움을 섞으면(參) 자기의 일을 펼칠 수 있음'(張預). 곧 자신이 이로운 경우에 있더라도 반드시 그 대립적 측면의 해로움이 다가올 수 있는 경우의 수도 생각할 때 자신이 해야 할 일이 순리대로 진행될 수 있다는 것을 말함.

3) 雜於害而患可解也(잡어해이환가해야) '이미 이로움에 있으면서(參) 또한 해로움에 처할 경우를 계산한다면 비록 재앙이 있어도 풀 수 있음'(曹操). '해로움에 있을 때 이로움을 생각하면 해로움을 면함'(賈林). '두루 그 해로움을 알면 패하지 않음'(王晳). '해로움에 있으면서도 이로움을 생각함'(劉寅). '유리한 조건에서도 불리한 요소를 보면 재앙이 빠르게 해소됨'(周亨祥). 곧 자신이 불리한 경우에 처해 있을 경우에도 상황을 유리하게 역전시킬 수 있는 방법을 모색한다면 자신에게 미친 재앙을 빠르게 해결할 수 있다는 의미.

4) 是故屈諸侯者以害(시고굴제후자이해) '적의 정치를 해침'(李筌), '이웃 나라의 제후들을 굴복시키는 것은 내가 좋은 계책을 세워 적을 해롭게 하기 때문으로, 혹 이간질시켜 적의 군주와 신하가 서로 의심하게 하고 혹 소란을 피워 적의 백성이 생업을 잃게 하는 것임'(劉寅).

5) 役諸侯者以業(역제후자이업) '업(業)은 일(事)이다. 그 번잡하고 피곤하게 함이 마치 적이 들어가면 내가 나오고 적이 나오면 내가 들어가는 일과 같은 것'(曹操), '적을 매우 수고롭게 만들어서(勞役) 휴식하지 못하게 함 …… 사업(事業)이란 군사를 모으고, 나라를 부유하게 하고, 사람들을 단결시키고, 명령을 행하는 것임'(杜牧), '일로써 피곤하게 만들어 휴식할 수 없게 함'(張預).

6) 趨諸侯者以利(추제후자이리) '스스로 오게 하는 것임'(曹操), '이익으로 유인함'(李筌), '이익으로써 적을 유인하여 그들 스스로 나에게 이르게 하는 것을 말함'(杜牧), '이웃 나라 제후들을 달려오게 하는 것은 우리가 이로움으로써 움직이게 하기 때문임'(劉寅).

「구변」8-4: 그러므로 군사를 부리는 방법에는 적이 오지 않을 거라 믿지 말고, 나에게 대비함이 있음을 믿으며, 적이 공격하지 않을 거라 믿지 말고, 나에게 공격할 수 없는 것이 있음을 믿는다.

「九變」8-4: 故用兵之法, 無恃其不來,[1] 恃吾有以待也.[2] 無恃其不攻,[3] 恃吾有所不可攻也.[4]

---

1) 無恃其不來(무시기불래) '시(恃)'는 '느슨하게 풀어지지 않음(不懈)'(李筌), 의지함 또는 믿음.

2) 恃吾有以待也(시오유이대야) '대(待)'는 적의 공격을 대비하고 기다림.

3) 無恃其不攻(무시기불공) 적이 침략하지 않을 것을 믿지 말고 대비함.

4) 恃吾有所不可攻也(시오유소불가공야) '편안해도 위험을 잊지 않고 마땅히 대비를

세움'(曹操), '예측해서 대비하여 빈틈을 주지 않음'(李筌), 적이 공격할 수 없다는 것은 곧 자신이 적의 공격에 충분하게 대비하는 데서 오는 것임.

「구변」8-5: 그러므로 장수에게는 다섯 가지 위험함이 있다. 반드시 죽고자 하면 죽일 수 있으며, 반드시 살고자 하면 사로잡힐 수 있으며, 성이 나서 급하게 서두르면 모욕당할 수 있으며, 청렴결백하면 수치스러워질 수 있으며 백성을 사랑하면 번거로울 수 있다. 무릇 이 다섯 가지는 장수의 잘못이며 군사를 부리는 재앙이다. 군대를 전복시키고 장수를 죽임은 반드시 다섯 가지 위험에서 비롯하며 살피지 않을 수 없다.

「九變」8-5: 故將有五危. 必死可殺也,[1] 必生可虜也,[2] 忿速可侮也,[3] 廉潔可辱也,[4] 愛民可煩也.[5] 凡此五者, 將之過也, 用兵之災也. 覆軍殺將,[6] 必以五危,[7] 不可不察也.[8]

---

1) 必死可殺也(필사가살야) '용감하고 계책이 없으면 반드시 필사적으로 싸우길 굽히지(曲撓) 않아서 기병(奇)을 매복시켜(伏) 적중시킬(中) 수 있음'(曹操), '장수가 우매하지만 용감한 자는 재앙임'(杜牧).

2) 必生可虜也(필생가로야) '이익을 보고도 겁을 먹어서 나아가지 못함'(曹操), '전투에 임해서(臨陣) 두려워하고 겁을 먹어서 생명을 온존하게 하길 기필하는 자는 습격하여 포로로 잡을 수 있음'(劉寅).

3) 忿速可侮也(분속가모야) '성질이 급한 적은 화를 돋우고 모욕을 주어서 (스스로 자기에게) 이르게 함'(曹操), 곧 성질이 급하고 모욕을 참지 못하는 적장의 성격을 이용해서 스스로 달려 나오게 하는 것.

4) 廉潔可辱也(염결가욕야) '염결(廉潔)'은 청렴하고 결백함. 적장이 청렴하고 결백한 성격이라면 '계책을 써서 모욕을 해야 한다. 모욕을 주면 반드시 분노하여 경

솔하게 나올 것이니 마땅히 그 기회를 틈타서 공격함'(劉寅), 곧 적장의 청렴함을 약점 삼아 그를 부도덕하게 몰아가서 참을 수 없게 하는 것.

5) 愛民可煩也(애민가번야) '출동하면 반드시 달려 나가길 백성을 사랑하는 자라면 반드시 한걸음에 나와서(倍道兼行) 그들을 구원하려 할 것이고, 그들을 구원하면 번거롭고 피곤하게 됨'(曹操), 백성을 사랑하는 적장의 마음을 이용하여 적을 이리저리 끌고 다니며 지치고 피곤하게 하는 방법.

6) 覆軍殺將(복군살장) '복군(覆軍)'은 군대를 뒤집어엎는 것 곧 군대를 전멸시킴, '살장(殺將)'은 장수가 피살되는 것.

7) 必以五危(필이오위) '이(以)'는 원인 내지 이유를 나타내는 '유(由)', 이 다섯 가지 유형의 성격을 지닌 장수들은 군대가 전멸당하고 다른 장수들까지 죽게 만드는 위험으로 작용하기 때문에 '대장(大將)으로 임용해서는 안 됨'(賈林).

8) 不可不察也(불가불찰야) '불가불(不可不)'은 이중부정으로 강조하는 용법, '필근찰지(必謹察之)'와 같은 의미.

제 9 장

행군의 요령과 정보 수집 — 『행군(行軍)』

'행군(行軍)'은 전투 임무를 수행하는 중에서 군대를 주둔시키고 사용하는 것을 가리키며 현대 용어로서 군대가 행진하는 것을 의미하는 것이 아니라, '행군(行)'의 '행(行)'은 사용한다는 의미이다. 여기에서는 군대가 다른 나라에 진입한 이후에 주둔할 때와 행군할 때의 유의사항, 즉 아군이 다른 나라 영토에 진군(進軍)해서 머물러 있을 때 군대를 주둔시키는 네 가지 방법과, 적정을 살피는 서른한 가지(혹은 일설에는 서른두 가지)의 방법을 매우 구체적으로 제시하는 가운데 진주(進駐)한 군대의 유의사항과 대처 방법에 대해서 논의하고 있다. 내용의 후반부에서는 평상시에 정책을 시행하고 민의를 통합하는 정치상의 문제(文)와 그들을 체계적으로 조직화하는 문제(武), 곧 문과 무의 통합이 궁극적으로 전쟁에서 승리를 하는 토대임을 밝히고 있다.

「행군」9-1: 손자가 말하다. 무릇 군대를 (남의 나라에) 진주(進駐)시키며 적을 살필 적에, 산을 통과할 때는 계곡에 의지하고, 양지(陽地)를 살펴서 높은 곳에 주둔하며, 높은 곳에서 싸움을 걸면 올라가지 말아야 하는데, 이것이 산에서 주둔하는 군대(의 방법)이다.

물을 통과할 때는, 반드시 물에서 멀어져야 하고, 적이 물을 건너오면 물가에서 그들을 맞이하지 말며, 반쯤 건너오게 하여 그들을 공격하면 이롭다. 싸우고자 한다면 물 가까이 붙어서 그들을 맞이하지 말고, 양지(陽地)를 살펴서 높은 곳에 주둔하며, (흘러내려 오는) 물의 흐름을 맞이하지 말아야 하는데, 이것이 물가에서 주둔하는 군대(의 방법)이다.

갯벌과 늪지를 통과할 때는, 오직 빨리 가며 머물지 말고, 만약 갯벌과 늪지 속에서 교전한다면 반드시 수초에 의지하며 많은 나무를 등져야 하는데, 이것이 갯벌과 늪지에서 주둔하는 군대(의 방법)이다.

평지와 구릉에서 평탄한 곳에 주둔할 때는, 오른쪽과 등 뒤로 높은 곳을 두고 죽을 땅을 앞에 두고 살 땅을 뒤에 두어야 하는데, 이것이 평지와 구릉에서 주둔하는 군대(의 방법)이다.

무릇 이 네 가지 군대의 (주둔 지역의) 유리함은 황제(黃帝)가 사방의 제왕을 이긴 방법이다.

「行軍」9-1: 孫子曰: 凡處軍相敵,[1] 絕山依谷,[2] 視生處高,[3] 戰隆無登,[4] 此處山之軍也.[5] 絕水必遠水,[6] 客絕水而來,[7] 勿迎之於水內,[8] 令半濟而擊之利.[9] 欲戰者, 無附於水而迎客,[10] 視生處高,[11] 無迎水流,[12] 此處水上之軍也.[13] 絕斥澤,[14] 惟亟去無留,[15] 若交軍於斥澤之中,[16] 必依水草而背衆樹,[17] 此處斥澤之軍也.[18] 平陸處易,[19] 而右背高,[20] 前死後生,[21] 此處平陸之軍也.[22] 凡此四軍之利,[23] 黃帝之所以勝四帝也.[24]

1) 凡處軍相敵(범처군상적) '처군(處軍)'은 '진주(進駐), 곧 아군이 다른 나라 영토에 진군(進軍)해서 머물러 있는 것에 대한 대책을 처리함(處置)'(周亨祥), '상(相)'은 '찰(察), 료(料)'(張預), '찰(察), 관(觀)'(周亨祥), '군대를 주둔시키는 것에는 무릇 4가지가 있고 적을 살펴보는 것에는 무른 31가지가 있음'(王晳), "'절산의곡(絕山依谷)'부터 '복간지소처(伏姦之所處)'까지는 군대가 주둔하는 일이고, '적근이정(敵近而靜)'부터 '필근찰지(必謹察之)'까지는 적을 살피는 일임"(張預), 왕석(王晳)은 적을 살펴보는 방법에는 31가지가 있다고 말하고 유인(劉寅)은 32가지가 있다고 보는 견해가 있음, 이는 판본의 차이에서 오는 것으로 자세한 내용은 아래의「행군」9-10의 주 4번을 참조.

2) 絕山依谷(절산의곡) '절(絕)'은 '과(過)'(杜牧), '도(度)'(王晳), 뚫고 건너간다는(穿越) 의미의 '도(渡)'(周亨祥), '월(越)'(張預), '절산(絕山)'은 산을 지나간다는 의미, '의(依)'는 '근(近)'(杜牧), '부근(附近)'(王晳), 의지하고 기댄다는(依傍) 의미의 '도(渡)'(周亨祥), '의곡(依谷)'은 가까이 물과 풀이 있는 계곡에 의지한다는 의미, '물과 풀이 가까이 있어서 편리함'(曹操), '무릇 행군하며 험한 산을 넘어갈(越過) 때는 반드시 계곡에 의지하여 붙어 주둔해야 하는데, 한편으로 물과 풀이 있어 이롭고 다른 한편으로는 험하고 견고함을 등지기 때문임'(張預).

3) 視生處高(시생처고) '생(生)'은 '양(陽)'(曹操), '양을 향함(向陽, 面陽)'(李筌, 張預), '양지에 자리 잡음(居陽)'(價林), '고(高)는 양(陽), 생(生)은 눈앞(目前)의 살아 돌아올 수 있는 곳(生地), 군대의 주둔은 마땅히 높은 곳에 있게 함'(杜佑), '살 곳을 살펴보아 높은 곳과 양지에 주둔함'(劉寅), 곧 '시생처고(視生處高)'는 양지 바른 곳을 찾아 높은 곳에 주둔함.

4) 戰隆無登(전륭무등) '높은 곳을 맞이하지 않음(無迎高也)'(曹操), '적이 위에서 내려오면 내가 올라가며 그들을 취하지 않음'(李筌), '적이 주둔하고 있는 곳이 높으면 올라가서 싸울 수 없음'(梅堯臣), '만약 적이 먼저 높은 곳을 점거하였으면 올라가서 그들을 맞이하여 싸울 수 없음'(劉寅), 『죽간본』과 『통전』에 '전륭무등(戰隆無登)'은 '전강무등(戰降毋登)'으로 되어 있으며, '륭(隆)'과 '강(降)'은 고대에 통용됨(楊丙安), '전륭(戰隆)'은 적이 높은 곳에서 싸움을 걸어오는 것, '무(無)'와 '무(毋)'는 모두 금지사 '물(勿)'과 통용, 곧 '전륭무등(戰隆無登)'은 적이 높은 곳에서 싸움을 걸어오면 올라가서 대응하지 말라는 의미.

5) 此處山之軍也(차처산지군야) 『통전』에는 '처산곡지군(處山谷之軍)'으로 되어 있음, '절산의곡(絕山依谷)', '시생처고(視生處高)', '전륭무등(戰隆無登)'의 이 세 가지가 산에 주둔하는 군대가 적에게 맞서는 방법임.

6) 絕水必遠水(절수필원수) '적을 유인하여 건너오게 함(引敵使渡)'(曹操, 李筌, 王晳), '무릇 행군하여 물을 통과할 경우 주둔하고자 한다면 반드시 물에서 약간 떨어져서 주둔해야 하며 한편으로 적을 유인하여(引) 건너오게 하고, 다른 한편으로 나아가고 물러남에 장애(礙)가 없게 하기 위함'(張預), '절(絕)'의 뜻은 위의 주 2)번과 같음.

7) 客絕水而來(객절수이래) '객(客)'은 적(敵), '절(絕)'의 뜻은 위의 주 2)번과 같음.

8) 勿迎之於水內(물영지어수내) '내(內)'는 '예(汭)'(杜牧, 王晳)로 '물가(水邊)'를 말함(劉寅), '물가에서 맞이한다면 적이 감히 건너지 못하고 (물에서 너무) 멀리 떨어져 있으면 이익을 보고 달려오기에 미치지 못하는데, 마땅히 그 적절함(宜)을 얻어야 함'(王晳).

9) 令半濟而擊之利(령반제이격지리) '령(令)'은 사동용법, 적이 건너오게끔 유도하는 것 내지 적이 반쯤 건너올 때까지 방치하고 기다리는 것, '적이 만약 군사를 이끌고 물을 건너 싸우러 온다면 그들을 물가에서 맞이하지 말고, 반쯤 건너오길 기다렸다가 그 행렬이 안정되지 않아서 선두와 후미(首尾)가 이어지지 못할 때 공격하면 반드시 이김'(張預).

10) 無附於水而迎客(무부어수이영객) '부(附)'는 '근(近)'(曹操, 杜佑), '객(客)'은 적(敵), '물 가까이서 적을 맞으면 적은 반드시 건너와서 나와 싸우려 하지 않음'(李筌), '내가 싸우고자 하는데 물 가까이서 적을 맞이할 수 없음은 적이 나를 의심해서 건너오지 않을 것을 염려함'(杜牧), '내가 반드시 싸우고자 하는데 물 가까이에서 적을 맞지 말라 함은 적이 건너오지 않을 것을 염려해서이고, 내가 싸우고자 하지 않는다면 물을 막고 지켜서 (적이) 건널 수 없게 해야 함'(張預).

11) 視生處高(시생처고) '수상(水上)에서도 역시 마땅히 그 높은 곳에 주둔해야 함, 앞은 물을 향하고 뒤는 마땅히 높은 곳에 의지하여 주둔함'(曹操), '수상(水上)에서도 역시 높은 곳에 주둔해서 양지(陽)를 향함'(梅堯臣).

12) 無迎水流(무영수류) '나에게 물을 댈까(漑) 염려함(恐漑我也)'(曹操, 李筌), '영(迎)'은 '역(逆)'(賈林), '지형이 낮은 곳에 주둔하지 말라 함은 물을 터서 나에게 댈 것을 염려함'(張預), '살 땅을 살펴보아 높고 양지인 곳에 주둔하고 물이 흘러내려 오는 것을 맞이하지 않음'(劉寅).

13) 此處水上之軍也(차처수상지군야) '절수필원수(絕水必遠水)' '객절수이래(客絕水而來) … 령반제이격지리(令半濟而擊之利)', '욕전자무부어수이영객(欲戰者無附於水而迎客)', '시생처고(視生處高)', '무영수류(無迎水流)'의 이 다섯 가지가 수상(水上)에서 주둔하는 군대가 적에게 맞서는 방법임.

14) 絕斥澤(절척택) 『죽간본』에 '척(斥)'은 '기(沂)'로 되어 있으며 '소(泝)'자의 형태가 잘못된 것(陽丙安), '척(斥)'은 '로(鹵)'(王皙), '소금기가 있는 갯벌(鹹鹵)'(陳皞), '척(斥)은 원(遠), 바다의 황량함(曠蕩)은 지키기가 어려우므로 머물 수가 없음'(梅堯臣), "'척(斥)'은 '척로(斥鹵)', '척로'는 소금기가 있는 땅(鹹地)으로 동쪽에서는 '척(斥)'이라 하고 서쪽에서는 '로(鹵)'라 말함, '택(澤)'은 '물에 잠긴 땅(漸洳)'"(劉寅), 곧 '척택(斥澤)'은 소금기가 많은 갯벌과 습도가 높은 늪지.

15) 惟亟去無留(유극거무류) '극(亟)'은 '급(急), 질(疾)', 소금기가 많아서 물과 풀을 적절하게 공급받기 어려울 뿐만 아니라 지세가 넓고 낮아서 의지하기 힘든 바닷가 갯벌과 늪지(斥澤)에서는 지체하지 말고 빨리 벗어나야 됨.

16) 若交軍於斥澤之中(약교군어척택지중) '부득이하게 적과 갯벌과 늪지 속(中)에서 만남'(曹操), '교군(交軍)'은 교전(交戰).

17) 必依水草而背衆樹(필의수초이배중수) '반드시 물과 풀이 있는 가까운 곳에 의지함으로써 땔나무와 물을 길어오는 데 편리하게 하고 뒤로 많은 나무를 의지해야 함'(張預), '배중수(背衆樹)'는 '나무를 등져서 험한 요새로 삼음'(劉寅).

18) 此處斥澤之軍也(차처척택지군야) 이상의 이 두 가지가 갯벌과 늪지에서 주둔하는 군대가 적에게 맞서는 방법임.

19) 平陸處易(평륙처이) '반드시 평탄하여 구덩이가 없는 곳을 택하여 군대를 주둔시켜야 함은 치달려 돌격하기에 이롭기 때문임'(張預).

20) 而右背高(이우배고) 『어람』에는 '좌우배고(左右背高)'로 되어 있음.

21) 前死後生(전사후생) 글 전체의 문맥상 여기서 전후(前後)는 높고 낮음(高下)으로 해석하는 것이 타당함, 곧 '후(後)'는 '생(生)'으로 '높은 곳(高)'을, '전(前)'은 '사(死)'로 '낮은 곳(下)'을 가리킴.

22) 此處平陸之軍也(차처평륙지군야) 이상의 두 가지가 평지와 구릉에서 주둔하는 군대가 적에게 맞서는 방법임.

23) 凡此四軍之利(범차사군지리) 군대가 주둔하는 '네 가지(四)' 방법의 이로움은,

'산(山)', '수상(水上)', '갯벌과 늪지(斥澤)', '평지와 구릉(平陸)'에서 주둔하는 군대가 적에게 맞서는 방법을 말함.

24) 黃帝之所以勝四帝也(황제지소이승사제야) 황제(黃帝)는 성은 공손(公孙), 호는 헌원씨(軒轅氏)로 염제(炎帝) 신농씨(神農氏)와 더불어 중국 전설시기의 가장 이른 조상신으로, 인류 최초로 수레와 문자를 발명하고 천문, 역산, 의학을 전파했다고 전해지는 전설 속의 존재. 그는 탁록(涿鹿) 전투에서 사방의 신(神) 중에서 유일하게 자신을 따르지 않던 치우(蚩尤)를 제압함으로써 중국을 최초로 통일하고 중국의 사방을 중앙에서 관리하는 최고의 신이 됨. 『사기(史記)』「황제기(黃帝紀)」에서는 황제가 "염제(炎帝)와 판천(阪泉)에서 싸우고 치우(蚩尤)와 탁록(涿鹿)에서 싸우고 북쪽으로 훈륙(獯鬻)을 쫓아냈다"고 기록하고 있음. 기존 연구의 현존하는 상고자료를 볼 때 춘추(春秋)시대 이전의 갑(甲) · 금문(金文) 및 오경(五經)의 경문(經文) 등에서는 요(堯) · 순(舜) 이전 존재인 황제와 관련된 내용을 찾을 수 없고, 『좌전(左傳)』과 전국(戰國)시대 진후(陳侯)의 명문(銘文)의 황제에 대한 기록이 비교적 빠른 것이며, 이외에 『일주서(逸周書)』, 『국어(國語)』, 『국책(國策)』, 『산해경(山海經)』 등 및 진(秦) · 한(漢)의 저작 중에 보임(陳麗桂, 『戰國時期的黃老思想』, 聯經, 民國 80年, p.2). 『손자병법』의 황제(黃帝)에 대한 기록 또한 매우 이른 시기에 출현한 것임. 『죽간본』의 「황제벌적제(黃帝伐赤帝)」에 의하면 '사제(四帝)'는 황제가 각각 정벌한, 남쪽을 지배하던 '적제(赤帝)', 동쪽의 '□제(□帝)', 북쪽의 '흑제(黑帝)', 서쪽의 '백제(白帝)'로, 모두 사방 각지를 지배하던 상징적인 존재들로서 황제가 사방을 정벌하고 최초로 중국을 통일한 존재임을 강조하고자 동원된 대상들이라 할 수 있음.

「행군」9-2: 무릇 군대는 높은 곳을 좋아하고 낮은 곳을 싫어하며, 양지(陽地)를 귀하게 여기고 음지(陰地)를 천하게 여기며, 생명을 길러주고 충실히 해주는 데에 주둔하여 군대에는 모든 질병이 없는데, 이것을 반드시 이기는 것(必勝)이라 말한다. 구릉과 제방에서는 반드시 그 양지에 주둔하고 오른쪽으로는 그것을 등진다. 이것이 군대(兵)의 (주둔 지역의) 이로움이고 땅의 도움이다.

「行軍」9-2: 凡軍好高而惡下,[1] 貴陽而賤陰,[2] 養生而處實,[3] 軍無百疾,[4] 是謂必勝.[5] 邱陵隄防, 必處其陽,[6] 而右背之.[7] 此兵之利,[8] 地之助也.[9]

---

1) 凡軍好高而惡下(범군호고이오하) 『어람』에는 '호(好)'가 '희(喜)'로 되어 있음, '오(惡)'는 나쁘게 생각하여 싫어함 또는 꺼려함, '높은 곳에 주둔하면 (적을) 관망하기에 편리하고 치달려나가 쫓기에 이로우며, 낮은 곳에 주둔하면 견고하게 지키기 어렵고 쉽게 질병이 생김'(張預).

2) 貴陽而賤陰(귀양이천음) '동쪽과 남쪽은 양(陽)이 되고 서쪽과 북쪽은 음(陰)이 됨'(張預), '동쪽과 남쪽은 양(陽)이 되며 양(陽)은 삶(生)을 주관하기(主) 때문에 귀하게 여기는 것이고, 서쪽과 북쪽은 음(陰)이 되며 음(陰)은 죽임(殺)을 주관하기(主) 때문에 천하게 여기는 것임'(劉寅), '산의 남쪽과 물의 북쪽은 음(陰)이 되고, 산의 북쪽과 물의 남쪽은 양(陽)이 됨'(周亨祥).

3) 養生而處實(양생이처실) "충실함에 의지함이다(恃滿實也). '양생(養生)'은 물과 풀을 향하면 방목할 수 있어서 가축을 기르는 것을 꾀할 수 있다. '실(實)'은 높음(高)과 같다"(曹操), '생(生)은 양(陽), 실(實)은 고(高)'(杜牧), "'양생(養生)'은 물과 풀과 숲이 가까워서 방목과 채취하기에 편리하다는 것이고, '처실(處實)'은 높고 양지바른 곳에 주둔하고 음지이고 낮은 곳에 주둔하지 않는 것"(劉寅), 즉 '양생(養生)'은 생명을 길러줌 곧 군사들과 군마들의 생명유지에 필요한 자원을 공급받을 수 있는 곳에 주둔함, '처실(處實)'은 높고 양지바른 충실한 곳에 주둔함, 곧 적과의 전투가 발생할 때에 공격과 수비가 편리하여 작전을 쉽게 펼칠 수 있는 곳에 주둔함.

4) 軍無百疾(군무백질) '군(軍)'은 군대 또는 군사들, '백질(百疾)'은 온갖 종류의 모든 병.

5) 是謂必勝(시위필승) 『죽간본』에는 이 구절이 없음.

6) 必處其陽(필처기양) '동남쪽에 주둔함'(杜牧), '밝고 양지바른 곳에 주둔함'(劉寅).

7) 而右背之(이우배지) '구릉과 제방을 오른쪽과 등 뒤에 두어서 견고함으로 삼음'(劉寅).

8) 此兵之利(차병지리) 주둔 지역을 잘 확보한 군대가 받는 이로움.

9) 地之助也(지지조야) 지형의 도움을 받는 것. '군대의 이로움은 형세(形勢)를 얻어 도움을 얻는 것'(梅堯臣), '용병의 이로움은 땅의 도움을 얻는 데 있음'(張預).

「행군」9-3: 상류에 비가 와서 물거품이 내려오면 건너고자 하는 자는 그것이 안정되길 기다린다.

「行軍」9-3: 上雨,[1] 水沫至,[2] 欲涉者, 待其定也.[3]

---

1) 上雨(상우) '우(雨)'는 명사가 동사 역할을 하는 의동(意動) 용법, 상류에서 비가 내린다는 의미.

2) 水沫至(수말지) '수말(水沫)'은 상류에 비가 옴으로써 생긴 물거품, '지(至)'는 상류로부터 물거품이 떠내려 와서 자신이 있는 부근에 이르는 것.

3) 待其定也(대기정야) '반쯤 건너고 있을 때 물이 갑자기 불어나는 것을 염려함'(曹操), '세찬 물(暴水)이 갑자기 몰려와서 군대가 미처 방비하지 못할 것을 우려함'(劉寅), "이 구절은 마땅히 위(「행군」9-1)의 '욕전자무부어수이영객(欲戰者無附於水而迎客)' 아래에 있어야 함"(張預).

「행군」9-4: 무릇 땅에는 절간(絶澗) · 천정(天井) · 천뢰(天牢) · 천라(天羅) · 천함(天陷) · 천극(天隙)이 있으면 반드시 빨리 나가고 가까이 하지 말아야 한다. 내가 이것을 멀리하면 적이 그것을 가까이 하고, 내가 맞이하면 적은 그것을 등진다.

「行軍」9-4: 凡地有絕澗 · 天井 · 天牢 · 天羅 · 天陷 · 天隙,[1] 必亟去之, 勿近也. 吾遠之, 敵近之, 吾迎之, 敵背之.[2]

1) 凡地有絕澗天井天牢天羅天陷天隙(범지유절간천정천뢰천라천함천극) '절간(絕澗)'은 '앞뒤가 험준하고 물이 그 가운데에 가로놓여 있는 곳'(梅堯臣), '계곡이 깊고 험준하여 통과할 수 없는 곳'(劉寅), 곧 양쪽이 절벽이고 가운데에 물이 흐르는 계곡. '천정(天井)'은 '사면(四面)이 험한 비탈이고 골짜기의 물이 흘러들어 오는 곳'(梅堯臣), '밖은 높고 가운데는 낮아서 여러 물(澗壑)이 흘러들어 오는 곳'(劉寅), 곧 사면이 높고 가운데가 움푹 패여 사방의 물이 흘러들어 오는 골짜기. '천뢰(天牢)'는 '삼면(三面)이 둥글고 막혀서(環絕) 들어가기는 쉬우나 나가기 어려운 곳'(梅堯臣), '산이 험하게 둘러싸여 있어서 들어가는 길이 좁은 곳'(劉寅), 내용상 군대가 진입보다는 나가는 것이 중요한 것이므로, 들어가기는 쉬우나 나오기 어려운 곳이라는 매요신(梅堯臣)의 주석이 타당함. '천라(天羅)'는 '초목이 빽빽하게 밀집되어(蒙密) 있어서 창끝과 화살을 겨눌 수 없는 곳(鋒鏑莫施)'(梅堯臣), '숲의 나무가 종횡으로 놓여 있고 갈대가 우거져 있어서 은폐된 곳'(劉寅). '천함(天陷)'은 '낮고 아래로 물이 질펀한 진창(汻濘)으로 전차(車)와 기병(騎)이 통과하지 못하는 곳'(梅堯臣), '늪과 못의 진흙 진창으로 전차가 잠기고 기병이 달릴 수 없는 곳'(劉寅). '천극(天隙)'은 '두 산이 서로 마주 향하고 있어서 통하는 길이 협소하여 나쁜 곳'(梅堯臣), '도로가 좁고(狹迫) 땅에 구덩이가 많은 곳'(劉寅). 이상 '절간(絕澗)', '천정(天井)', 천뢰(天牢)', '천라(天羅)', '천함(天陷)', '천극(天隙)' 여섯 가지를 통상 '6해(六害)'라고 지칭함.

2) 吾迎之敵背之(오영지적배지) '용병(用兵)은 항상 이 여섯 가지 해로움(六害)을 멀리하고 적에게 그것을 가깝고 등지게 한다면 나는 이롭고 적은 재앙(凶)이 됨'(曹操), '(내가) 그것(여섯 가지 해로움)을 멀리하고 향하면 나의 전진과 후퇴가 자유로울 것이고, (적이) 그것(여섯 가지 해로움)을 가까이하고 등진다면 적의 거동에 장애가 있다. 전진과 후퇴가 자유로우면 이로움이 있고, 거동함에 장애가 있다면 재앙(凶)이 많게 됨'(張預).

「행군」9-5: 군대가 행군하면서 구덩이와 경사진 곳(險阻), 웅덩이와 우물(潢井), 갈대(葭葦)와 숲의 나무(山林)가 무성하게 우거진 곳이 있으면 반드시 조심스럽게 반복해서 그곳을 수색해야 하는데, 이런 곳은 복병과 간계가 숨어있는 곳이다.

「行軍」9-5: 軍行有險阻 · 潢井 · 葭葦 · 山林蘙薈者,[1] 必謹覆索之,[2] 此伏姦之所處也.[3]

---

1) 軍行有險阻潢井葭葦山林蘙薈者(군행유험조황정가위산림예회자) '군행(軍行)'은 『평진본』과 『무경본』에 군대의 근방이란 의미의 '군방(軍旁)'으로 되어 있음. '험(險)이란 한쪽이 높고 한쪽이 낮은 곳이고, 조(阻)란 물이 많은 곳이고, 황(潢)이란 물을 모아 둔 곳(池)이고, 정(井)이란 아래에 있음이고, 가위(葭葦)란 많은 풀이 모여 있는 곳이고, 산림(山林)이란 많은 나무가 있는 곳이고, 예회(蘙薈)란 가려져 덮여 있음(屛蔽)이다. '험조(險阻)'는 '구덩이(坑壍)와 한쪽은 높고 한쪽은 낮은 경사진 곳'(曹操, 「군쟁」7-3 주 3번), '황정(潢井)'은 땅이 움푹 팬 곳에 물이 고여 있는 웅덩이(또는 저수지)와 우물, '가위(葭葦)'는 『무경본』과 『평진본』에서는 '겸가(蒹葭)'로 되어 있으며 갈대를 말함, '산림(山林)'은 『무경본』과 『평진본』에서는 '임산(林山)으로 되어 있으며 나무가 빽빽하게 들어선 숲을 말함, '예회(蘙薈)'는 물체를 식별하기 힘들 정도로 무성하고 빽빽하게 우거진 모습.
   이상에서는 지형(地形)을 논하고, 이하에서는 적의 정황(敵情)을 살피는 것에 대해 논함'(曹操).
2) 必謹覆索之(필근부색지) '근(謹)'는 조심스럽게 접근함, '부색(覆索)'는 여러 차례 반복해서 철저하게 수색함.
3) 此伏姦之所處也(차복간지소처야) '복병과 간사한 세작은 혹 내가 대비하지 않음을 기습하고 나의 동정을 살피기 때문에 조심하지 않으면 안 되는 것임'(劉寅).

「행군」9-6: 적이 가까이 있으면서 고요한 것은 그 험함을 믿는 것이고, 멀리 있으면서 도전하는 것은 상대방이 나오길 바라는 것이며, 적이 평탄한 곳에 주둔한 것은 이로움을 보이는(보여 유인하기 위한) 것이다.

「行軍」9-6: 敵近而靜者, 恃其險也,[1] 遠而挑戰者, 欲人之進也,[2] 其所居易者, 利也.[3]

---

1) 恃其險也(시기험야) 적이 나와 가까이 있으면서도 움직이지 않는 것은 자신들이 위치한 견고하고 험한 지형을 믿고 의지하기 때문임.

2) 欲人之進也(욕인지진야) '인(人)'은 적의 상대방 곧 아군, '지(之)'는 주격조사.

3) 其所居易者利也(기소거이자리야) 적이 험준한 곳을 버리고 '평탄한 곳(易)'에 주둔하고 있는 것은 상대방이 공격하기에 적기라고 판단하고 도발하게끔 유인하려는 '이로움(미끼)을 보여준 것(利)'이라는 의미.

「행군」9-7 많은 나무가 움직인다면 (적이) 옴이며, 많은 풀로 장애물을 많이 만든 것은 의심하게 함이며, 새가 나는 것은 (적이) 매복함이며, 짐승이 놀라 달아나는 것은 (적이) 숨어 있음이며, 먼지가 높이 날면서 곧은 것은 (적의) 전차가 옴이며, (먼지가) 낮게 날면서 넓게 퍼지는 것은 (적의) 보병이 도래함이며, (먼지가) 산발(散發)하면서 여기저기 날리는 것은 (적이) 나무를 채취하는 것이며, (먼지가) 적게 일면서 (이리저리) 오가며 날리는 것은 (적이) 군영을 설치하는 것이다.

「行軍」9-7: 衆樹動者, 來也,[1] 衆草多障者, 疑也,[2] 鳥起者, 伏也,[3] 獸駭者, 覆也,[4] 塵高而銳者, 車來也,[5] 卑而廣者, 徒來也,[6] 散而條達者, 樵採也,[7] 少而往來者, 營軍也.[8]

---

1) 衆樹動者來也(중수동자래야) '나무를 베고 길을 닦고 진입해 오려는 것이므로 움직임'(曹操, 梅堯臣).

2) 衆草多障者疑也(중초다장자의야) '의(疑)'는 상대방에게 의혹을 일으키게 만든다는 사역의 의미, '풀을 묶어서 나에게 의혹하게 하고자 함'(曹操), '적이 좌우와 전후에 초목으로 장애물을 만들어 덮은 것은 계략을 써서 나를 의심하게 하는 것이다. 혹 후퇴하여 가고자 하였기 때문에 장애물을 만들어서 나의 추격을 피하려한 것이거나, 혹은 나를 습격하고자 하기 때문에 여러 가지 초목을 모아서 그들의 위세를 떨치려 한 것이다'(劉寅).

3) 鳥起者伏也(조기자복야) '새가 위로 날아오르면 아래에 복병이 있음'(曹操), '새가 갈 적에 평평하게 나는데 갑자기 높이 오르게 되면 아래에 복병이 있음'(張預).

4) 獸駭者覆也(수해자부야) '부(覆)'는 '뜻하지 않게(不意) 이름'(李筌), 곧 복병이 기습을 노리고 몰래 다가옴, '적이 진을 넓히고 날개를 펴면 나에게 기습하러(覆) 다가옴', '무릇 상대방을 몰래 기습하려는 자는 반드시 험준한(險阻) 초목(草木) 속을 거쳐 다가오므로 누워있던 야수들이 깜짝 놀라서 급히 뛰쳐나감'(張預).

5) 塵高而銳者車來也(진고이예자거래야) '전차와 말은 행군이 속도가 빠르고 모름지기 줄줄이 늘어서서 나아감(魚貫)으로 먼지가 높고 뾰족하게(尖) 일어남'(杜牧), '전차와 말(車馬)은 행군 속도가 빠르고 기세가 무겁고(勢重) 또한 수레바퀴 자국이 서로 나란히 이어져 나아감으로 먼지가 높이 일면서도 날카롭고 곧게(銳直) 퍼짐'(張預), '예(銳)'는 먼지가 위로 뾰족하고 곧게 나는 것.

6) 卑而廣者徒來也(비이광자도래야) '보병의 행진이 더딤으로 먼지가 반드시 낮고 넓게 일어남'(梅堯臣), '전차와 말이 일으키는 먼지가 맹렬하게 일고, 보병이 뒤이어 천천히 옴'(王晳).

7) 散而條達者樵採也(산이조달자초채야) '조달(條達)은 종횡으로 단절된 모양'(杜牧), 곧 산발적(散發的)으로 여기저기 날리는 모양, '초채(樵採)'는 땔감을 채취하

는 것, 군사들이 자신들의 편의대로 여기저기서 나무를 채취함으로 먼지가 산발적으로 흩어져 나옴.

8) 少而往來者營軍也(소이왕래자영군야) '군영을 세우고자 하는 자는 경무장한 군사(輕兵)들이 (먼저) 와서 몰래 정찰하므로(斥候) 먼지가 적게 일어남'(杜佑), 곧 '경무장한 군사들(輕兵)들이 진영을 정하는데, 가고 오는 먼지가 적게 일어남'(梅堯臣), '먼지가 적게 일어서 한 번 가고 한 번 옴'(劉寅).

「행군」9-8: (적의 사신의) 말이 겸손하고 (적의 전열이) 더욱 대비하는 것은 나아가고자 함이며, (적의 사신의) 말이 강하고 (적의 전열이) 빨리 다가오는 것은 물러나고자 함이다. (적의) 경무장한 전차가 먼저 나와서 그 측면에 주둔하는 것은 (싸우기 위해) 진(陣)을 치고자 함이며, (적이) 약속도 없이 화친을 청하는 것은 도모하고자 함이다. (적이) 분주하게 전차를 진열하는 것은 (싸우기를) 기약하고자 함이다. (적이) 반쯤 전진하다가 반쯤 물러나는 것은 유인하고자 함이다.

「行軍」9-8: 辭卑而益備者, 進也,[1] 辭彊而進驅者, 退也.[2] 輕車先出居其側者, 陳也.[3] 無約而請和者, 謀也.[4] 奔走而陳兵車者, 期也.[5] 半進半退者, 誘也.[6]

---

1) 辭卑而益備者進也(사비이익비자진야) '적의 사신이 와서 말이 겸손하고 적이 대비를 보충하고 증강하는 것은 나를 교만하게 한 이후에 (나를) 공격하고자 함임'(張預).

2) 辭彊而進驅者退也(사강이진구자퇴야) '속임수임(詭詐也)'(曹操), '사신이 와서 말을 강하게(壯) 하고 군대가 또한 앞으로 나오는 것은 나를 위협하면서 달아날 길을 찾고자 함임'(張預).

3) 輕車先出居其側者陳也(경거선출거기측자진야) '군대를 진열하고 싸우고자 함'(曹操), '경무장한 전차를 출동시켜 먼저 진을 치고 싸울 경계를 정함'(杜牧), '진을 벌여서(列陳) 싸우고자 함'(劉寅).

4) 無約而請和者謀也(무약이청화자모야) '이유도 없이 적이 화친을 청하면 반드시 간사한 계략이 있는 것임'(張預), '적이 먼저 약속도 없이 갑자기 와서 화친을 청하는 것은 반드시 간사한 계략이 있는 것임'(梅堯臣, 劉寅).

5) 奔走而陳兵車者期也(분주이진병거자기야) "깃발을 세워 표식을 하고 백성들과 표식 아래에서 만나길 기약하므로 분주히 달려서 멈춘다. 『주례(周禮)』에 '전차가 빨리 달려 나아가고 표식에 이르러 멈춘다.'고 한 것이 이것이다"(張預), '왕래하길 분주히 하면서 군대를 진열하는 것은 병사들이 싸우고자 하는 것을 기약함임'(劉寅).

6) 半進半退者誘也(반진반퇴자유야) '(적이) 거짓으로 어지럽게 섞이어 정리되지 않는 모습은 나를 유인해서 공격하기 위함임'(杜牧), '거짓으로 혼란한 모양을 보임은 나를 유인하기 위함'(張預), '병사들에게 반쯤 전진하고 반쯤 후퇴하게 하여 마치 혼란한 것처럼 보이는 모양은 나를 유인하기 위함'(劉寅).

「행군」9-9: (적이) 병장기에 기대어 서 있는 것은 굶주리기 때문이며, (적이) 물을 길어 먼저 마시는 것은 목마르기 때문이며, (적이) 이익을 보고도 나아가지 않는 것은 지쳤기 때문이다. (적의 진영에) 새가 모이는 것은 비어 있기 때문이며, (적이) 밤중에 소리를 지르는 것은 두렵기 때문이다.

「行軍」9-9: 杖而立者, 飢也,[1] 汲而先飮者, 渴也,[2] 見利而不進者, 勞也.[3] 鳥集者, 虛也,[4] 夜呼者, 恐也.[5]

---

1) 杖而立者飢也(장이립자기야) "『통전』과 『어람』, 매요신(梅堯臣)과 장예(張預)의 주석에서는 '장이립(杖而立)'을 '의장이립(倚仗而立)'으로 고침, 고대에 '장(杖)'과 '장

(仗)'은 통함, '장이립(杖而立)'은 곧 무기에 의지해서 서 있다는 의미이므로 매요신(梅堯臣)과 장예(張預)의 주석에서는 '의장이립(倚仗而立)'의 뜻으로 해석했지만 '장(杖)' 위에 반드시 '의(倚)'가 있을 필요가 없음"(楊丙安), '피곤하여 가지런할 수 없음'(李筌), '먹지 않으면 반드시 피곤하게 됨으로 병장기에 기댐'(杜牧), '무릇 사람이 밥을 먹지 않으면 피곤하므로 병장기에 기대어 서 있는 것으로 그 삼군(三軍)이 굶주리고 있음을 앎'(劉寅).

2) **汲而先飮者渴也(급이선음자갈야)** 『죽간본』에는 '급역선음(汲役先飮)'으로 되어 있음, '물을 길어오라 명령을 내렸는데 미처 이르기도 전에 먼저 취하는 것은 목마르기 때문이다. 한 사람을 보면 삼군(三軍)을 알 수 있음'(杜牧, 梅堯臣), '물을 길어 오는 자가 미처 진영에 이르지 않아서 먼저 물을 마신다면 이는 삼군(三軍)이 목말라 있음을 알 수 있음'(張預).

3) **見利而不進者勞也(견리이부진자로야)** '사졸들이 피로함'(曹操), '사졸들을 부리기 어려움'(李筌), '사졸이 피로함이다. 적이 와서 나에게 이로움을 보여주어도 진격할 수 없는 것은 피로하기 때문임'(杜佑).

4) **鳥集者虛也(조집자허야)** '성 위에 새가 있으면 군대가 이미 달아난 것임(遁)'(李筌), '새들이 군영과 보루에 모여 있으면 적의 진영이 텅 비어서 사람이 없음을 알 수 있는데 사람의 모습(상대방에게 사람이 있는 것처럼 보이기 위한 위장물)을 두고 도망간 것임', 적들이 달아나서 진영이 텅 비었기 때문에 새들이 두려움 없이 그 위에 모여 있음.

5) **夜呼者恐也(야호자공야)** '군사들이 밤중에 소리를 지르는 것은 장수가 용감하지 않기 때문임'(曹操, 陳皞), '두렵고 불안하므로 밤중에 소리치며 스스로가 씩씩함을 보임'(杜牧), '병사들이 겁을 먹고 장수가 나약하므로 갑자기 놀라 서로 소리치는 것임'(李筌), '병사들이 밤에 우연히 만날 때 소리를 지르는 것은 장수가 담력과 용맹함이 없어서 병사들이 두려워하기 때문임'(劉寅).

「행군」9-10: (적의) 군대가 소란스러운 것은 장수(의 권위)가 무겁지 않기 때문이며, (적의) 깃발이 움직이는 것은 혼란하기 때문이며, (적의) 관리가 노여워하는 것은 지쳤기 때문이다. (적이) 말을 잡아 고기를 먹는 것은 군대에 양식이 없기 때문이며, 그 숙사로 돌아가지 않는 것은 궁지에 몰린 적이기 때문이다. 힘이 없이 화합하듯 느리게 병사들과 더불어 말하는 것은 부하들(의 신망)을 잃었기 때문이다. 자주 상을 내리는 것은 궁색하기 때문이며, 자주 벌을 내리는 것은 곤궁하기 때문이며, 먼저 (적 또는 병사들을) 포악하게 대하다가 나중에 두려워하는 것은 정밀하지 못한 것이 지극하기 때문이며, (적의 사신이) 와서 폐백을 받치고 사례하는 것은 휴식하고자 하기 때문이다.

병사들이 분노해서 서로 맞대고 있으면서 오래도록 교전(合)하지 않으면서도 상대방이 물러나지 않으면 반드시 그들을 잘 살펴야 한다.

「行軍」9-10: 軍擾者, 將不重也,[1] 旌旗動者, 亂也,[2] 吏怒者, 倦也.[3] 粟馬肉食, 軍無懸缻, 不返其舍者, 窮寇也.[4] 諄諄翕翕, 徐與人言者, 失衆也.[5] 數賞者, 窘也,[6] 數罰者, 困也,[7] 先暴而後畏其衆者, 不精之至也,[8] 來委謝者, 欲休息也.[9] 兵怒而相迎,[10] 久而不合,[11] 又不相去,[12] 必謹察之.[13]

---

1) 軍擾者將不重也(군요자장부중야) '장수가 위엄 있고 태도가 무겁지(威重) 않아서 군사들이 소란함'(李筌), '장수가 법령을 엄하게 하지 않아서 위엄(威容)이 무겁지 않으므로 병사들이 이로 인해 소란함'(陳皡, 梅堯臣).

2) 旌旗動者亂也(정기동자난야) '깃발이 흔들리고 안정됨이 없음은 군대의 대오가 혼란한 것임'(劉寅).

3) 吏怒者倦也(리노자권야) '군사들이 모두 고달프고 피폐해짐으로(倦弊) 관리가 두려워하질 않아서 분노함'(李筌), '장수가 급하지 않은 일을 많이 시키므로 사람들이 모두 피곤함(倦弊)'(陳皡), '사람들이 피곤하여 성을 많이 냄'(賈林), '정령이 한결같지 않으면 인정(人情)이 피곤하므로 관리가 화를 많이 냄'(張預), '인정(人情)이 피곤하면 관리가 부릴 수 없으므로 분노를 많이 내는 것임'(劉寅).

4) 粟馬肉食軍無懸缻, 不返其舍者窮寇也(속마육식군무현부, 불반기사자궁구야) '속(粟)'은 『평진본』과 『무경본』에는 '살(殺)'로 되어 있음. "말을 잡아 그 고기를 먹으므로 군대에 식량이 없음을 말함, '그 숙사로 돌아가지 않는 것'은 궁핍하여 부엌(竈)과 더불어 하지 않음(不及)'(李筌), "'속마(粟馬)'는 양곡을 말에게 먹이로 주는 것, 육식(肉食)은 소나 말을 잡아서 병사들을 대접하는 것(饗), '군대에 그릇을 걸어 놓지 않는다는 것(軍無懸缻)'은 모두 그 그릇을 깨버리고 다시 불을 때지 않을 것임을 보인 것, '그 숙사로 돌아가지 않는 것(不返其舍者)'은 밤낮으로 대오를 결속시키는 것임, 이와 같다면 이는 모두 궁지에 몰린 적으로 반드시 결사적으로 한번 싸우고자(決一戰) 하는 것임, '부(缻)'는 불을 때는 그릇임"(杜牧), '부(缻)'는 '부(缶)'와 같음, '부(缻)'는 "고대에 물을 길을 때 쓰는 바닥이 뾰족한(尖底) 진흙으로 만든 그릇(瓦器)으로, 사용하지 않을 때는 줄로 걸어두기 때문에 '현부(懸缻)'라고 말한 것임"(周亨祥), '무릇 배를 불태우고 가마솥(釜)을 깨트려서 결사적으로 한번 싸우고자 하는 자는 모두 궁지에 몰린 적임'(劉寅). 즉, 이 문장에 대한 해석은 대표적으로 두 가지로 갈리는데, 첫째는 말에게 양곡을 먹이고 군사들에게 고기를 대접한 후 취사도구를 깨뜨려서 다시는 밥을 짓지 않고 숙사를 다시 돌아가지 않을 각오로 밤낮으로 대오를 결속시키며 결사 항전의 의지를 보인 것이라는 관점과, 둘째는 궁지에 몰린 적정의 빈곤한 상황을 말하는 것으로 보는 관점이 있음.

또한, 이 문장은 그동안 하나의 연결된 문장으로 보아서 적정을 살피는 한 가지 방법으로 보는 견해와, 문장을 둘로 나누어 적정을 살피는 두 가지 방법으로 보는 견해가 양존하였으며, 『죽간본』 또한 잔결(殘缺)된 상태이기 때문에 현재까지도 정확하게 판단을 내릴 수 없음, 즉, 여기와 같이 한 가지로 보는 견해와 '속마육식군무(粟馬肉食軍無)'와 '현부불반기사자궁구야(懸缻不返其舍者窮寇也)'를 각기 따로 봄으로써 적정을 살피는 방법이 혹은 31가지라고 하고 혹은 32가지라고 봄. 여기서는 『십일가주』의 체제에 따랐으며, 『평진본』과 『무경본』 등에 의거한 주석본들은 모두 두 가지로 봄.

5) 諄諄翕翕徐與人言者失衆也(순순흡흡서여인언자실중야) 『죽간본』에는 '서여인언(徐與人言)'은 '서언인(徐言人)'으로 되어있음, '순순(諄諄)은 말하는 모양, 흡흡(翕翕)은 의지를 잃은 모양'(曹操), '순순(諄諄)은 기운은 없이 소리로만 재촉함(乏氣聲促), 흡흡(翕翕)은 거꾸로 뒤집혀서 순서를 잃은(顚倒失次) 모양, 이와 같은 것은 근심이 내부에 있어서 스스로 그 병사들의 마음을 잃게 하는 것임'(杜

牧), '순순(諄諄)은 몰래 의논하는(竊議) 모양, 흡흡(翕翕)은 불안한 모양'(賈林), '순순(諄諄)은 말이 간곡한(誠懇) 모양, 흡흡(翕翕)은 그 위(上)를 근심하는(患) 모양'(王晳), '순순(諄諄)은 말하는 것이고, 흡흡(翕翕)은 모여 있는 것, 서(徐)는 천천히 하는 것(緩)이다. 병사들이 서로 모여서 개인적인 말을 함이 나지막하게 천천히 말하면서 그 위(上)를 비난하는 것으로 이는 병사들의 마음을 잃은 것임'(張預), '순순(諄諄)은 간곡한 모양, 흡흡(翕翕)은 화합하는 모양, 간곡하고 화합하면서 천천히 병사들과 말하는 것은 병사들의 마음을 잃은 것임'(劉寅), '순순(諄諄)은 느림, 말에 힘이 없는 모양', '적장이 느린 소리로 피곤하게 병사들과 천천히 말을 나누는 것'(周亨祥), 즉 '순순흡흡(諄諄翕翕)'하는 주체가 장수이냐 병사들이냐에 따라서 해석이 둘로 나뉨. 여기서는 '위엄을 잃은 적장'을 주체로 해석함.

6) 數賞者窘也(삭상자군야) '삭(數)'은 자주, 여러 차례, '군(窘)'은 군색(窘塞)함, 곤궁(困窮)함, '세(勢)가 빈궁하여 배반하고 떠날 것을 우려하여 자주 상을 내려 병사들을 기쁘게 함'(梅堯臣), '세가 빈궁하면 쉽게 떠나므로 자주 상을 내려서 병사들을 위무함'(張預).

7) 數罰者困也(삭벌자곤야) '힘이 곤궁하면 부리기 어려우므로 자주 벌을 내려 병사들을 두렵게 함'(張預), '인력이 곤궁하고 피폐하여 자주 벌을 내려서 군사들을 독려함'(劉寅).

8) 先暴而後畏其衆者不精之至也(선포이후외기중자부정지지야) '먼저 적을 가볍게 여기다가 뒤에 그 병사들을 두려워함은 생각이 잘못되었기(心惡) 때문임'(曹操), '적을 헤아림이 정밀하지 못한 것이 심함'(杜牧), "먼저 적을 경시하고 이후에 적을 두려워함이다. 혹은 '먼저 각박하고 포악함으로 아랫사람을 다스리다가 후에 병사들이 자기를 배반할 것을 두려워하는데, 이는 위엄을 쓰고 사랑을 베푸는 데에 정밀하지 못함이 지극한 것'이라고 말한다. 그러므로 위 문장에서 상을 자주 내리고 벌을 자주 내리는 것에 대해 말한 것이다"(張預), '먼저 포악함과 각박함으로 아랫사람을 다스리다가 뒤에 그 병사들이 배반할까 두려워하는 것은 위엄과 신의가 정밀하지 못함이 지극한 것임'(劉寅), 곧 이 부분도 포악하게 하고 두려워하는 대상이 누구냐에 따라 두 가지 해석이 공존함. '부정지지(不精之至)'는 용병술이 지극히 정치(精緻)하지 못한 것을 말함.

9) 來委謝者欲休息也(내위사자욕휴식야) 여기까지가 이 장에서 제시한 적정을 살피는 마지막 방법임. '위사(委謝)'는 '(공손함을 표현하기 위하여) 천천히 앞으로 오

고 빠르게 뒤로 가는 것'(李筌), '폐백을 가지고 와서 사례하는 것은 세(勢)가 빈궁하거나 그들에게 이유가 있어서 반드시 휴식하고자 함임'(杜牧), '위사(委謝)'는 상대방이 존경의 뜻으로 폐백을 바치며(委質) 사례하는 것.
이상이 적의 정황(敵情)을 살펴서 파악하는 것에 대해 논한 것으로 문단을 바꿀 필요가 있지만, 여기서는 이하의 내용도 한 문단으로 취급한 『십일가주』의 체제를 그대로 따름.

10) 兵怒而相迎(병노이상영) 병사들이 성을 내며 출전해서 서로 대치하고 있는 상황을 말함.

11) 久而不合(구이불합) '합(合)'은 교전(交戰), 곧 대치한 지 오랜 시간이 지났는데도 교전하려고 하지 않은 상황을 말함.

12) 又不相去(우불상거) 교전하지 않으면서도 또한 물러가지(去) 않고 있는 상태를 말함.

13) 必謹察之(필근찰지) '기병(奇)의 매복을 대비함'(曹操), '이러한 군대에는 반드시 기병(奇)이 매복하고 있으므로 반드시 신중하게 살핌'(李筌), 곧 적들이 성내며 출정하였음에도 불구하고 대치만 한 상태에서 싸우려고 하지도 않고 또한 물러가려고도 하지 않는 것은 적이 기병(奇兵)을 매복시키고 있을 가능성이 높으므로 매우 신중하게 살펴야 된다는 의미.

「행군」9-11: 군대는 더욱 많은 것이 좋은 것은 아니며, 오로지 무용(武勇)만으로 나아가지 않으며, 힘을 합치고 적을 헤아리길 충분히 할 때 적(에게 승리)을 취할 수 있다. 대저 오직 생각함이 없이 적을 얕보는 자는 반드시 적에게 사로잡힌다. 병사들이 미처 친하게 따르지 않는데 그들을 벌준다면 복종하지 않으며 복종하지 않으면 쓰기가 어렵다.

「行軍」9-11: 兵非益多也,[1] 惟無武進,[2] 足以併力料敵取人而已.[3] 夫惟無慮而易敵者,[4] 必擒於人.[5] 卒未親附而罰之則不服,[6] 不服則難用也.

1) 兵非益多也(병비익다야) 『죽간본』은 이와 같고 『무경본』에는 '병비귀익다(兵非貴益多)'로 되어 있음. '권력이 비슷함(權力均)'(曹操). '일설에는 군대는 병력을 더욱 증가하는 것을 귀하게 여기지 않는다고 말함'(楊丙安). '나와 적의 병력이 비슷함'(杜牧). '(병력의 수가) 많음으로 적음을 공격하는 것을 귀하게 여기지 않고 적음으로 많음을 공격하는 것을 귀하게 여기는 것'(賈林). '군대가 적에게 점점 더 (병력을) 많이 증가시키지 않는 것을 일러 권력이 비슷한 것(權力均)이라 함'(張預). '군대는 병력을 더욱 많이 증가시키는 것을 귀하게 여기지 않고, 만약 세력이 이미 비슷하면(均) 오직 강함과 무용만으로 가볍게 전진하지 말아야 함'(劉寅).

2) 惟無武進(유무무진) 오로지 용감함만을 믿고 나아가면 안 됨. 곧 피차간의 군대의 객관적 상태를 잘 헤아린 후에 나아가야 함.

3) 足以併力料敵取人而已(족이병력료적취인이이) '아래 사람들의 부양을 충분히 함(厮養足也)'(曹操). '비록 무용의 힘만으로 가볍게 나아가지 않고 지혜와 모략(智謀)으로 적정을 헤아리고 힘을 합쳐 적에게 (승리를) 취함'(賈林). '아랫사람들을 부양함에 쓰임이 충분하도록 하고 적의 허실(虛實)을 헤아려 적에게 승리를 취할 뿐임'(劉寅). '병력(併力)'은 서로 힘을 합침. '료적(料敵)'은 적정을 헤아림. '취인(取人)'은 인재 곧 정병(精兵)을 얻는다는 의미(曹操, 王晳, 楊丙安)와 적에게 승리를 취한다는 두 가지 주석이 있으며, 여기서는 '힘을 합친다는(併力)' 구절에 이미 인재를 얻었다는 내용이 모두 들어있다고 파악해서 '취인'을 적에게 승리를 취한다는 의미로 해석함.

4) 夫惟無慮而易敵者(부유무려이이적자) '유(惟)는 독(獨)과 같음'(陳皞). '독(獨)' 곧 독단적임. '이적(易敵)'은 적을 경시하여 얕잡아 보는 것. '적을 헤아리지 못하고 오히려 적을 가볍게 여겨 무용만으로 나아가면 반드시 적에게 사로잡힘'(張預). '깊은 모략과 심원한 생각이 없이 적을 가볍게 여기는 자는 반드시 적에게 사로잡힘'(劉寅).

5) 必擒於人(필금어인) '금어인(擒於人)'은 적에게 사로잡힘. 곧 적의 포로가 됨.

6) 卒未親附而罰之則不服(졸미친부이벌지즉불복) 『죽간본』에 '친부(親附)'는 '단친(槫親) 곧 전친(專親)'으로 되어 있으며 상호 뜻이 통함. '친부(親附)'는 친하게 달라붙음. 친하게 잘 섞임. '갑자기 장수의 지위에 올라 은혜와 신의를 백성에게 베풀지 않고 급히 형벌로써 가지런하게 한다면 분노하게 되어(怒恚) 쓰기 어려

움'(張預), 곧 장수로 부임하여 미처 친해지기도 전에 군대의 기강을 잡고자 형벌을 동원한다면 군사들이 분노하여 복종하려 들지 않음을 의미.

「행군」9-12: 병사들이 이미 친하게 따르지만 벌을 내려도 행해지지 않는다면 쓸 수 없다. 그러므로 그들을 명령하길 문(文)으로 하고 그들을 가지런히 하길 무(武)로써 하는데, 이것을 일러 반드시 취한다고 한다. 명령이 평소에 행해짐으로써 그 백성을 가르치면 백성은 복종하며, 명령이 평소에 행해지지 못함으로써 그 백성을 가르치면 백성은 복종하지 않는다. 명령이 평소에 행해지면 병사들과 더불어 서로가 얻게 된다.

「行軍」9-12: 卒已親附而罰不行,[1] 則不可用也.[2] 故令之以文,[3] 齊之以武,[4] 是謂必取.[5] 令素行以教其民, 則民服, 令不素行以教其民, 則民不服. 令素行者,[6] 與衆相得也.[7]

---

1) 卒已親附而罰不行(졸이친부이벌불행) '은혜와 신의가 이미 흡족하지만 형벌로써 가지런히 할 수 없음'(曹操).

2) 則不可用也(즉불가용야) 『죽간본』에는 '가(可)'자가 없음. '(병사들이) 교만해져서 쓸 수 없음'(梅堯臣), '은혜와 신의가 평소에 흡족하여 병사들의 마음이 이미 따르지만 형벌이 관대하고 느슨하게 실행된다면(寬緩) 교만해져서 쓸 수 없음'(張預).

3) 故令之以文(고령지이문) '령(令)은 교령(教令), 여기서는 교육(教育)'(周亨祥), '문(文)'은 '인(仁)'(曹操), '인사(仁思)'(李筌), '문덕(文德)'(劉寅), '문덕(文德), 정치(政治)'(周亨祥), '령(令)'은 여기서 정치상의 가르침 곧 정책을 시행하는 데 위엄과 덕망을 갖추고 있다는 의미.

4) 齊之以武(제지이무) '제(齊)는 제일(齊一), 통일(統一),'(周亨祥), '무(武)'는 '법(法)'(曹操), '위벌(威罰)'(李筌), '무용(武勇)'(劉寅), '위무(威武), 법령(法令)'(周亨祥).

5) 是謂必取(시위필취) '문무(文武)가 이미 행해지면 반드시 또한 승리를 취함'(杜牧), '가르치길 인자한 은혜로움으로 하고 가지런히 하길 위엄 있는 형벌로 하여 은혜로움과 위엄이 아울러 드러나면 반드시 승리할 수 있음'(梅堯臣), '문의 은혜로움(文恩)으로 기쁘게 하고(悅), 무의 위엄(武威)로 엄숙히 한다면(肅) 두려움과 사랑이 서로 함께하므로 싸우면 반드시 이기고 공격하면 반드시 취함'(張預). 즉, 전쟁이 상하 모두에게 이익을 줄 수 있다는 정치상의 동의가 내부적으로 이루어짐으로써 전쟁에 임하면 반드시 승리함.

6) 令素行者(령소행자) '소(素)'는 '평소(平素), 평상(平常)', 정책 시행이 전시상황이 아닌 평소에도 잘 실행됨.

7) 與衆相得也(여중상득야) 평소에도 내부적으로 상하의 의지가 통합된 나라는 전쟁이 발생하면 승리하여 본래 상하가 서로 이익을 공유한다는 정치와 군사상의 목적을 달성함.

제10장

지형을 활용한 용병술과 장수의 책무 — 『지형地形』

「지형(地形)」은 곧이어 나오는 「구지(九地)」와 더불어 군사(軍事)의 지리적 문제를 논의한 편이다. 우선 여섯 가지 유형의 지형을 소개한 후, 장수의 가장 중요한 임무는 여섯 가지의 지형에 대처하며 변화하는 용병술을 운용하는 데 있음을 밝힌다. 또한 여섯 가지 전쟁에서 패하는 군대의 유형을 소개하면서 그러한 상황을 인식하고 대처하는 것이 장수의 가장 중요한 임무임을 아울러 밝히고 있다. 내용의 후반부에서는 "나를 알고 적을 알면 이겨서 마침내 위태롭지 않으며, 땅을 알고 하늘을 알면 이겨서 마침내 온존해질 수 있다."라고 주장하며 『손자병법』이 말하고자 하는 용병술의 대원칙이 제시되는데, 이는 곧 피차간 군대 실정에 대한 객관적 인식과 더불어, 자연의 객관적 법칙 곧 하늘과 땅의 자연 현상과 원리(대표적으로 지형(地形))에 대한 정확한 인식이 전쟁을 승리로 이끄는 가장 중요한 병법의 원칙임을 천명한 데 있다. 『죽간본』에서는 현재까지 이 편, 곧 「지형」에 상응하는 내용이 아직 발견되지 않았다.

「지형」10-1: 손자가 말하다. 지형에는 (막힘없이 통하는) 통(通)인 것이 있고, 괘(挂)인 것이 있고, 지(支)인 것이 있고, 애(隘)인 것이 있고, 험(險)인 것이 있고, 원(遠)인 것이 있다. 내가 갈 수 있고 적도 올 수 있는 것을 '통(通)'이라 말한다. 통형(通形)인 곳은 먼저 높고 양지바른 곳을 점거하여 군량보급로를 이롭게 해서 싸우면 이롭다. 갈 수는 있으나 돌아오기 어려운 곳을 '괘(挂)'라 말한다. 괘형(挂形)인 곳은 적이 대비함이 없어서 출동하면 이길 수 있으며, 적이 만약 대비하고 있어서 출동하였다가 이기지 못하면 돌아오기 어려워서 이롭지 못하다. 내가 출동하여도 이롭지 않고 적이 출동하여도 이롭지 못한 곳을 '지(支)'라 말한다. 지형(支形)인 곳은 적이 비록 나에게 이로움을 보여도 내가 출동하지 말고 군대를 이끌고 물러나야 하며, (역으로) 적에게 반쯤 나오게 하여 공격하면 이롭다. 애형(隘形)인 곳은 내가 먼저 그곳을 점거하면 반드시 그곳을 가득하게 (나의 군사들로 배치)함으로써 적을 기다려야 하며, 만약 적이 먼저 그곳을 점거하여 가득하게 (적의 군사들로 배치)하면 (싸우러) 나아가지 말며 (적군의 군사들이) 가득하지 않으면 (싸우러) 나아가야 한다. 험형(險形)인 곳은 내가 먼저 그곳을 점거하면 반드시 높고 양지바른 곳에서 주둔하면서 적을 기다리며, 만약 적이 그곳을 먼저 점거하고 있으면 군사들을 이끌고 물러나야 하며 (싸우러) 나아가지 말아야 한다. 원형(遠形)인 곳은 (피차의) 세력이 비슷하다면 도전하기 어렵고 싸워도 이롭지 않다. 무릇 이 여섯 가지는 지형에 따른 (용병하는) 방법이며 장수의 지극한 임무이니 살피지 않을 수 없다.

「地形」10-1: 孫子曰: 地形有通者,[1] 有挂者,[2] 有支者,[3] 有隘者,[4] 有險者,[5] 有遠者.[6] 我可以往, 彼可以來, 曰'通'. 通形者, 先居高陽, 利糧道,[7] 以戰則利.[8] 可以往, 難以返, 曰'挂'. 挂形者, 敵無備, 出而勝之, 敵若有備, 出而不勝, 難以返, 不利.[9] 我出而不利, 彼出而不利, 曰'支'. 支形者, 敵雖利我,[10] 我無出也, 引而去之,[11] 令敵半出而擊之, 利.[12] 隘形者,[13] 我先居之, 必盈之以待敵,[14] 若敵先居之, 盈而勿從, 不盈而從之.[15] 險形者, 我先居之, 必居高陽以待敵, 若敵先居之, 引而去之,[16] 勿從也.[17] 遠形者,[18] 勢均,[19] 難以挑戰,[20] 戰而不利.[21] 凡此六者, 地之道也,[22] 將之至任, 不可不察也.[23]

---

1) 地形有通者(지형유통자) '길이 오고 갈 수 있게 막힘없이 트임(道路交達)'(梅堯臣), '피차 오가는 것이 통달(通達)하는 곳'(劉寅), 『역(易)』「계사(繫辭)」에서는 '가고 오는 것이 무궁한 것을 일러 통(通)이라 한다'라고 함(周亨祥).

2) 有挂者(유괘자) 『평진본』에 '괘(挂)'는 '괘(掛)'로 되어 있음. '괘(掛)는 괘(挂)의 이체자(異體字)로 더 늦게 출현하였으므로 마땅히 괘(挂)가 되어야 함'(楊丙安), '그물과 같은 곳(網羅之地), 가면 반드시 걸리고 막힘(往必掛綴)'(梅堯臣), '가면 돌아오기가 마땅하지 않음'(李筌). 곧 가면 돌아오는 길이 막히는 곳.

3) 有支者(유지자) '서로 지키고(대치하고) 있는 곳(相持之地)'(梅堯臣), '각각 험하고 막힌 곳을 지켜서 서로 버티고(支持) 있는 곳'(劉寅).

4) 有隘者(유애자) '두 산의 골짜기 사이(兩山通谷之間)'(梅堯臣), '두 산 사이에 산골짜기(山谷)가 협소한 것'(劉寅).

5) 有險者(유험자) '산과 하천의 구릉(山川丘陵)'(梅堯臣), '물이 흐르는 골짜기(澗壑)의 구덩이(坑坎), 오르내리기가 험난함'(劉寅).

6) 有遠者(유원자) '평평한 땅(平陸也)'(梅堯臣), '피차의 진영과 보루가 서로 요원함'(劉寅), '이 여섯 가지가 땅의 형세(形)임'(曹操).

7) 利糧道(리양도) '양도(糧道)'는 군량을 운반하는 보급로.

8) 以戰則利(이전즉리) '적을 오게 해야지 적에게 끌려가면 안 됨'(劉寅), 피차가 들나기 쉬운 평평한 곳에서는 먼저 높고 양지바른 곳을 선점하고 군량 보급로를 확보하면 적과의 싸움에서 유리하게 됨.

9) 難以返不利(난이반불리) '싸우고자 해도 머물 수 없고 돌아가고자 해도 돌아갈 수 없으므로 이롭지 않음'(張預).

10) 敵雖利我(적수리아) '지형(支形)'은 '피차간의 출동이 불편한 지형'이므로 적이 거짓으로 나에게 이로움을 보여주며 유인하는 것.

11) 引而去之(인이거지) '거(去)'는 물러남, 곧 군사를 이끌고(引) 물러나서(去) 적을 유인할 기회를 엿보며 기다린다는 의미.

12) 令敵半出而擊之利(령적반출이격지리) '적이 반쯤 나오기를 기다렸다가 (적의) 행렬이 아직 정해지지 않을 때에 공격하면 반드시 이로움을 얻음'(劉寅), '령(令)'은 사역이므로 단순히 적이 지쳐서 나오길 기다린다는 의미보다는, 물러나 기다리는 동안 모략을 내어 적을 유인하는 것으로 보는 것이 타당함.

13) 隘形者(애형자) '애형의 땅이란 좌우로 높은 산이 있고 중앙에는 평평한 골짜기가 있음'(劉寅).

14) 必盈之以待敵(필영지이대적) '영(盈)'은 '평(平)'(李筌), '실(實)'(賈林), '(산 입구에 진영을 세우고 다스린다는 의미의) 제구(齊口) 역시 만(滿)임'(杜牧), '진영이 아닌 (군사들을 배열하는) 진(陳)을 말하는 것임'(陳皥), '영(盈)은 만(滿), …… 적이 나아가고 물러나게(進退) 할 수 없게 함'(杜佑), '애형(隘形)의 땅이란 …… 내가 먼저 점거해서 반드시 산골짜기에 (병력을) 가득 배치하여(盈滿) 진영을 만듦으로써 적이 전진하지 못하도록 하게 함'(劉寅).

15) 不盈而從之(불영이종지) '종(從)'은 '축(逐)'(賈林), '종지(從之)'는 추격한다는(逐) 의미보다는 나아가 싸운다는 의미, 곧 적의 병력이 가득 차 있지 않으면(不盈) 군사를 내어서 나아가 싸우는 것.

16) 引而去之(인이거지) '지형이 험악하고 좁아서 특히 적에게 도달할 수 없음(尤不可致於人)'(曹操).

17) 勿從也(물종야) 여기서 '종(從)' 또한 '축(逐)'이 아님, 바로 앞 문장이 이미 군사들을 이끌고 물러난 상황인데 곧바로 뒤 문장에서 적을 뒤쫓지 말라고 풀이하는 것에는 해석상의 무리가 따름, 곧 앞에 나온 것과 마찬가지로 '싸우러 나아가지 말라(勿從)'고 풀이하는 것이 타당함.

18) 遠形者(원형자) '나라를 떠나 멀어짐'(杜牧), '원형(遠形)의 땅은 피차간의 거리가 멀음'(劉寅), '양군이 서로 거리가 비교적 멀음'(周亨祥).

19) 勢均(세균) 맞서고 있는 양 진영의 세력이 비슷함.

20) 難以挑戰(난이도전) '도전(挑戰)은 적을 끌어들임(延敵)'(曹操), '도(挑)는 적을

맞이함(迎敵)'(杜佑), '세력이 이미 똑같으면(均一) 도전한다면 수고롭고 적에게 이르게 한다면 편안함'(梅堯臣), '멀어서 나에게 이르게 하기에 수고로움'(王皙).

21) 戰而不利(전이불리) 곧 피차간의 거리가 먼 원형의 땅에서 피차간의 세력 또한 비슷하다면 적을 오게 하는 것도 내가 나아가는 것도 힘들지만, 내가 먼저 도전해서 싸움을 청하는 것은 절대 불리함.

22) 地之道也(지지도야) '지형의 세(勢)'(李筌), '지형(地形)'(梅堯臣), 지리의 조건을 용병에 이용하는 원칙 내지 방법(道).

23) 不可不察也(불가불찰야) '불가불(不可不)'은 이중부정으로 장수의 가장 중요한 임무임을 강조하는 용법, 앞에 나온 '필근찰지(必謹察之)'와 같은 의미.

「지형」10-2: 그러므로 군대에는 달아나는(走) 것이 있고, 느슨한(弛) 것이 있고, 빠지는(陷) 것이 있고, 무너지는(崩) 것이 있고, 어지러운(亂) 것이 있고 패배하는(北) 것이 있다. 무릇 이 여섯 가지는 하늘의 재해가 아니라 장수의 과오이다. 무릇 (피차의) 세력이 비슷한데 하나로써 열을 공격하는 것을 '주(走)'라 말한다. 병사는 강하지만 관리가 약한 것을 '이(弛)'라 말한다. 관리는 강하지만 병사가 약한 것을 '함(陷)'이라 말한다. 부하장수들(大吏)이 분노하여 (대장의 명령에) 복종하지 않고 적을 만나면 원한을 품고 스스로 싸우고, 장수는 그 능력을 알지 못하는 것을 '붕(崩)'이라 말한다. 장수가 약하고 위엄이 없고 가르쳐서 이끄는 방법이 분명하지 못하여, 관리와 병졸들이 일정함이 없으며 군대를 진열함이 여기저기 맘대로 하는 것을 '난(亂)'이라 말한다. 장수가 적을 헤아릴 수 없어서 적음(적은 병력)으로 많음(많은 병력)과 교전하고 약함(나약한 군대)으로써 강함(강성한 군대)을 공격하며 군대에 선발된 선봉대가 없는 것을 '배(北)'라 말한다. 무릇 이 여섯 가지는 패하는 방법이며 장수의 지극한 임무이니 살피지 않을 수 없다.

「地形」10-2: 故兵有走者,[1] 有弛者,[2] 有陷者,[3] 有崩者,[4] 有亂者,[5] 有北者.[6] 凡此六者, 非天之災,[7] 將之過也. 夫勢均, 以一擊十, 曰'走'.[8] 卒强吏弱, 曰'弛'.[9] 吏强卒弱, 曰'陷'.[10] 大吏怒而不服,[11] 遇敵懟而自戰,[12] 將不知其能, 曰'崩'.[13] 將弱不嚴, 教道不明,[14] 吏卒無常,[15] 陳兵縱橫,[16] 曰'亂'. 將不能料敵, 以少合衆, 以弱擊强, 兵無選鋒, 曰'北'.[17] 凡此六者, 敗之道也, 將之至任, 不可不察也.

---

1) 고병유주자(故兵有走者) '주자(走者)는 그 힘을 헤아리지 않고 적은 병력으로 많은 병력을 공격하는 것'(劉寅), '주(走)'는 '포위되어 탈출하는 것'(劉寅), 달려 나감, 곧 적의 병력을 헤아리지 않고 무모하게 달려 나감.

2) 有弛者(유이자) '이자(弛者)는 장수가 법제(法制)로 자신의 아랫사람을 제어하지(馭) 않는 것'(劉寅), '이(弛)'는 느슨함, 곧 군대의 기강이 느슨함.

3) 有陷者(유함자) '함자(陷者)는 병력이 약하고 군사들이 통일되어 있지 못한 것'(劉寅), '함(陷)'은 빠짐, 곧 병사들이 나약함에 빠져서 헤어나지 못함.

4) 有崩者(유붕자) '붕자(崩者)는 (우두머리를 보조하는 장수들 곧) 부장(偏裨)들이 분노하여 제멋대로 싸우지만 우두머리 장수(主將)가 단속할 수 없는 것'(劉寅), '붕(崩)'은 무너짐, 곧 군대의 명령 체계와 기강이 무너짐.

5) 有亂者(유난자) '난자(亂者)는 행진이 순서를 잃어서 스스로 혼란함에 이르는 것'(劉寅), '난(亂)'은 어지러움, 곧 작전을 수행하는 군사들의 행동양식이 조직적인 체계를 갖추지 못하여 혼란함.

6) 有北者(유배자) '배자(北者)는 정예병을 선발하지 않아서 스스로 패함을 취하는 것'(劉寅), '배(北)'는 패배함, 곧 죽음도 불사할 수 있는 정예병이 없으므로 적과 싸움에서 결국 패배할 수밖에 없음.

7) 非天之災(비천지재) 『평진본』과 『무경본』에는 '비천지지재(非天地之災)'로 되어 있음, 장예(張預)의 경우 이 구절은 앞 문단의 '범차륙자지지도야(凡此六者地之道也)'를 잇는 말로서 '무릇 이 여섯 가지의 패배에서 허물이 인사(人事)에 있음(凡此六敗, 咎在人事)'과 문의와 맥락이 거스르지 않고 명백해지므로, 마땅히 '천(天)'자를 '지(地)'로 고치는 것이 본래의 뜻에 합치된다고 주장, 그러나 『손자병

법』에서 천지(天地), 천(天), 지(地) 등은 인사(人事)와 대비되는 자연의 상태 내지 법칙을 의미한다는 점에서 이와 같은 지적에 큰 의미를 둘 필요가 없음.

8) 以一擊十日走(이일격십왈주) '힘을 헤아리지 못함'(曹操), '이는 힘을 헤아리지 않고 적을 경시하는 것', '주(走)는 포위당해서 달아나 탈출하지 못할까를 염려함'(劉寅).

9) 卒强吏弱曰弛(졸강리약왈이) '관리가 병졸을 통제할 수 없으므로 천천히 무너짐(弛壞)'(曹操), '관리가 통솔할 수 없으면 군정(軍政)이 천천히 무너짐'(李筌), '사졸이 강하고 사나운데 장수와 관리들이 유약하면 이는 법령이 폐지되고 무너지는 것임', '리(弛)'란 활이 풀려서 펼 수 없는 것과 같은 것'(劉寅).

10) 吏强卒弱曰陷(리강졸약왈함) '관리들이 강해서 나아가고자 하지만 병졸들이 약해 무너져서(輒陷) 패함'(曹操), '함(陷)'이란 함몰하여 탈출할 수 없는 것'(劉寅).

11) 大吏怒而不服(대리노이불복) '대리(大吏)는 소장(小將)임. 대장이 성내도 (부하장수들의) 마음은 복종하지 않음(厭腹)'(曹操), '소장(小將)'은 대장을 보조하는 부하장수.

12) 遇敵懟而自戰(우적대이자전) '대(懟)'는 소장들이 적을 향해 분노하는 것, '자전(自戰)'은 소장들이 대장의 명령 없이 자신들 맘대로 싸운다는 의미, '(소장들이) 분노하여 적을 향해 나아감(赴)'(曹操), 여기서 '부(赴)'는 대장의 명령 없이 소장들이 적을 향해 나아가는 것.

13) 將不知其能曰崩(장부지기능왈붕) '경중(輕重)을 헤아리지 못한다면 반드시 붕괴함'(曹操), '주장(主將)이 그 부하들의 능하고 능하지 못함을 알지 못하는 것을 이름하여 붕(崩)이라 말함'(劉寅).

14) 敎道不明(교도불명) '위엄이 있어야 할 명령(威令)이 이미 엄격하고 분명하지 못함'(賈林), '가르쳐서 이끌고(敎導) 훈련하는 것에 명확한 이론과 방법이 없음'(周亨祥).

15) 吏卒無常(리졸무상) 유인(劉寅)은 '가르치고 사열하는 방법이 옛 법(古法)을 따르지 않는 것'이라고 풀이하였으나, '무상(無常)'의 '상(常)'은 '옛 법(古法)'이라기보다는 누구나 준수해야 할 군대의 '상규'나 '법규'로 보는 것이 타당함, 곧 '무상(無常)'은 관리나 병졸들이 군율의 일정한 법규나 상규를 지키지 않는 것.

16) 陳兵縱橫(진병종횡) 군대를 진열함(陳兵)이 일정한 법규에 의거하지 아니하고 이리저리 맘대로(縱橫) 하여 절도가 없음.

17) 兵無選鋒曰北(병무선봉왈배) '선봉(選鋒)'은 정예로운 병사들을 선발해서 선봉대(鋒)를 구성하는 것, 곧 정예병으로 구성된 선봉대가 용맹하게 돌진하며 적군의 사기를 꺾고 자신의 군대에는 사기와 용기를 북돋우어야 하는데 그러한 것이 없다는 것을 말함. '배(北)란 정면으로 (적과) 싸울 수 없어서 단지 적을 등지고 달아나는 것'(劉寅).

「지형」10-3: 대저 지형이란 것은 군대의 보조로 적을 헤아리고 승리하게 해줌으로 험하고 좁음과 멀고 가까움을 계산하는 것은 상장(上將)의 도리이다. 이것을 알고 전쟁을 하는 자는 반드시 이기고, 이것을 알지 못하고 전쟁을 하는 자는 반드시 패한다.

「地形」10-3: 夫地形者, 兵之助也,[1] 料敵制勝,[2] 計險阨遠近,[3] 上將之道也.[4] 知此而用戰者必勝, 不知此而用戰者必敗.

---

1) 兵之助也(병지조야) 지형을 잘 파악해서 이용하는 것이 승리의 중요한 요소이기 때문에 '군대의 보조 내지 도움'이라고 말한 것임.

2) 料敵制勝(료적제승) 지형을 파악하는 것이 자연적 요소를 이용하기 위한 것이라면 '료적(料敵)'은 적의 허실(虛實)과 강약(强弱) 등의 적의 실제 정황(敵情)을 헤아리며 작전에 임하는 것, 곧 자연사(自然事)와 인간사(人間事)에 대한 이해가 승리를 만들어주는(制勝) 용병술의 근본임.

3) 計險阨遠近(계험액원근) '험액(險阨)'은 지형의 험하고 막힘, '원근(遠近)'은 지형의 멀고 가까움.

4) 上將之道也(상장지도야) '상장(上將)'은 여기서 '주장(主將)'을 의미함. '도(道)'는 용병하는 원리 내지 방법. '상장지도(上將之道)'는 '우두머리 장수(主將)가 용병하는 방법 내지 원리', '적을 알고(知敵) 땅을 아는 것(知地)이 장군의 직무임'(何氏). 즉, 장수의 직무에는 '지지(知地)' 곧 자연사(自然事)에 대한 이해와 '지적(知敵)' 곧 인간사(人間事)를 통합적으로 고려할 수 있는 능력이 요구됨.

「지형」10-4: 그러므로 싸우는 길이 반드시 이기는 것이라면 군주가 싸우지 말라고 해도 반드시 싸움이 옳으며, 싸우는 길이 이기지 못하는 것이라면 군주가 반드시 싸우라고 해도 싸우지 않음이 옳다. 그러므로 나아감에는 명예를 구하지 않고 물러남에는 죄를 피하지 않으며, 오직 백성만을 보호하고 이로움이 군주에게 합치하면 나라의 보배이다.

「地形」10-4: 故戰道必勝,[1] 主曰無戰,[2] 必戰可也.[3] 戰道不勝, 主曰必戰, 無戰可也. 故進不求名,[4] 退不避罪,[5] 唯民是保,[6] 而利合於主,[7] 國之寶也.[8]

---

1) 故戰道必勝(고전도필승) '전도(戰道)'는 '싸우고 진을 치는 방법'(劉寅), '전쟁의 실제 상황(實況)이 전개되는 것(發展)에 따라 필승의 조건과 추세가 있음'(周亨祥). 곧 '전도(戰道)'를 필승의 계략으로 보는 것과 전투가 실제 펼쳐지고 있는 상황 내지 추세로 보는 두 가지 관점에서 해석 가능하며, 이에 따라서 뒤의 문장도 해석하는 데에 차이가 발생함.

2) 主曰無戰(주왈무전) '주(主)는 군주'(杜牧, 梅堯臣 등), '무(無)'는 금지사인 '물(勿)'과 통용됨. 앞 문장의 해석 여부에 따라서 '무전(無戰)'은 필승의 계략이 있어도 군주가 싸움을 허락하지 않는 것 또는 전쟁의 실제 상황(實況)이 유리하게 전개되는데 중도에 군주가 전투를 멈출 것을 명령하는 것의 두 가지 해석이 가능함.

3) 必戰可也(필전가야) 군주의 명령을 듣지 않고 싸움에 나가면 반드시 승리함, 또는 군사 문제에 이해력이 부족한 군주의 전투 중지 명령을 따르지 않고 (主將은) 전투의 유리한 추세에 편승하여 반드시 계속 싸워서 승리함. 즉, 「모공」(3-6)에서는 군주가 군대에 재앙을 초래하는 세 가지 중 첫 번째가 '군대가 진격해서는 안 되는 것임을 알지 못하고서 군대에게 진격하라 명령하고, 군대가 후퇴해서는 안 되는 것임을 알지 못하고서 군대에게 후퇴하라 명령하는' '군대를 얽어매는 것'이라고 말함.

4) 故進不求名(고진불구명) 위의 군주가 싸우지 말라고 해도 반드시 싸우는 것은 국가와 백성을 위하는 것이지 자신의 명예를 구하는 것이 아님.

5) 退不避罪(퇴불피죄) 위의 군주의 진군과 퇴각의 명령을 거부하는 것 또한 자기의 명예가 아닌 국가와 백성을 위하는 것임으로 명령을 거부한 죄를 받는 것 또한 피하지 않음.

6) 唯民是保(유민시보) '민(民)'이 '인(人)(李筌) 또는 '민명(民命)'(劉寅)으로 되어 있는 판본도 있으며, 백성 내지 백성의 목숨을 보호한다는 의미상의 차이는 없음.

7) 而利合於主(이리합어주) 『조조본』, 『평진본』, 『무경본』에 모두 '합(合)'자가 없으며, 유인(劉寅)의 『직해』에는 '이오군시리(而吾君是利)'로 되어 있는데, 군주의 이익과 부합된다는 의미상의 차이는 없음.

8) 國之寶也(국지보야) 『직해』에는 앞에 '차내국지보야(此乃國之寶也)'로 되어 있음.

「지형」10-5: 병졸을 보길 어린아이와 같이 하므로 그들과 더불어 계곡에 들어갈 수 있으며, 병졸을 보길 사랑하는 자식과 같이 하므로 그들과 함께 죽을 수 있다. 후하게 해도 부릴 수 없고 사랑해도 시킬 수 없고 어지러워도 다스릴 수 없으면, 비유컨대 교만한 자식과 같아서 쓸 수가 없다.

「地形」10-5: 視卒如嬰兒, 故可以與之赴深溪,[1] 視卒如愛子, 故可與之俱死.[2] 厚而不能使,[3] 愛而不能令, 亂而不能治, 譬如驕子,[4] 不可用也.

---

1) 故可以與之赴深溪(고가이여지부심계) '부(赴)'는 달려 나감, 곧 병졸을 어린아이(嬰兒)와 같이 보므로 깊은 계곡이라도 함께 뛰어들 수 있음.

2) 故可與之俱死(고가여지구사) '장수가 병졸을 보길 자식과 같이 하면 병졸은 장수를 어버이 같이 보므로 부모가 위급하고 어려운 처지에 있는데 자식이 사력을 다하지(致死) 않는 경우는 없음'(張預).

3) 厚而不能使(후이불능사) 『평진본』과 『무경본』에는 뒤의 '애이불능령(愛而不能令)'과 위치가 바뀜, 내용상의 차이는 없음. '후(厚)'는 은혜를 두텁게 주는 것 또는

'옷이나 먹을 것 등의 재물을 대주는 것(給養)을 좋게 하는 것'(劉寅), '사(使)'는 적과 싸우게 하는 것.

4) 譬如驕子(비여교자) '교자(驕子)'는 교만한 자식, '은혜만을 오로지 써서도 안 되고 형벌만을 오로지 행해서도 안 된다. 오로지 은혜만을 쓰면 병졸은 교만한 자식과 같아서 시킬 수 없다'(張預).

「지형」10-6: 나의 병졸들이 (용감하여 적을) 공격할 수 있음을 알고 적(의 대비함)이 (굳건해서) 공격할 수 없음을 알지 못하면 이기는 것이 반이다. 적(의 대비함)이 (허약해서) 공격할 수 있음을 알고 나의 병졸들이 (나약해서) 공격할 수 없음을 알면 이기는 것이 반이다. 적이 공격할 수 있음을 알고 나의 병졸들이 공격할 수 있음을 알지만, 지형이 싸울 수 없는 곳임을 알지 못하면 이기는 것이 반이다. 그러므로 군사를 아는 자는 움직이지만 미혹하지 않고 행동하지만 곤궁해지지 않는다. 그러므로 "나를 알고 적을 알면 이겨서 마침내 위태롭지 않으며, 땅을 알고 하늘을 알면 이겨서 마침내 온존해질 수 있다."라고 말한다.

「地形」10-6: 知吾卒之可以擊,[1] 而不知敵之不可擊,[2] 勝之半也,[3] 知敵之可擊,[4] 而不知吾卒之不可以擊,[5] 勝之半也,[6] 知敵之可擊, 知吾卒之可以擊, 而不知地形之不可以戰, 勝之半也.[7] 故知兵者, 動而不迷,[8] 擧而不窮.[9] 故曰, "知己知彼, 勝乃不殆, 知地知天, 勝乃可全.[10]"

---

1) 知吾卒之可以擊(지오졸지가이격) '가이격(可以擊)'은 『통전』과 『어람』에는 '가용이격지(可用以擊之)'로 되어 있음, 곧 장수가 자신의 병사들이 정예롭고 용감해서 '(그들을) 사용하여 적을 공격하는 것(可用以擊之)'만을 아는 것, '지(之)'는 주격.

2) 而不知敵之不可擊(이부지적지불가격) '불가격(不可擊)'은 『통전』과 『어람』에는 '불

가용이격(不可用以擊)'로 되어 있음, 곧 수비에 치중한 적의 대비가 굳건하여 '(그들을) 공격하는 데에 사용할 수 없음(不可用以擊)'을 알지 못하는 것.

3) 勝之半也(승지반야) '승리의 반이란 미처 알 수 없는 것을 말함'(曹操, 李筌), '나를 알고 적을 모르면 혹 승리하는 것이 있을 뿐임'(梅堯臣), '이는 자기만 알고 적을 알지 못하여 한 번 승리하고 한 번 지는 것이므로 승리의 절반이라고 한 것임'(劉寅).

4) 知敵之可擊(지적지가격) '가격(可擊)'은 『통전』과 『어람』에는 '가이격(可以擊)'으로 되어 있음, 유인(劉寅)은 '(장수가) 적의 세가 허약하여 공격할 수 있는 형세가 있는 것만 아는 것'이라고 풀이, 반면 '지(之)'를 주격으로 보고 '적이 (나를) 공격할 수 있음을 안다'고 해석해도 '지피(知彼)'의 관점에서 벗어나지 않음, 그러나 여기서는 움직이는 주체를 모두 '나'로 일관성 있게 파악해서 적의 대비함이 허약한 것을 본다는 의미로 해석함.

5) 而不知吾卒之不可以擊(이부지오졸지불가이격) '나의 군사들이 피폐하고 나약해서 이들을 시켜 공격할 수 없음을 알지 못한다면 이는 적만 알고 자기를 알지 못하는 자이므로, 승리의 절반이라고 한 것임'(劉寅).

6) 勝之半也(승지반야) '적을 알고 나를 모르면 혹 승리하는 것이 있을 뿐임'(梅堯臣), '혹 자기를 알고 적을 모르거나 혹 적을 알지만 자기를 모른다면 승리할 수도 있고 질 수도 있음'(張預).

7) 勝之半也(승지반야) '이미 자기도 알고 또한 적도 알지만 지형(地形)의 도움을 받지 못하면 또한 온전한 승리(全勝)를 거둘 수 없음'(張預), 이 문장을 통해 위의 '승지반(勝之半)'이 전쟁에서 반의 승률을 말하는 것이 아님을 알 수 있음.

8) 動而不迷(동이불미) 병법을 잘 아는 자는 함부로 출동하지 않음으로 출동해도 미혹되지 않음.

9) 擧而不窮(거이불궁) '궁(窮)'은 『통전』과 『어람』에는 패한다는 의미의 '돈(頓)'으로 되어 있음, '궁(窮)'은 '곤(困)'(陳皞), '거(擧)'는 '경솔하게 행동하지(輕擧) 않음'(張預), 곧 병법을 아는 자는 자기를 알고 적을 알고 지형을 알기 때문에 '행동하는 데에는 곤궁해지거나 패하는 법이 없음'. '동(動)'과 '거(擧)'는 때를 알아서 출동하는 것 곧 천시(天時)를 알아서 행동함.

10) 勝乃可全(승내가전) '적의 이로움을 알고 나의 이로움을 앎으로 위험하지 않고 천시를 알고 지형을 앎으로 다함이 없음(不極)'(梅堯臣, 王晳), '천시를 따르고

지리를 얻어서 승리하는 것이 끝이 없음(無極)'(張預). '전(全)'은 단순히 싸워서 모두 이긴다는 백전백승을 의미하는 것이 아니라 자신은 피해를 입지 않고 모든 전쟁에서 완전한 승리를 거둔다는 의미. 적정을 헤아리고(人情) 지형을 파악하고(地利) 출동할 때를 아는(天時), 이 세 가지를 잘 헤아리는 것이 병법의 요체임.

제11장

아홉 가지의 지리적 형세와 환경을 이용하는 전략 – 『구지(九地)』

「구지(九地)」에서는 아홉 가지 지리적 형세 곧 '구지(九地)'를 이용하는 작전 원칙과 대처 방법에 대해 서술한다. 여기서 말하는 '지(地)'는 앞의 「지형」에서 말하는 자연 지리적 의미가 강조된 '지(地)' 개념과는 다른 의미를 지니는데, 어떤 것은 지리적 여건에 따른 환경 그리고 그것에 따른 분위기라는 내용까지 함유한다. 우선 지리적 형세와 환경을, '산지(散地)', '경지(輕地)', '쟁지(爭地)', '교지(交地)', '구지(衢地)', '중지(重地)', '비지(圮地)', '위지(圍地)', '사지(死地)' 등의 아홉 가지로 소개한 후, 이상의 아홉 가지 지형의 명칭에 해당하는 지리 내지 지역적 환경 속에서 수행하는 작전 원칙과 방법을 밝힌다. 조조(曹操)에 의해 편집되었을지라도 이 편의 내용은 될 수 있으면 다양한 지리적 형세와 작전 방법을 구체적으로 소개하려는 작가의 의지를 읽을 수 있을 뿐만 아니라, 글을 통해 직접 전쟁을 지휘한 장수의 경험이 매우 생동감 있고 현실적으로 전해짐으로써 읽는 이들이 전쟁의 실제 상황을 직접 목격하고 있는 것과 같은 느낌을 체험할 수 있게 해준다.

「구지」11-1: 손자가 말하다. 용병(用兵)의 방법에는 산지(散地)가 있고, 경지(輕地)가 있고, 쟁지(爭地)가 있고, 교지(交地)가 있고, 구지(衢地)가 있고, 중지(重地)가 있고, 비지(圮地), 위지(圍地)가 있고, 사지(死地)가 있다. 제후 스스로가 자신의 땅에서 싸우는 곳은 산지(散地)라 한다. 남의 땅에 들어서서 깊지 않은 곳은 경지(輕地)라 한다. 내가 얻으면 이롭고 적이 얻어도 역시 이로운 곳은 쟁지(爭地)라 한다. 내가 갈 수 있고 적이 올 수 있는 곳은 교지(交地)라 한다. 제후의 땅들이 삼면으로 연접해 있어서 먼저 이르러 천하의 사람들을 얻는 곳은 구지(衢地)라 한다. 남의 땅에 들어가길 깊이해서 성읍(城邑)을 등짐이 많은 곳은 중지(重地)라 한다. 산과 숲, 구덩이와 높고 낮은 경사진 곳, 늪과 못(沮澤) 등의 무릇 가기 어려운 길을 행군하는 곳은 비지(圮地)라는 한다. 들어가는 곳이 좁고 되돌아가야 하는 것은 우회해야 해서 적의 적음(적은 병력)으로 나의 많음(많은 병력)을 공격할 수 있는 곳은 위지(圍地)라 한다. 신속하게 싸우면 생존하고 신속하게 싸우지 못하면 죽는 곳은 사지(死地)라 한다.

「九地」11-1: 孫子曰: 用兵之法, 有散地, 有輕地, 有爭地, 有交地, 有衢地, 有重地, 有圮地, 有圍地, 有死地. 諸侯自戰其地,[1] 爲散地. 入人之地不深者,[2] 爲輕地. 我得則利, 彼得亦利者,[3] 爲爭地. 我可以往, 彼可以來者,[4] 爲交地. 諸侯之地三屬, 先至而得天下衆者, 爲衢地.[5] 入人之地深, 背城邑多者,[6] 爲重地. 行山林 · 險阻 · 沮澤, 凡難行之道者,[7] 爲圮地. 所由入者隘, 所從歸者迂,[8] 彼寡可以擊吾之衆者,[9] 爲圍地. 疾戰則存, 不疾戰則亡者,[10] 爲死地.

---

1) 諸侯自戰其地(제후자전기지) 산지(散地)에 대한 설명임. '기지(其地)'는 제후가 다스리는 땅, '사졸들이 고향 땅(土)에 연연하고(戀) 길이 가까워서 쉽게 흩어짐',

'사졸들이 집이 가까워 나아감에 반드시 죽고자 하는 마음이 없으며 물러나 돌아가 의지하려는(歸投) 곳이 있음'(杜牧), '나라 안에서 싸우므로 군사들이 집을 돌아봄(顧), 이는 쉽게 흩어지는 땅임'(張預), 곧 '산지(散地)'는 병사들이 '흩어지기 쉬운 지역'이란 의미.

2) 入人之地不深者(입인지지불심자) 경지(輕地)에 대한 설명임, '인지지(人之地)'는 다른 사람의 땅 곧 적의 땅, '군사들이 모두 돌아가기 쉬움'(曹操), '나라를 떠나 국경을 넘어가서 적의 지역에 들어섰지만 깊지 않은 곳을 이름하여 경지(輕地)라 한다. 경지는 병사들이 돌아갈 것을 생각하여 나아가기 어렵고 물러남을 쉽게 함을 말한 것임'(劉寅), 곧 '경지(輕地)'는 병사들이 '돌아가길 쉽게 하는 지역'이란 의미.

3) 我得則利彼得亦利者(아득즉리피득역리자) 쟁지(爭地)에 대한 설명임, '적음(적은 병력)으로 많음(많은 병력)을 이길 수 있고 약함(약한 군사)으로 강함(강한 군사)을 공격할 수 있음'(曹操), '반드시 다투는 곳으로 바로 험준한 요충지임(險要)'(杜牧), '쟁지(爭地)란 반드시 다툼에 힘써야 할 곳', 곧 '쟁지(爭地)'는 요충지로 병사들이 힘써 '다투어야 할 지역'이란 의미.

4) 我可以往彼可以來者(아가이왕피가이래자) 교지(交地)에 대한 설명임, '길이 곧바로 서로 교차함'(曹操), '땅에 여러 길이 있어서 가고 오는 길이 통달하여 교차하는 것'(張預), 곧 '교지(交地)'는 교차하는 지역.

5) 諸侯之地三屬先至而得天下衆者(제후지지삼속선지이득천하중자) 구지(衢地)에 대한 설명임, '나와 적이 서로 맞서고 있고(相當) 곁에 다른 나라가 있음', '먼저 이르러 그 나라에 도움을 받음'(曹操), '삼속(三屬)은 삼면이 이웃 나라와 연접해 있음'(劉寅), '선지(先至)'는 먼저 이웃 나라에 사신을 파견함, 부연하면 먼저 이웃 나라에 사신을 파견하여 조약을 맺으면 그들의 도움을 받을 수 있다는 것(得天下衆)을 의미, 곧 '구지(衢地)'는 적국을 제외한 나머지 세 나라가 둘러싸고 있어서 '사통팔달한 네거리의 지역'이란 의미, '구(衢)는 사방으로 통하는(四通) 땅'(張預), '사면(四面)의 통달함이 네거리 길과 같음'(劉寅).

6) 入人之地深背城邑多者(입인지지심배성읍다자) 중지(重地)에 대한 설명임, '돌아오기 어려운 지역'(曹操), '입인지지심(入人之地深)'은 국경을 넘어 다른 나라(人之地)에 매우 깊숙이 진입한 것, '배성읍(背城邑)'은 적의 성읍을 배후에 등짐 또는 적의 국경 안의 성읍을 통과함, '배성읍다(背城邑多)는 적의 성을 등진 것이 이

미 많음'(劉寅), '중지(重地)는 경지(輕地)와 대조되는 말'(周亨祥), 곧 '중지(重地)'는 적진 깊숙이 진입하여 '적의 성읍을 지나치길 거듭한 지역'이라는 의미.

7) 行山林險阻沮澤凡難行之道者(행산림험조저택범난행지도자) 비지(圮地)에 대한 설명임, '작고 견고함'(曹操), 앞에서도 나온 '산림(山林), 험조(險阻), 저택(沮澤)' 등은 각각 산과 숲, 구덩이와 높고 낮은 경사진 곳, 늪과 못을 말하며 군사들이 행군하거나 전차와 보급품을 실은 수레 등이 가기 매우 힘든 지형을 말함(「군쟁」 7-3 주 3번 참조), '물이 지나가 훼손된 곳(經水所毀)을 비(圮)라고 말함'(賈林), '나아가고 물러나기 힘들고 기댈 곳이 없음'(張預), '무너지고 파괴되어서 머무르며 지체할 수 없는 곳'(劉寅), 곧 '비지(圮地)'는 군대가 행군하거나 머무르기 힘든 지형으로 정상적인 지형이 아닌 '파괴되어 무너진 지역'이라는 의미.

8) 所由入者隘所從歸者迂(소유입자애소종귀자우) 위지(圍地)에 대한 설명임, '거동(擧動)하기 어려움'(李筌), '소유입자애(所由入者隘)'은 군사들을 경유하여 들이는(由入) 진입하는 도로가 좁은 것, '소종귀자우(所從歸者迂)'는 따라서 돌아오는 길은 우회해야 되는 지역, '출입이 어려워 기병(奇兵)을 매복시켜 승리하는 것(履勝)을 쉽게 도모할 수 있음(易設)'(杜牧), '산천(山川)이 둘려싸여 들어가려면 좁고 돌아오려면 먼 것'(梅堯臣), 곧 진출입로가 좁아서 나아가고 물러나기가 어려운 곳.

9) 彼寡可以擊吾之衆者(피과가이격오지중자) 위지(圍地)에 대한 연이은 설명임, 산천(山川)이 둘려싸여 있어서 진출입로가 좁은 관계로 적의 매복한 소규모 기병(奇兵)이 나의 대규모 정병(正兵)을 공격하여 승리할 수 있는 것이 가능한 지역이라는 의미, 곧 '위지(圍地)'는 험준한 자연 지형이 주위를 '에워싸고 있는 지역'이라는 의미.

10) 疾戰則存不疾戰則亡者(질전즉존부질전즉망자) 사지(死地)에 대한 설명임, 『죽간본』에는 앞과 뒤의 '전(戰)'자가 모두 없음, '질전(疾戰)'은 신속하게 싸움, '앞에는 높은 산이 있고 뒤에는 큰 하천(大水)이 있어서 나아간다면 얻지 못하고(進則不得) 물러난다면 방해가 됨(退則有礙)'(曹操), '좌우에 높은 산이 있고 앞뒤가 끊어진 산골짜기(澗)여서 밖에서 들어오는 것은 쉽지만 안에서 나가는 것은 어려운데, 이러한 땅에 잘못 머무르면 신속하게 죽기로 싸워서 살아야 한다. 만약 군사들의 기세가 꺾이고 식량을 저장해둔 것 또한 없음이 오래 지속되길 기다린다면, 죽지 않는 것을 어찌 기대할 수 있겠는가?'(賈林), '산천이 험하고 멀어서 나아가고 물러날 수가 없고 식량이 중간에서 끊기고 적이 밖에서 내려

보고(臨) 있어서 신속하게 싸우지 않는다면 반드시 위태롭고 멸망에 이르는 곳을 이름하여 사지(死地)라 한다'(劉寅), 곧 '사지(死地)'는 신속하게 싸우지 않으면 '죽을 수 있는 지역'이라는 의미.

「구지」11-2: 이 때문에 산지(散地)이면 싸우지 말며, 경지(輕地)이면 (오래) 머무르지 말며, 쟁지(爭地)이면 (뒤늦게) 공격하지 말며, 교지(交地)이면 (대오 또는 길을) 끊지 말며, 구지(衢地)이면 (이웃 나라와) 연합하여 교류하고, 중지(重地)이면 (식량을) 약탈하고, 비지(圮地)이면 (지체하지 말고) 가고, 위지(圍地)이면 (벗어날 계략을) 모의하고, 사지(死地)이면 (죽을힘을 다해) 싸운다.

「九地」11-2: 是故散地則無戰,[1] 輕地則無止,[2] 爭地則無攻,[3] 交地則無絕,[4] 衢地則合交,[5] 重地則掠,[6] 圮地則行,[7] 圍地則謀,[8] 死地則戰.[9]

---

1) 是故散地則無戰(시고산지즉무전) '달아나 흩어지는 것을 염려함'(李筌), '싸우길 결정하면 흩어지는 것을 두려워함'(王晳), '병사들이 살 생각을 품으므로 가볍게 싸울 수 없음'(張預), 곧 나라 안 근교의 땅에서는 병사들이 쉽게 자기 고향을 돌아가려하므로 싸우게 할 수 없음.

2) 輕地則無止(경지즉무지) '도망갈 것을 염려함'(李筌), '이유가 없이 머무는 것은 합당하지 않음'(王晳), '의지가 아직 견고하지 않음으로 적에게 맞설 수 없음'(杜牧), '병사들이 쉽게 돌아가므로 번번이 쉽게(輒) 머무를 수 없음'(張預), 국경을 막 벗어난 적지에서는 병사들이 고향으로 돌아가려는 마음이 강하게 들기 때문에 모든 것을 신속하게 처리해야 함.

3) 爭地則無攻(쟁지즉무공) '공격하기에 마땅하지 않으면 먼저 이르러 이롭게 하는 것이 합당함'(曹操), '이기는 형세의 곳은 먼저 점거하는 것이 이로우며, 적이 만약 이미 그곳을 얻었다면 공격할 수 없음'(梅堯臣), '적이 쟁지(爭地)를 점거했으면 공격할 수 없음'(周亨祥). 반면 '험하고 견고한 요해처(要害)는 반드시 다투어

야 할 곳이므로 성을 공격함에 지체하거나 느슨하게 하지 말며, 마땅히 뒤에 출발하였다고 하더라도 먼저 도착해서 점거해야 함'(劉寅), 곧 '무공(無攻)'은 뒤늦게 공격하지 말라는 의미.

4) 交地則無絕(교지즉무절) '서로 닿는 것이 이어짐(相及屬)'(曹操), '사이를 끊을 수 없음'(李筌), '왕래하여 교통함에는 병사로 그 길을 가로막아 끊지 말고 마땅히 기병(奇兵)을 매복시키면 승리함'(張預), '왕래하여 교통할 수 있는 지역은 그 도로를 막거나 끊지 않고 마땅히 기병(奇)을 매복시키고, 할(적에게 우리가 끊을) 수 없음을 보이고 적이 반쯤 오도록 유인해서 그들을 습격하는 것이 좋음'(劉寅). 즉, '무절(無絕)'은 적이 틈을 노릴 수 있으므로 자신의 대오를 끊지 말아야 한다는 해석과 매복해서 적을 기습하기 좋은 지역이므로 적이 교통하도록 끊지 말아야 한다는 두 가지 해석이 있음. 곧 길이 서로 교차하는 곳에서 적의 공격으로부터 자신의 대오를 지키느냐 아니면 그 지역의 특징을 이용해서 적을 기습할 것인가의 관점의 차이에 따라서 해석 또한 달라짐.

5) 衢地則合交(구지즉합교) '제후들을 결속함(結諸侯也)'(曹操), '행동을 결속함(結行)'(李筌), '제후는 위의 문장에서 말한 이웃 나라임'(杜牧), '교류를 얻으면 편안하고(安), 교류를 잃으면 위험함'(孟氏), '사방이 통하는(四通) 곳에서는 교류하여 원조받지(交援) 않으면 강하지 못함'(王皙), 곧 삼면이 다른 나라들로 둘러싸인 나라라면 적보다 먼저 연접한 이웃국과의 교류와 원조를 통해 맞서고 있는 나라와 싸우면 승리함.

6) 重地則掠(중지즉략) '양식을 축적함(蓄積糧食也)'(曹操), '적의 국경을 넘어 깊이 진입하면 군량 보급(饋餉)이 끊어지지 않게 마땅히 군사들을 독려하여 식량을 약탈함으로써 그 부족함을 대비함'(張預), 곧 적진 깊숙이 진입하면 만일에 대비해 군량을 자체 조달하는 방법을 모색함.

7) 圮地則行(비지즉행) '머무르지 않음(無稽留也)'(曹操), '이미 헐고 무너져서 기대어 머물 수 없다면(依止) 마땅히 신속하게 행군하고 머물지 말아야 함'(梅堯臣).

8) 圍地則謀(위지즉모) '기(奇)의 모략을 발휘함(發奇謀也)'(曹操), '앞은 좁음이 있고 뒤에는 험함이 있고 돌아가는 길 또한 멀다면(迂) 모략을 발휘하여 승리하는 것을 생각해야 함'(梅堯臣), '위지(圍地)에서는 힘으로써 승리하기 어렵고 모략으로써 취하는 것이 쉬움'(劉寅).

9) 死地則戰(사지즉전) '죽음을 각오하고 싸움(殊死戰也)'(曹操), '전후좌우에 갈 곳이 없으면 반드시 죽을 각오를 보이며 사람들(人人) 스스로가 싸우게(自戰) 됨'(梅堯臣), '죽을 위험이 있는 곳(死地)에 빠지면 사람 스스로가 싸우게 됨'(張預), '살길을 잃었으면 살길을 구함'(劉寅).

「구지」11-3: 옛날에 용병을 잘한다고 일컫는 자는 적군이 앞뒤로 서로 연결되지 못하게 하고, 많음과 적음이 서로 믿지 못하게 하고, 귀함과 천함이 서로 구원하지 못하게 하고, 위와 아래가 서로 거두지 못하게 하고, 병졸이 떠나서 모이지 못하게 하고, 병사들이 모여도 가지런하지 못하게 할 수 있었다.

「九地」11-3: 所謂古之善用兵者,[1] 能使敵人前後不相及,[2] 衆寡不相恃,[3] 貴賤不相救,[4] 上下不相收,[5] 卒離而不集,[6] 兵合而不齊.[7]

---

1) 所謂古之善用兵者(소위고지선용병자) 『죽간본』에는 '고선전(古善戰)'으로 되어 있음, '선용병자(善用兵者)'는 군사들을 잘 부리는 자 곧 전쟁을 잘하는 자.

2) 能使敵人前後不相及(능사적인전후불상급) '급(及)'은 끊어지지 않고 연속 내지 연결되어 있음, '상급(相及)'은 서로 잇달아 연이어 있음, '기병을 내어 충돌하여 엄습함(設奇衝掩)'(梅堯臣), '적군의 가운데를 충돌해서 앞과 뒤가 서로 연결되지 못하게 함'(劉寅), 곧 적의 대오를 끊어서 서로가 구원할 수 없게 함, '적군에게 ~하게 할 수 있다'는 '능사적인(能使敵人)'의 내용은 문장 끝까지 모두 해당됨.

3) 衆寡不相恃(중과불상시) 『통전』에서는 '불상시(不相恃)'가 서로 기대하지 못한다는 '불상대(不相待)'로 되어 있고 의미상 차이가 없음, '놀라 동요함(驚撓之也)'(梅堯臣), 곧 적의 대오를 끊어서 대규모 부대(衆)와 소규모 부대(寡)가 협동하고 의존할 수 없게 한다는 의미,

4) 貴賤不相救(귀천불상구) '흩어져 어지러움(散亂也)'(梅堯臣), "'귀(貴)'와 '천(賤)'

은 각각 '관(官)'과 '병(兵)', 춘추(春秋)시대 군대 안에서는 귀족(貴族)은 관(官)이 되고 노예(奴隸)는 병(兵)이 됨"(周亨祥). 그러나 현재에도 춘추시대 말기의 '관(官)', '민(民)'의 개념을 어떻게 정의할 것인가에 대해서는 여전히 논란 중인 문제임. 여기서는 장수와 병졸 계급 간의 조화를 무너뜨리는 것으로 보는 것이 타당함.

5) 上下不相收(상하불상수) 『통전』과 『어람』에는 '불상수(不相收)'가 서로가 도와줄 수 없다는 '불상부(不相扶)'로 되어 있으나 의미상 차이는 크지 않음. 서로 도와서 수습할(收) 수 없게 한다는 의미. '당황해서 어찌할 바를 모름(倉惶也)'(梅堯臣). '상하(上下)'는 계급상의 상급과 하급, 연령의 차이에 따른 윗사람과 아랫사람, 상급 부대와 하급 부대 등으로 다양하게 해석될 수 있음.

6) 卒離而不集(졸리이부집) '당황해서 어찌할 바를 모르는(倉惶散亂) 가운데 흩어지고 혼란하여 막을 바를 알지 못하고 장수와 관리와 군사들이 서로 달려갈 수 없어서 병졸들이 이미 흩어져서 다시 모이지 못함'(劉寅).

7) 兵合而不齊(병합이부제) '부제(不齊)'는 부대가 가지런하게 정돈되지 못함. 곧 흩어졌던 병사들이 다시 모인다 해도 재정비하기가 어려워 체계를 갖추고 행동을 통일하지 못함.

이상은 '선용병(善用兵)'에 대한 내용으로 '구지(九地)'에 대한 직접적인 논의는 뒤의 사지(死地)에 관한 논의로부터 다시 시작됨.

「구지」11-4: 이익에 부합하면 움직이고 이익에 부합하지 않으면 멈춘다.

「九地」11-4: 合於利而動,[1] 不合於利而止.[2]

---

1) 合於利而動(합어리이동) '(기병으로) 적을 공격해서(暴) 헤어지게 하고 혼란하게 해서 가지런하지 못하게 하고 군대(정병)를 출동시켜 싸움'(曹操).

2) 不合於利而止(불합어리이지) '적을 흔들어서 이익이 보인다면 출동하고, 혼란하

지 않으면 멈춤'(梅堯臣), '적이 비록 놀라서 동요하더라도 또한 살펴보면서 이익에 부합하면 출동하여 적과 대응하고 이익에 부합하지 않으면 중지하고 따르지 않음'(劉寅).

「구지」11-5: 감히 묻길 "적의 병력이 정돈되어서 장차 쳐들어오려고 하면 그들을 상대하길 어떻게 해야 합니까?"라고 하자, 대답하길 "먼저 그들이 아끼는 곳을 빼앗으면 따를 것이다."라고 하였다.

「九地」11-5: 敢問,[1] "敵衆整而將來,[2] 待之若何?", 曰, "先奪其所愛, 則聽矣."[3]

---

1) 敢問(감문) '혹문(或問)'(曹操), '의혹을 가정하여 자문(自問)함'(梅堯臣).

2) 敵衆整而將來(적중정이장래) 오직 『죽간본』에만 '적중이정장래(敵衆以整將來)'라고 되어 있음. 앞 문단의 내용은 모름지기 아군의 병력이 많은 상태에서 적을 상대할 때의 경우를 말한 것이고, 그와 반대로 적의 병력이 많으면서도 잘 정돈된 상태에서 자신을 공격하러 올 때는 어떻게 대처할지에 대해서 물은 것.

3) 先奪其所愛則聽矣(선탈기소애즉청의) 『죽간본』에는 '선(先)'자가 없음. '청(聽)'은 적이 순종함 곧 적을 좌지우지할 수 있는 승부의 열쇠를 자신이 쥐고 있음을 의미. '적이 믿고 있는 이로움을 빼앗음. 만약 먼저 이로운 지역(利地)을 점거하면 내가 하고자 하는 것을 반드시 얻음'(曹操), "손무가 말하길, '적이 아끼는 것은 편리한 지형과 식량뿐이다. 내가 먼저 그것을 빼앗으면 나의 계책을 따르지 않을 수 없다.'고 하였음"(張預).

「구지」11-6: 용병의 실정(實情)은 신속함을 위주로 하니 적이 미치지(대비하지) 못한 틈을 타고 (적이) 생각하지 못한 길을 통해서 적이 경계하지 않는 곳을 공격한다.

「九地」11-6: 兵之情主速,[1] 乘人之不及,[2] 由不虞之道,[3] 攻其所不戒也.[4]

---

1) 兵之情主速(병지정주속) '병지정(兵之情)'은 군사(軍事), 군대, 전쟁, 용병의 이치(情理), '주속(主速)'은 신속함을 위주로 함, 곧 속결전(速決戰)을 위주로 함.

2) 乘人之不及(승인지불급) '불급(不及)'은 적의 대비가 미치지 못함, '승(乘)'은 적이 대비하지 못한 허점을 틈타 공격하는 것.

3) 由不虞之道(유불우지도) '유(由)'는 경유 내지 통과함, '불우지도(不虞之道)'는 적이 예상하거나 생각하지도 못한 길.

4) 攻其所不戒也(공기소불계야) '기소불계(其所不戒)'는 적이 경계하여 대비하지 않는 곳.

「구지」11-7: 무릇 손님이 된 길은, (적진) 깊이 들어가면 전일(專一)하여 주인은 이기지 못한다. 풍요로운 들을 약탈하여 삼군(三軍)이 충분히 먹는다. (병사들을) 위무하며 잘 먹이고 수고롭게 하지 말며, 기운(氣)을 아우르고 힘을 축적하며, 군대를 운영하고 모략을 꾸밈에는 예측할 수 없게 한다. 병사들을 투입하길 갈 곳이 없는 곳에 하면 죽어도 또한 달아나지 않는다. 죽기로 싸우는데 어찌 얻지 못하며 군사들이 힘을 다하지 않겠는가? 병사들이 깊이 빠지면 두려워하지 않고, 갈 곳이 없으면 견고하고, 깊이 들어가면 (서로가) 단속(團束)하고, 어쩔 수 없으면 싸운다. 이 때문에 그 병사들이 정돈되지 않아도 경계하고, 구하지 않아도 얻고, 약속하지 않아도 친하고, 명령하지 않아도 믿게 된다. 요상함을 금지시켜 의혹을 제거하면 죽음에 이르러도 갈 곳이 없게 된다. 나의 병사들이 남겨놓은 재화가 없음은 재화를 싫어해서가 아니며, 남겨놓은 목숨이 없음은 장수함을 싫어해서가 아니다. 출동을 명령한 날에 병사들 중 앉아 있는 자들은 눈물로 옷깃을 적시고, 누워 있는 자들은 눈물이 턱에 교차하며 흐른다. 병력을 투입하여 갈 곳이 없게 되면 전제(諸)와 조말(劌)의 용맹함이 나온다.

「九地」11-7: 凡爲客之道,[1] 深入則專,[2] 主人不克.[3] 掠於饒野,[4] 三軍足食. 謹養而勿勞,[5] 併氣積力,[6] 運兵計謀, 爲不可測.[7] 投之無所往,[8] 死且不北. 死焉不得, 士人盡力?[9] 兵士甚陷則不懼,[10] 無所往則固,[11] 深入則拘,[12] 不得已則鬪.[13] 是故其兵不修而戒,[14] 不求而得,[15] 不約而親,[16] 不令而信.[17] 禁祥去疑,[18] 至死無所之.[19] 吾士無餘財,[20] 非惡貨也,[21] 無餘命,[22] 非惡壽也.[23] 令發之日,[24] 士卒坐者涕霑襟,[25] 偃臥者涙交頤.[26] 投之無所往者,[27] 諸 · 劌之勇也.[28]

---

1) 凡爲客之道(범위객지도) '객(客)'은 남의 나라의 국경을 침범하여 깊숙이 진입한 주체, '위객지도(爲客之道)'는 진공(進攻) 군대의 용병의 원칙 내지 방법.

2) 深入則專(심입즉전) 적진 깊숙이 들어가면 군사들의 마음은 오로지 전투 하나에 집중됨(專一).

3) 主人不克(주인불극) '주인(主人)'은 '객(客)'에 대비되는 주체, 곧 깊숙이 자신의 나라에 진입한 적을 맞이하는 주체, '무릇 손님이 된 길은 깊숙이 들어간 중지(重地)이면 (병사들의) 마음과 의지가 전일해지며, 주인은 산지(散地)에 있으므로 이길 수 없음'(劉寅).

4) 掠於饒野(략어요야) '략(掠)'은 노략질함, 약탈함, '요야(饒野)'에는 '많은 곡식이

쌓여 있음(多稼積)'(梅堯臣), 곧 적국의 풍요로운 들판에서 노략질하는 것.

5) 謹養而勿勞(근양이물로) '근(謹)'은 병사들을 부지런히 위무(慰撫)하는 것, '양(養)'은 병사들을 두루 잘 먹이는 것.

6 併氣積力(병기적력) '병기(併氣)'는 병사들의 예기(銳氣)가 한데 모임.

7) 爲不可測(위불가측) 『죽간본』에는 '측(測)'이 '적(賊)'으로 되어 있음.

8) 投之無所往(투지무소왕) '무소왕(無所往)'은 '앞뒤로 나아가고 물러남이 모두 갈 곳이 없음'(杜牧), '전후좌우로 갈 곳이 없음'(張預, 劉寅), 곧 군사들을 잘 먹이고 충분한 휴식을 주어 힘을 기르게 한 뒤에 위태로운 지역에 병력을 투입함.

9) 死焉不得士人盡力(사언부득사인진력) '군사가 죽기로 하면 어찌 얻지 않을 수가 있겠는가?'(曹操), '군사가 반드시 죽기로 한다면 어찌 승리의 이치를 얻지 못함이 있겠는가?'(杜牧), 『교석』에서는 '사(死), 언부득사인진력(焉不得士人盡力)'으로 보며 이 또한 뜻이 통함, '사언(死焉), 부득사인진력(不得士人盡力)?'으로 보고 '죽기로 한다면 군사들이 힘을 다하지 않을 수 있겠는가'로 해석하는 경우도 있음. 여기서는 '언(焉)'을 의문사로 보는 『교석』과 『십일가주』를 따름.

10) 兵士甚陷則不懼(병사심함즉불구) '위험한 곳에 빠지면 형세가 혼자 죽는 상황이 아니어서 삼군(三軍)이 한마음이 되므로 두려워하지 않음'(杜牧), '위태롭고 멸망할 곳(危亡)에 빠지면 사람은 필사(必死)의 의지를 지니는데 어찌 반드시 적을 두려워하겠는가?'(張預).

11) 無所往則固(무소왕즉고) '고(固)는 견(堅)'(李筌), '왕(往)은 주(走)이다. 적의 국경 깊이 들어가 도망감(走)에 살 곳이 없다면 인심(人心)은 견고(堅固)해짐'(杜牧).

12) 深入則拘(심입즉구) '구(拘)는 박(縛)'(曹操), 서로를 '단속하며 얽어맴(拘縛)'(杜牧), '도망감에 갈 곳이 없으면 매어둔 것(拘係)과 같음'(張預), '인심이 한곳에 얽매여서 떨어져 흩어지지 않음'(劉寅).

13) 不得已則鬪(부득이즉투) 『죽간본』에는 '……소왕즉투(所往則鬪)'로 되어 있음, '사람이 궁(窮)하면 죽기로 싸움'(曹操).

14) 是故其兵不修而戒(시고기병불수이계) 『죽간본』에는 '기병(其兵)'이 없고 '시고부조이계(是故不調而戒)'로 되어 있음, '새로이 정돈됨(修整)을 기대하지 않아도 스스로가 경계하고 두려워 함(戒懼)'(杜牧), '새로이 정돈하지 않아도 자연히 경계하고 두려워 함'(張預).

15) 不求而得(불구이득) '그 뜻(意)을 구하여 찾지 않아도(求索) 자연히 힘을 얻게 됨'(曹操), '수습하여 찾기(收索)를 기대하지 않아도 자연히 마음(心)을 얻게 됨'(杜牧), '꾸짖고 벌을 주길 기대하지 않아도 자연히 한마음이 되게 됨'(劉寅), '정벌에 쓰려고 구하지 않아도 아래의 정(情)이 자연히 위에 이르게 됨'(周亨祥), 곧 장수가 전투에 임하기 위하여 병사들을 애써 찾지 않아도 병사들이 도망가지 않고 스스로가 알아서 위와 한마음이 됨.

16) 不約而親(불약이친) '약속된 명령(約令)을 기대하지 않아도 자연히 친하고 믿음'(李筌), '약속하지 않아도 위를 친애함'(張預), '약속을 하지 않아도 친화하여 서로 도울 수 있음'(周亨祥), 곧 군대의 약속되어 정해진 규율이 아니라도 서로가 친애하며 도움.

17) 不令而信(불령이신) '호령하지 않아도 명령을 믿음'(張預), '호령하지 않아도 자연히 따르고 믿음'(劉寅), '거듭 명령하지 않더라도 기강을 준수하고 법을 지킴'(周亨祥). 『십일가주』에서는 다음 문장까지 계속 연결 짓고 있지만, 죽을 땅에 있으면서 위와 아래 곧 장수와 병사들이 서로 한마음으로 한다는 내용이 일단락되므로 여기서 끊어 읽어 가는 것이 좋음.

18) 禁祥去疑(금상거의) '요상한 말을 금지하여 의혹시키는 계책(疑惑之計)을 제거함'(曹操), '요상한 말과 의혹스러운 일을 금지하므로 재앙이 되는 것을 없앰'(李筌), '요상한 일을 만들지 않고 의혹시키는 말을 들이지 않음'(梅堯臣), '상(祥)'은 여기서 근거 없는 유언비어나 객관적이지 못한 미신 등을 말함, 곧 요상한 말로 군사들을 동요시키는 것을 제거함.

19) 至死無所之(지사무소지) '지(之)'는 동사, '죽더라도 딴생각이 없음'(張預), '죽더라도 도망가지 않음'(周亨祥), 곧 죽음에 이르더라도 딴생각 즉 군사들이 군대를 이탈하려는 생각을 품지 않는다는 의미.

20) 吾士無餘財(오사무여재) '무여재(無餘財)'는 '여분(餘財)'의 재화를 남겨놓지 않음, 곧 '필수품 이외에 다른 물건을 휴대하지 않음'(周亨祥).

21) 非惡貨也(비오화야) '오(惡)'는 싫어함, '모두가 재물을 불태움은 재화가 많음을 싫어하는 것이 아니라, 재화를 버리고 죽기에 이르고자 함은 부득이하기 때문임'(曹操), '어쩔 수 없이 재화를 다 없앰(竭)은 어쩔 수 없이 죽기를 다해 싸우기 위한 것임'(梅堯臣), '재화를 불태우고 버려서 돌아보고 연연해 하는 마음이 없음을 말함'(劉寅).

22) 無餘命(무여명) 이후에 남은 목숨에 대하여 생각하지 않음, 곧 살 생각을 하지 않음.

23) 非惡壽也(비오수야) '목숨을 버림은 증오하기 때문이 아니라 부득이 하기 때문임'(張預), 곧 부득이한 상황이 더 이상 살기를 포기하고 죽기로 싸워야 할 환경을 만듦.

24) 令發之日(령발지일) '령(令)'은 작전 명령, '발(發)'은 발포(發布).

25) 士卒坐者涕霑襟(사졸좌자체점금) 『죽간본』에는 '졸(卒)'자가 없음, '체점금(涕霑襟)'은 눈물(涕)이 옷깃을 적심, '모두가 필사(必死)의 계책을 보존함(持)'(曹操), '재물과 목숨을 버리고 모두가 필사의 의지가 있으므로 눈물을 흘림'(李筌), '감격하므로 눈물을 흘림'(張預).

26) 偃臥者涙交頤(언와자누교이) '언와자(偃臥者)'는 병상에 누워 있는 자, '누교이(涙交頤)'는 눈물(涙)이 교차하며 턱(頤)으로 흘러내림, '사졸좌자(士卒坐者)'와 '언와자(偃臥者)'은 부상이나 병으로 전투에 참가하지 못하는 군사들을 말함.

27) 投之無所往者(투지무소왕자) '투지(投之)'는 병력을 투입함, '무소왕(無所往)'은 사지(死地)에 투입되어 군사들이 달리 갈 곳이 없음.

28) 諸劌之勇也(제귀지용야) '제귀(諸劌)'는 '전제(專諸)'와 '조귀(曹劌)'를 말함(李筌, 杜牧, 梅堯臣 등등), '전제(專諸)'는 춘추시대 오(吳)나라 공자(公子) 광(光)이 오자서(伍子胥)의 추천을 받아서 심복으로 삼은 인물로서 당시 오나라 왕이던 료(僚)를 죽인 자객, 오나라 왕인 료(僚)가 공자(公子) 광(光)의 초대로 집을 방문하자, 광(光)의 심복인 전제는 생선 요리 배 속에 비수를 숨겨서 삼엄한 경비 속에서도 료(僚)를 죽인 후 자신도 왕의 호위무사들에게 죽음을 당함. 료(僚)가 죽은 후 공자(公子) 광(光)이 왕위에 오르게 되는데 이가 곧 오나라 왕 합려(闔閭)임. '조귀(曹劌)'는 춘추시대 노(魯)나라 장수인 '조말(曹沫)'을 말함, 조말은 힘은 장사였으나 당시 유명한 재상 관중(管仲)이 돕던 환공(桓公)의 제(齊)나라에게 연전연패함으로써 노나라는 제나라에게 강화조약을 청하는데, 노나라와 제나라의 회맹 장소에서 조말은 비수를 들고 단상에 올라가 환공을 위협하자 환공이 어쩔 수 없이 노나라 땅을 돌려주었다고 함.

「구지」11-8: 그러므로 용병을 잘함은 비유하자면 솔연(率然)과 같다. 솔연이란 것은 상산(常山)의 뱀이다. 그 머리를 치면 꼬리가 이르고, 그 꼬리를 치면 머리가 이르며, 그 중앙을 치면 머리와 꼬리가 함께 이른다. 감히 묻길 "군대를 솔연(率然)과 같이 부릴 수 있습니까?"라고 하자, 대답하길 "할 수 있다. 대저 오(吳)나라 사람과 월(越)나라 사람이 서로 미워하지만 마땅히 같이 탄 배가 건너다 풍랑(風)을 만나면 서로가 구원함이 왼손과 오른손(이 서로 구원하는 것)과 같이 한다."라고 하였다. 이 때문에 말을 묶어 놓고 수레바퀴를 묻어두는 것은 믿을 수가 없는 것이다. 가지런함과 용맹함을 하나와 같이 함은 군정(軍政)의 도(道)이고, 강함과 유약함을 모두 얻음은 땅의 이치이다. 그러므로 병사를 잘 부리는 자는 손을 잡아서 마치 한 사람 부리듯이 하는데 어쩔 수 없기 때문이다.

「九地」11-8: 故善用兵,[1] 譬如率然.[2] 率然者, 常山之蛇也.[3] 擊其首則尾至, 擊其尾則首至, 擊其中則首尾俱至. 敢問, "兵可使如率然乎?", 曰, "可. 夫吳人與越人相惡也,[4] 當其同舟而濟遇風,[5] 其相救也如左右手[6]". 是故方馬埋輪,[7] 未足恃也.[8] 齊勇若一,[9] 政之道也,[10] 剛柔皆得,[11] 地之理也.[12] 故善用兵者, 攜手若使一人,[13] 不得已也.[14]

---

1) 故善用兵(고선용병) 『죽간본』에 '병(兵)'은 '군(軍)'으로 되어 있음.

2) 如率然(여솔연) 『죽간본』에 '솔(率)'은 '위(衛)'로 되어있는데 잘못임(楊丙安), '솔연(率然)은 뱀과 같이 하는 것(物)으로 칠 수가 없는데, 치면 신속하게 상응(相應)함'(李筌), '솔(率)은 속(速)과 같음. 그것을 치면 신속하게 상응하는데 이는 진법(陳法)을 비유한 것임'(張預).

3) 常山之蛇也(상산지사야) 『죽간본』에 '상산(常山)'은 '항산(恒山)'으로 되어 있음, 서한(西漢)시기 문제(文帝)인 '유항(劉恒)'의 '항(恒)'을 피하기 위해 '상산(常山)'이라 함.

4) 夫吳人與越人相惡也(부오인여월인상오야) '오(惡)'는 미워함. 『죽간본』에만 '오(吳)'와 '월(越)'자가 바뀌어 있음. 오나라와 월나라는 오랜 적대국으로 서로 사이가 좋지 않음을 비유함.

5) 當其同舟而濟遇風(당기동주이제우풍) '제(濟)'는 물을 건넘, '우풍(遇風)'은 도중에 우연히 풍랑을 만남. 『죽간본』에는 '우풍(遇風)' 두 자가 없음.

6) 其相救也如左右手(기상구야여좌우수) '세(勢)가 그렇게 하도록 함'(梅堯臣), 원수 사이에도 같이 환란을 당하면 서로 구원하는데, 원수가 아닌 같은 군사들이 죽을 땅에 빠지면 응당 솔연의 머리와 꼬리가 서로 이르는 것처럼, 왼손이 오른손을 서로 돕는 것처럼 하기 마련임.

7) 是故方馬埋輪(시고방마매륜) '방마(方馬)는 말을 묶어 놓음, 매륜(埋輪)은 움직이지 않음을 나타냄'(曹操), '병사들에게 한마음이 되고 힘을 합할 수 있도록 해야 이길 수 있으니 반드시 병사들을 투입하길 갈 곳이 없게 한 이후에야 솔연(率然)이 상응하는 것처럼 할 수 있음'(劉寅).

8) 未足恃也(미족시야) 말을 묶어 놓고 수레바퀴를 땅속에 묻어 고정시켜서 병사들을 흩어지지 못하게 하는 방법 또는 진법(陳法)은 믿을 만한 방법이 아님.

9) 齊勇若一(제용약일) '가지런히 바름과 용감함이 삼군(三軍)이 하나와 같음'(杜牧), '제용(齊勇)'은 군사들이 힘의 차이가 없이 모두 가지런함과 용맹함 또는 군대의 체계가 잘 잡힘과 군사들의 용감함, 군사들 모두가 고르고 한결같게 용감함 등의 세 가지 해석이 있지만 뒤의 '정지도(政之道)'에 비추어 볼 때 군사(軍事) 전반에 관한 '군대의 체계'와 '군사의 소질' 문제로 보는 것이 타당함.

10) 政之道也(정지도야) '장수의 도'(李筌), '군정(軍政)의 도'(陳皥, 張預), 곧 '군사들에게 가지런함과 용감함이 하나와 같고 마음에는 겁냄이 없으면 군정(軍政)의 도를 얻은 것임'(梅堯臣).

11) 剛柔皆得(강유개득) '강유(剛柔)는 강약(强弱)과 같음'(王晳), '강약(强弱)의 하나의 세(勢)'(曹操).

12) 地之理也(지지리야) '강약(强弱)을 얻음은 땅의 세(勢)에 말미암음'(李筌), '강함과 약함이 모두 그 쓰임을 얻는 것은 지세(地勢)가 그렇게 만드는 것임'(劉寅).

13) 攜手若使一人(휴수약사일인) '휴수(攜手)'는 군사들이 서로 손을 잡음, '제일(齊一)한 모양'(曹操, 張預), '많음을 다스리는 것이 적음을 다스리는 것 같음'(李筌), '삼군의 군사를 부리는 것이 마치 한 사내의 손을 끄는 것 같이 함'(杜牧).

14) 不得已也(부득이야) '세(勢)가 부득이하기 때문에 자연히 모두가 나의 지휘하는 것을 따름'(梅堯臣), '사지에 빠뜨려서 부득이하기 때문임'(劉寅), 곧 모두 일심동체가 되어 장수가 한 사람을 부리듯이 군대를 부릴 수 있는 것은 사지(死地) 곧 지세(地勢)에 말미암은 것임.

「구지」11-9: 장군의 일은 고요함으로써 그윽해야 하고 바름으로써 다스려져야 한다. 군사들의 눈과 귀를 어리석게 해서 그들이 알 수 없게 해야 하며, 그 일을 바꾸고 그 모략을 바꾸어서 사람들이 알 수 없게 해야 하며, 그 주둔하는 곳을 바꾸고 그 길을 우회해서 사람들이 헤아릴 수 없게 한다. 장수가 그들과 더불어 기약하길 마치 높은 산에 올라가게 하고 그 사다리를 제거하듯이 하며, 장수가 그들과 더불어 제후의 땅에 깊이 들어가서 쇠뇌의 방아쇠를 당겨 발사하듯이 배를 불사르고 가마솥을 깨는 것이, 마치 여러 양떼들을 몰듯이 하여 몰아가고 몰아와서 갈 곳을 알지 못하게 한다. 삼군의 무리를 모아서 위험한 곳에 투입하는데, 이것을 일러 장군의 일이라고 한다. 구지(九地)의 변화와 굴신(屈伸)의 이익과 인정(人情)의 이치는 살피지 않을 수 없다.

「九地」11-9: 將軍之事, 靜以幽, 正以治.[1] 能愚士卒之耳目, 使之無知,[2] 易其事, 革其謀, 使人無識,[3] 易其居, 迂其途, 使人不得慮.[4] 帥與之期, 如登高而去其梯.[5] 帥與之深入諸侯之地, 而發其機,[6] 焚舟破釜,[7] 若驅群羊,[8] 驅而往, 驅而來, 莫知所之.[9] 聚三軍之衆, 投之於險, 此謂將軍之事也. 九地之變,[10] 屈伸之利,[11] 人情之理, 不可不察也.

---

1) 靜以幽正以治(정이유정이치) '맑고 깨끗함(淸淨), 깊고 그윽함(幽深), 공평하고

바름(平正)을 말함'(曹操), '안정되고 깊고 그윽해서 사람들이 예측할 수 없게 하고 공정하고 잘 정돈되게 다스려서 사람들이 감히 범하지 못하게 함'(劉寅), 장수의 계략은 누구도 알거나 눈치채지 못하게 해야 하며, 군대의 기강과 상벌 체계는 공정하고 명확해서 누구도 위배할 수 없게 함.

2) 能愚士卒之耳目使之無知(능우사졸지이목사지무지) 『죽간본』에는 '사지무지(使之無知)'가 '사무지(使無知)'로 되어 있는데 잘못된 것임, '사지무지(使之無知)'의 '지(之)'는 앞의 '사졸(士卒)'을 가리킴, 여기에는 백성들에게 장수의 깊은 뜻을 알게 해서는 안 된다는 것과 장수는 병사들을 따르게 할 수 있어도 다 알게 할 수는 없다는 두 가지 해석이 공존하는데, 앞서 용병술의 최고 전략은 아무도 알 수 없게 해야 한다는 손무의 관점과 앞과 뒤의 문장에 의거해 볼 때, 장수의 계획은 아무도 알 수 없게 한다는 의미로 이해하는 것이 타당함.

3) 易其事革其謀使人無識(역기사혁기모사인무식) 『죽간본』과 『교석』에 '인(人)'은 '민(民)'으로 되어 있음, '이미 행한 일과 이미 펼친 모략은 마땅히 바꾸고 변경해야(革易) 하며 다시 할 수 없음'(王晳), 변화의 용병술로 사람들이 알 수 없게 해야 함을 말함.

4) 易其居迂其途使人不得慮(역기거우기도사인부득려) 『죽간본』과 『교석』에 '인(人)'은 '민(民)'으로 되어 있음, 앞 문장과 마찬가지로 변화의 용병술로 사람들이 알 수 없게 해야 함을 말함.

5) 帥與之期如登高而去其梯(수여지기여등고이거기제) '수(帥)'는 장수, '지(之)'는 병사들, '나아갈 수는 있으나 물러날 수는 없음'(梅堯臣), '그 사다리를 제거하면 나아갈 수 있지만 물러날 수 없음'(張預), '기(期)'는 「행군」의 '(적이) 분주하게 전차를 진열하는 것은 (싸우기를) 기약하고자 함이다(奔走而陳兵車者期也)'의 '기(期)', 자세한 내용은 「행군」9-8 주 5번 참조. 곧 장수가 병사들과 전투를 기약함은 병사들을 높은 산 위에 올라가게 하고 아래에 있는 사다리를 제거함으로써 나아갈 수는 있지만 물러날 수는 없게 함.

6) 帥與之深入諸侯之地而發其機(수여지심입제후지지이발기기) '물러날 마음이 없게 함'(杜牧), '그 기를 발휘함은 갈 수 있으나 돌아올 수 없음'(張預), '발기기(發其機)'는 '그 기지(機智)를 발휘해서 반드시 승리하게 함'(劉寅), 「세」의 '절도는 쇠뇌의 방아쇠를 당기는 것과 같이 함(節如發機)'의 '기(機)'를 말함, 자세한 내용은 「세」5-3 주 10번 참조.

7) 焚舟破釜(분주파부) 『죽간본』, 『평진본』, 『무경본』에는 이 구절이 없음. '분주파부(焚舟破釜)'는 돌아갈 배를 불태우고 가마솥을 깨서 결사(決死)의 의지를 보이는 것.

8) 若驅群羊(약구군양) 장수가 명령하여 병사들을 부리는 것이 마치 목동이 양떼를 모는 것과 같음.

9) 莫知所之(막지소지) '지(之)'는 동사. 목동이 양떼를 이리저리 몰 때 양떼들이 도대체 어디를 가는지 모르듯이, '삼군은 단지 진퇴(進退)의 명령만 알지 공격해서 취해야 하는 단서를 알지 못함'(杜牧).

10) 九地之變(구지지변) '구지의 법(法)은 구속되고 빠져서는 안 되며 모름지기 변통함(變通)을 알아야 함'(張預).

11) 屈伸之利(굴신지리) '굽힐 수 있으면 굽히고 펼 수 있으면 펴서 마땅히 그 이로운 것을 살핌'(張預).

「구지」11-10: 무릇 손님이 된 길(道)은, 깊으면 전일하고 얕으면 흩어진다. 나라를 떠나 국경을 넘어서 군대가 있는 곳은 절지(絶地)이다. 사방으로 통하는 곳은 구지(衢地)이다. 깊숙이 들어간 곳은 중지(重地)이다. 얕게 들어간 곳은 경지(輕地)이다. 뒤가 견고하고 앞이 좁은 곳은 위지(圍地)이다. 갈 곳이 없는 곳은 사지(死地)이다.

「九地」11-10: 凡爲客之道,[1] 深則專, 淺則散.[2] 去國越境而師者, 絶地也.[3] 四達者, 衢地也.[4] 入深者, 重地也.[5] 入淺者, 輕地也.[6] 背固前隘者, 圍地也.[7] 無所往者, 死地也.[8]

---

1) 凡爲客之道(범위객지도) '먼저 군사를 일으킨 자가 객(客)이 됨'(張預). '도(道)'는 군사를 일으킨 자가 나아가야 할 길, 또는 용병의 이치 내지 방법.

2) 深則專淺則散(심즉전천즉산) '깊으면 전일하여 견고해지고 얕으면 흩어져 돌아감'(梅堯臣). 앞서 언급된 내용으로 '심(深)'은 국경을 넘어 적진 깊숙이 진입한 경우, '천(淺)'은 국경을 넘어 얼마 되지 않은 경우.

3) 去國越境而師者絕地也(거국월경이사자절지야) '이웃 나라의 국경을 넘어서 홀로 단절된 곳을 말하며 마땅히 신속하게 그 일을 결정해야 함'(王皙). "'절지(絕地)'는 본국과 멀어져 단절된 지역을 가리킴. 구지(九地)는 실제로 아홉 가지(九)에 그친 것이 아님. 앞의 문장에서 아홉 가지 유형을 거론한 것은 '구(九)'에 해당함. 이곳에서 '절지(絕地)'가 나오고 한(漢)나라 『죽간본』에서는 '궁지(窮地)'도 역시 나오는데 이는 실제로 정상적인 것임. 곧 작자는 표준을 각기 달리 분류하여 어떤 것은 '거리가 나라에서 멀고 가까운 것'으로 나누고, 어떤 것은 '작전하는 데 편리한(便利) 여부'로 나누고, 어떤 것은 '땅의 모양과 특징'으로 나눔. 따라서 어떤 것은 그 유형과 유형 사이에 종종 상용(相容)하는 것이 있는데, 예컨대 '절지(絕地)', 중지(重地), 경지(輕地), 산지(散地) 등에는 물론 고르게 비지(圮地), 위지(圍地), 사지(死地)가 있을 수 있음"(周亨祥). '절지(絕地)'는 본국과의 연락이나 왕래가 끊긴 적지(敵地)로 보는 것이 타당함.

4) 四達者衢地也(사달자구지야) 『죽간본』에 '사철(四徹)'로 나옴. '철(徹)은 마땅히 철(徹)자임'(楊丙安). 『평진본』과 『무경본』에는 '사통(四通)'으로 되어 있음. '달(達)', '철(徹)', '통(通)'은 뜻이 모두 통함. 곧 '구지(衢地)'는 사면이 이웃 나라와 통달할 수 있는 곳을 말함.

5) 入深者重地也(입심자중지야) '중지(重地)'는 국경을 넘어 남의 땅에 깊이 들어간 지역. '사졸들이 군대를 집으로 삼으니 마음에 산란함이 없음'(梅堯臣).

6) 入淺者輕地也(입천자경지야) '경지(輕地)'는 국경을 넘어 남의 땅에 얕게 들어간 지역. '나라에 돌아가기가 가깝게 보여 마음이 전일할 수 없음'(梅堯臣).

7) 背固前隘者圍地也(배고전애자위지야) '위지(圍地)는 앞은 좁고 뒤는 험하여 남에게 제재를 받는 지역을 말함'(劉寅). 오직 『죽간본』에는 여기부터 뒤 문장의 '사지야(死地也)'까지의 부분이, '背固前□□□□□□, 背固前適(敵)者, 死地也. 毋所往者, 窮地也'라 되어 있음. 곧 『죽간본』에는 뒤는 (막혀 있음이) 견고하고 앞에는 적을 대하고 있는 곳이 '사지(死地)', 갈 곳이 없는 곳이 '궁지(窮地)'라고 되어 있음.

8) 無所往者死地也(무소왕자사지야) '사지(死地)'는 '좌우전후가 막히어 갈 곳이 없

음'(張預), 이상의 '사달자(四達者)'부터 거론된 구지(九地) 중 다섯 가지는 '구지의 대략을 든 것'(杜牧, 張預), '객이 되어 싸우는 방도를 말한 것이므로 구지, 중지, 경지, 위지, 사지 다섯 가지만 도출하여 밝힌 것임'(劉寅), '경중(輕重)의 구별에 의한 것'(楊丙安).

「구지」11-11: 이 때문에 산지(散地)에서는 내가 장차 병사들의 의지를 하나로 하게(一) 해야 하고, 경지(輕地)에서는 내가 장차 병사들을 연속하게(屬) 해야 하고, 쟁지(爭地)에서는 내가 장차 그들이 뒤로 달려가게(趨) 해야 하고, 교지(交地)에서는 내가 장차 병사들이 수비함을 엄격하게(謹) 해야 하고, 구지(衢地)에서는 제후들과의 결속함을 굳건하게(固) 해야 하고, 중지(重地)에서는 내가 장차 병사들에게 식량을 계속하게(繼) 해야 하고, 비지(圮地)에서는 내가 장차 그 길로 (신속하게) 나아가게(進) 해야 하고, 위지(圍地)에서는 내가 장차 그 빈 곳을 막아야(塞) 하고, 사지(死地)에서는 내가 장차 그들에게 살 수 없음을 보여주어야(示) 한다.

「九地」11-11: 是故散地, 吾將一其志,[1] 輕地, 吾將使之屬,[2] 爭地, 吾將趨其後,[3] 交地, 吾將謹其守,[4] 衢地, 吾將固其結,[5] 重地, 吾將繼其食,[6] 圮地, 吾將進其塗,[7] 圍地, 吾將塞其闕,[8] 死地, 吾將示之以不活.[9]

---

1) 是故散地吾將一其志(시고산지오장일기지) '일(一)'은 사동사, '기(其)'는 자신의 병사들을 가리킴, '병졸의 마음을 하나로 함'(李筌), '사람을 모으고 곡식을 저축하여 한마음으로 견고하게 지키며 험한 곳에 의지하고 매복을 설치하여 적의 뜻하지 않는 곳을 공격함'(張預).

2) 輕地吾將使之屬(경지오장사지속) '속(屬)'은 잇달아 연속됨, '지(之)'는 자신의 병사들, '서로 닿아서 연속되게 함(使相及屬)'(曹操, 李筌), '진영을 빽빽하게 하고

부대를 조밀하게 해서 서로 연속하여 이어지게 함으로써 예기치 않은 것을 대비하고 병사들이 도망치는 것을 방지함'(張預).

3) 爭地吾將趨其後(쟁지오장추기후) 『죽간본』에만 '추기후(趨其後)'는 '사불유(使不留)'로 되어 있음. '이로운 곳이 앞에 있으면 마땅히 그 뒤로 신속하게 나아감'(曹操), '이로운 곳은 반드시 다투어야 하므로 그 대비를 더욱 함'(李筌), '반드시 다투어야 할 곳은 내가 만약 뒤에 있어도 빠르게 달려 나가 다투어야 하는데, 하물며 그 뒤에 있지 않은 상태에서야 어떻겠는가?'(杜牧), '쟁지에서는 신속함을 귀하게 여김. 만약 앞은 달려 나가 이르렀는데 뒤가 미치지 못하게 해서는 되지 않으므로 마땅히 그 뒤로 따라 나아가 머리와 꼬리가 함께 이르게 해야 함'(張預), 혹 '남보다 뒤에 출발해도 남보다 먼저 도달해야 한다(後人發先人至)'(劉寅)는 의미로 해석하기도 함. 「구지」11-2의 주 3번의 내용 비교 참조.

4) 交地吾將謹其守(교지오장근기수) 『죽간본』과 『통전』에는 '근기수(謹其守)'는 '고기결(固其結)'로 되어 있으며 수비를 엄중하게 한다는 의미상의 차이는 없음. '성벽과 성루(壁壘)를 엄격히 함'(杜牧), '엄격하게 성벽과 성루를 지키고 그 통행하는 길을 차단함'(梅堯臣), '나를 기습할 것을 두려워함'(王晳), '그 길을 막아서 끊는 것은 부당함. 무릇 성벽을 엄격하게 하여 수비를 견고히 하고 적들이 오는 것을 기다리며 매복을 설치해서 공격함'(張預).

5) 衢地吾將固其結(구지오장고기결) '기결(其結)'은 제후들과의 결속함. '제후들과 외교를 맺어 그들에게 견고하게(牢固) 함'(杜牧), '제후들과 외교를 맺어 그들에게 견고하게(牢固) 함은 적들에게 앞서 하지 말게 함'(梅堯臣), '땅이 이웃 나라 제후와 통하면 내가 장차 (적보다) 앞서 많은 폐백으로써 굳게 결속함'(劉寅).

6) 重地吾將繼其食(중지오장계기식) 『죽간본』에 '계기식(繼其食)'은 '취기후(取其後)'로 되어 있음. '계(繼)'는 끊이지 않게 함. '기(其)'는 자신의 병사들을 가리킴. 곧 '식량이 계속 이어지게 해서 끊어지지 않음'(賈林), '적을 약탈함'(曹操), '적의 풍요로운 들을 약탈해서 식량을 계속 취함(繼)으로써 궁핍하지 않게 해야 함'(劉寅).

7) 圮地吾將進其塗(비지오장진기도) '빠르게 지나쳐 감(疾過去也)'(曹操), '머무를 수 없음'(李筌), '빨리 행군하며 이곳에 머무르지 않음'(杜佑), '무너지고 파괴되어 행군하기 어려운 지역은 내가 장차 그 길에서 신속하게 나아가며 지체하며 머무름이 없어야 함'(劉寅).

8) 圍地吾將塞其闕(위지오장색기궐) '색기궐(塞其闕)'은 적이 빈틈을 내어주는 것을

스스로 막는다는 의미, '군사들의 마음을 하나로 함(以一士心也)'(曹操, 李筌), '사람들에게 도망갈 마음이 있음을 두려워 함'(王晳), '내가 적에게 둘러싸여 있으면 적은 (유인하기 위하여) 살길(生路)을 열어주는데 마땅히 스스로 막아서 병사들의 마음을 하나로 함'(張預).

9) 死地吾將示之以不活(사지오장시지이불활) '군사들의 마음을 격려함(勵士心也)'(曹操, 李筌), '자신의 병사들에게 반드시 죽을 것임(必死의 의지)을 보여 그들 스스로 분발하게 함으로써 살기를 구함'(杜牧), '반드시 죽기로 한다면 살 수 있으며 사람들은 힘을 다함'(梅堯臣).

「구지」11-12: 그러므로 용병(用兵)의 실질(情)은 포위하면 막고, 어쩔 수 없으면 싸우고, 과도하면 (계책을) 따르는 것이다.

「九地」11-12: 故兵之情,[1] 圍則禦,[2] 不得已則鬪,[3] 過則從.[4]

---

1) 故兵之情(고병지정) 전쟁하는 것의 '실질(情)', 즉 '군사(軍事)' 내지 용병(用兵)이란 것의 '실제 본모습' 곧 '실질(情)'을 말하며, 다음에 나오는 세 가지 내용으로 정의할 수 있음. 주형상(周亨祥)의 경우에는 '병사들의 심리가 변화하는 법칙'이라고 해석함.

2) 圍則禦(위즉어) '서로가 지지하며 막음(相持禦也)'(曹操), '적이 포위하면 나는 곧 그것을 방어함'(李筌), '포위된 지역에 있으면 사람마다 적을 막아서 승리하려는 마음이 있음'(劉寅), 곧 포위되면 서로 힘을 합쳐 막는다는 의미.

3) 不得已則鬪(부득이즉투) '형세(勢)가 어쩔 수 없음에 있음'(曹操), '형세(勢)가 갈 곳이 없으면 반드시 싸움'(梅堯臣), '형세가 부득이하면 사람마다 힘을 내어 싸우려는 의지가 있음'(劉寅).

4) 過則從(과즉종) '과(過)'는 과도함, '빠진 것이 너무 과도하면 계책을 따름(陷之甚過則從計也)'(曹操), '위험하고 어려운 지역에 심하게 빠진다면 계책을 따르지 않을 수 없음'(張預), 반면 "어떤 사람이 말하길 '적군이 나를 지나가면 뒤를 따라야

함이, 마치 도망가는 적을 따르는 데에는 쉼이 없는 것 같이 한다.'고 하는 것이 이것임"(劉寅). 이전에 나온 내용을 근거할 때 조조(曹操)의 해석이 타당함.

「구지」11-13: 이 때문에 제후의 모의하는 것을 알지 못하는 자는 미리 교류할 수 없고, 산과 숲, 구덩이와 높고 낮은 경사짐, 늪과 못의 형세를 알지 못하는 자는 군대를 출동시킬 수 없으며, 향도를 쓰지 않는 자는 땅의 이로움을 얻을 수 없다. 구지(九地) 중에 하나라도 알지 못하면 패왕(霸王)의 군대가 아니다. 대저 패왕(霸王)의 군대가 큰 나라를 치면 그 무리들이 모일 수 없고, 위엄이 적에게 가해지면 그들의 사귐이 합할 수 없다. 이 때문에 천하의 사귐을 다투지 못하게 하고 천하의 권력을 기르지 못하게 하여, 자신의 사사로움을 펼치고 위엄을 적에게 가하므로, 그 성을 뽑을 수 있고 그 나라를 무너뜨릴 수 있다. 법에 없는 상을 시행하고 정령에 없는 명령을 걸어 놓아서, 삼군(三軍)의 무리를 부림이 마치 한 사람을 부리듯이 한다. 그들을 부리길 일로써 하고 말로써 알리지 말며, 그들을 부리길 이로움으로써 하고 해로움으로써 알리지 말아야 한다. 그들을 망한 땅에 투입한 이후에야 생존하고, 그들을 죽은 땅에 빠뜨린 이후에야 살아난다. 대저 군대가 해로움에 빠진 이후에야 이겨서 (적을) 패퇴시킬 수 있다.

「九地」11-13: 是故不知諸侯之謀者, 不能預交. 不知山林 · 險阻 · 沮澤之形者, 不能行軍. 不用鄕導者, 不能得地利.[1] 四五者不知一,[2] 非霸王之兵也.[3] 夫霸王之兵, 伐大國, 則其衆不得聚,[4] 威加於敵, 則其交不得合.[5] 是故不爭天下之交,[6] 不養天下之權,[7] 信己之私, 威加於敵,[8] 故其城可拔,[9] 其國可隳.[10] 施無法之賞,[11] 懸無政之令,[12] 犯三軍之衆, 若使一人.[13] 犯之以事, 勿告以言.[14] 犯之以利, 勿告以害.[15] 投之亡地然後存,[16] 陷之死地然後生.[17] 夫衆陷於害, 然後能爲勝敗.[18]

---

1) 不能得地利(불능득지리) 앞의 문장 '시고부지제후지모자(是故不知諸侯之謀者)'부터 여기까지 이어지는 세 문장은 「군쟁」7-3에 나오는 내용과 같음.

2) 四五者不知一(사오자부지일) 『평진본』과 『무경본』에는 '하나를 모른다면'의 '부지일(不知一)'이 '하나도 알지 못한다면'의 '일부지(一不知)'로 되어 있음. 또한, '사오자(四五者)'의 경우 네 개와 다섯 개를 합쳐서 아홉 가지의 '구지(九地)'를 가리킨다고 보는 경우와 앞서 나온 내용 중 네 가지와 다섯 가지로 지칭된 항목 중의 하나라고 보는 경우가 있는데, '부지일(不知一)'의 의미 곧 하나라도 알지 못하면 안 된다는 의미에 중점을 둘 때, '사오자(四五者)'를 아홉 가지로 보든, 네 가지와 다섯 가지로 보든, 언급한 것 중에서 막연한 몇 가지인 너덧 가지로 보든, 또는 빠진 글자가 있다고 보든 의미상의 차이가 없음. 여기서는 '구지(九地)'로 본 조조(曹操)의 견해를 따름.

3) 非霸王之兵也(비패왕지병야) 『죽간본』에 '패왕지병(霸王之兵)'은 '왕패지병(王霸之兵)'으로 되어 있으며, 의미상 차이가 없음. '패왕(霸王)'은 '다른 제후국들을 거느릴 수 있는 패자(覇者)와 왕자(王者)'.

4) 伐大國則其衆不得聚(벌대국즉기중부득취) '권력에 남음이 있으면 적을 분산시킬 수 있음'(杜牧), '대국을 정벌하여 그 무리들을 분산시키면 권력에는 남음이 있게 됨'(梅堯臣), 패왕과 왕자의 군대가 큰 나라를 치면 적의 병력이 다시 모일 수 없다는 해석이 일반적이나, 큰 나라를 중심으로 모여 있던 외부 권력들이 분산되어 다시 원조나 구원 등의 도움을 주지 못하는 것으로 해석할 수도 있음.

5) 威加於敵則其交不得合(위가어적즉기교부득합) '적에게 위엄을 가하면 이웃 나라가 두려워하고, 이웃 나라가 두려워하면 적의 사귐(交)이 (서로) 합할 수 없음'(梅堯臣, 王晳).

6) 是故不爭天下之交(시고부쟁천하지교) '패자(覇者)란 천하의 제후들이 권력을 결성하지 못하게 한다. 천하의 사귐을 끊고 천하의 권력을 탈취하므로 자신의 위엄을 펴고 자신의 이로움을 얻음'(曹操), '사귐과 지원을 다투지 못하게 하면 형세가 외롭고 도와주는 이가 적게 됨'(張預).

7) 不養天下之權(불양천하지권) '권력을 기르지 못하게 하면 사람들이 떠나서 나라가 약해지게 됨'(張預).

8) 信己之私威加於敵(신기지사위가어적) '신(信)은 신(伸)과 같음'(周亨祥), '자신의 사사로움을 펴서 위엄을 적에게 가함'(張預), '자신의 백성과 군사들에게 많은 이로움을 베풀어서(伸) 무기를 적에게 향하게 함'(周亨祥).

9) 故其城可拔(고기성가발) '발(拔)'은 성을 뽑음 곧 성을 정복함.

10) 其國可隳(기국가휴) '휴(隳)'는 '훼(毁)', 곧 무너뜨림.

11) 施無法之賞(시무법지상) 전시에 통상적인 법에 정해지지 않은 상벌을 시행하는 것을 말함, "성을 함락시키고 나라를 무너뜨리고자 할 때에는, 법 밖의 상벌(賞罰)을 걸어두고 명령(政令) 밖의 위엄 있는 명령(威令)을 시행하므로 '통상의 법(常法)'과 '통상의 정령(常政)'을 지키지 않고 '무법(無法)', '무정(無政)'을 말한 것임'(賈林).

12) 懸無政之令(현무정지령) 전시에 통상적인 명령체계에서 행해지지 않던 명령을 특수하게 내리는 것을 말함, '법은 먼저 시행하지 않고 명령은 예고하지 않으며 모두가 어떤 일에 임할 때 그것에 맞는 것(상벌과 명령제도 등)을 정함으로써(臨事立制) 군사들의 마음을 격려함'(張預).

13) 犯三軍之衆若使一人(범삼군지중약사일인) '범(犯)'은 '용(用)'(曹操, 梅堯臣 등), '범(犯)은 용(用)이다, 상벌을 밝혀서 비록 무리를 부리지만 마치 한 사람을 부리듯이 하는 것을 말함'(曹操),

14) 犯之以事勿告以言(범지이사물고이언) '범(犯)'은 '용(用)', '지(之)'는 자신의 군사들, '무릇 쓰길 싸움으로써 하며 모략을 알리지 않음'(梅堯臣), '실정이 새 나가면 모략한 것이 어긋남'(王晳), '모의한 말을 알려주지 않음'(劉寅).

15) 犯之以利勿告以害(범지이리물고이해) '범(犯)'은 '용(用)', '부림에 해로움을 알게 하지 않음(勿使知害)'(曹操), '부림에 이로움을 알게 하고 해로움을 알지 못하게 함'(梅堯臣), '인정(人情)이 이로움을 보면 나아가고 해로움을 알면 피하므로 해로움을 알리지 말아야 함'(張預), 『죽간본』과 『교석』에서는 '……害, 勿告以利'로 되어 있으며, 이는 곧 '해(害)'를 아래 문장에 나오는 '망지(亡地)'와 '사지(死地)'의 의미로 본 것으로 내용이 중첩되므로 여기에서는 취하지 않음.

16) 投之亡地然後存(투지망지연후존) '지(之)'는 병사들, 앞서 계속 강조한 내용으

로 '병사들을 망할 땅에 투입한 뒤에야 사람들 스스로 싸워 생존함을 얻음'(劉寅).

17) 陷之死地然後生(함지사지연후생) '지(之)'는 병사들, 앞서 계속 강조한 내용으로 '병사들을 죽을 땅에 투입한 뒤에야 사람들 스스로 용맹함을 발휘하여 살게 됨을 얻음'(劉寅).

18) 夫衆陷於害然後能爲勝敗(부중함어해연후능위승패) '위승패(爲勝敗)'는 '이기고 지는 것을 결정 내지 주재함을 말함'(周亨祥) 혹은 '승(勝)'을 부사로 취급하여 '승리하여 적을 패퇴시킬 수 있음'(劉寅)의 의미로 해석하기도 함. 앞서 서술된 문맥을 고려할 때 '승(勝)'을 부사로 취급하여 해석하는 것이 타당함.

「구지」11-14: 그러므로 군대의 일을 함은, 적의 뜻에 따라서 순종하듯 가장하여, (병사들을) 모아서 적에게 한 번에 향하여 천 리에 있는 적장을 죽이는 것이다. 이것을 일러 '교묘함이 일을 이룰 수 있다.'고 하는 것이다.

「九地」11-14: 故爲兵之事,[1] 在於順詳敵之意,[2] 并敵一向,[3] 千里殺將. 此謂'巧能成事'者也.[4]

---

1) 故爲兵之事(고위병지사) '위군(爲兵)'은 '군사를 부림', '군대를 출동시킴', '전쟁을 함' 등의 해석이 모두 가능함.

2) 在於順詳敵之意(재어순상적지의) '순상(順詳)'은 순양(順佯) 곧 적에게 순종을 가장하는 것, "양(佯)은 우(愚)이다. 혹 '적이 나아가고자 하면 매복을 설치하고 물러나고, 적이 가고자 하면 열어주고서 공격하는 것'이라고도 말함"(曹操), '무릇 강함을 보이면 약하고, 나아감을 보이면 물러나면서 적의 마음이 경계하지 않도록 하게 한 뒤에 공격하여 격파함을 반드시 함'(陳皥), '겁먹은 척, 약한 척, 혼란한 척, 도망가는 척하며 적군이 가볍게 오게 해서 내 뜻을 얻음'(梅堯臣), "적이 나아가고자 하면 유인하여 나오게 하고, 적이 물러나고자 하면 느슨하게 하여 물러나게 해주어 적의 뜻을 잘 받들고 따르면서 기병(奇)을 매복시켜 그들을 취함,

혹은 '적이 하고자 하는 것이 있으면 마땅히 그 뜻을 따르며 적을 교만하게 하고 머물면서 후에 도모하는 것'이라고도 말함"(張預).

3) 并敵一向(병적일향) '병사들을 모아 적을 향해 나아가면(并兵向敵) 비록 천 리라도 적의 장수를 사로잡을 수 있음(擒)'(曹操, 楊丙安), 여기서는 조조의 주석을 참고하여 '병일향적(并一向敵)'으로 보았고, 유인(劉寅)은 '일향(一向)'을 '전일하게 향함'이라고 해석하였지만 여기서는 적이 교만해지길 기다렸다가 힘을 모아 '단숨에 향해간다 곧 단숨에 공격한다는' 의미로 해석함. 또한 앞의 내용을 이어받아서 '적과 한 방향으로 함께 한다'라는 의미로도 해석하는 경우가 있지만 사건의 흐름상 이러한 해석은 타당하지 않음. 곧 적의 의지대로 따르는 척한 후에, 적을 향해 나아가고, 그 결과 적장을 죽여 승리하는 것으로 사건의 흐름이 이어지게 해석하는 것이 타당할 뿐만 아니라 뒤에 나오는 내용과도 자연스럽게 연결됨.

4) 此謂巧能成事者也(차위교능성사자야) '이것이 일을 이루는 교묘함임(是成事巧者也)'(曹操), "일설에는 '이것이 교묘한 공격으로 일을 이루는 것'이라고 말함"(楊丙安), '처음에 적의 뜻을 따르고 나중에 적장을 죽임은 일을 이루는 교묘함임'(張預).

「구지」11-15: 이 때문에 정령(政令)이 시행되는 날에는, 관문을 폐쇄하고 부절을 꺾어 없애서 적의 사신이 통행하지 못하게 하고, 묘당의 위에서 엄격히 하며 그 일을 다스리게 한다. 적군이 (성문을) 열고 닫을 적엔 반드시 빨리 진입해야 하고, 그들이 아끼는 것을 선취하고 은밀하게 단서를 주어서 (교전을) 기약하고, 먹줄을 실천하길 적(의 상황)을 따라 함으로써, 전쟁의 일을 결정한다. 이 때문에 처음엔 처녀와 같이 하다가 적군이 문을 열어놓으면 이후에 빠져나가려는 토끼와 같이 하여 적이 저항하는 데에 미치지 못하게 한다.

「九地」11-15: 是故政擧之日,[1] 夷關折符,[2] 無通其使,[3] 勵於廊廟之上,[4] 以誅其事.[5] 敵人開闔, 必亟入之,[6] 先其所愛, 微與之期,[7] 踐墨隨敵, 以決戰事.[8] 是故始如處女,[9] 敵人開戶, 後如脫兎,[10] 敵不及拒.[11]

---

1) 是故政擧之日(시고정거지일) '정(政)'은 넓게는 전쟁을 결정하는 정치상의 명령인 '정령(政令)', 작게는 전시상의 정치인 군정(軍政), '정(政)은 군정(軍政), 거(擧)는 실행함, 실시함'(劉寅, 周亨祥).

2) 夷關折符(이관절부) '이(夷)는 멸(滅), 절(折)은 단(斷)'(梅堯臣), 곧 '이관(夷關)'은 관문을 폐쇄함, '절부(折符)'의 '부(符)'는 고대에 대나무, 나무, 동(銅), 옥 등으로 만든 일종의 계약의 신표인 부절(符節), 명령을 전하거나 통신할 때 사용하는 신표(信標), 주로 사자(使者)가 반으로 쪼개어 지니고 있다가 상대방과 맞추어 보고 서로를 확인하는 일종의 증명, '절부(折符)' 곧 신표를 꺾어버렸음은 사자의 왕래를 끊었다는 의미.

3) 無通其使(무통기사) '기사(其使)'는 적국의 사자(使者), 적국의 사신이 통행하는 것을 없애서 내부 정보의 유출을 방지함.

4) 勵於廊廟之上(려어낭묘지상) 『죽간본』에는 '낭묘지상(廊廟之上)'은 '낭상(廊上)으로 되어 있음, '려(勵)는 헤아리길 엄히 함(揣厲)'(杜牧), '반복해서 분석 연구함'(周亨祥), '낭묘(廊廟)'는 조정에서 대사를 관장하는 곳, 곧 묘당(廟堂)을 말함.

5) 以誅其事(이주기사) '주(誅)'는, '치(治)'(曹操), '밀접하게 다스림(密治)'(張預), '책임지고 성공시킴(責成)'(劉寅), '결정함, 모략을 계획함(謀劃)'(周亨祥), 작전 계획에 대한 분석을 엄격히 함.

6) 敵人開闔必亟入之(적인개합필극입지) '적에게 간극(間隙)이 있으면 마땅히 급히 사람을 들임'(曹操), '적들이 (성문을) 혹 열거나 혹 닫아서 출입이 일정하지 않고 물러가고 나아감을 미처 결정짓지 않았으면 마땅히 신속히 들어가야 함'(劉寅).

7) 微與之期(미여지기) '남보다 뒤에 출발하고 남보다 앞서 도달함'(曹操), '미(微)'는 적군 몰래 가서 기다린다는 '잠(潛)' 곧 '적이 아끼고 편리한 곳으로써 기약하길 삼아서 장차 그것을 모략으로 뺏고자 하므로, 몰래(潛) 시기에 맞추어 가서 적이 알지 못하게 함'(杜牧), 반면 '미(微)'를 '무(無)'의 의미로 보고 '적과 교전을 기약하지 않음'(劉寅, 周亨祥)이라고 해석하는 경우도 있으나 타당하지 않음, '미(微)'

는 '은미함', '지(之)'는 단서, '여지(與之)'는 적을 유인하기 위해 우리의 뜻을 노출시키는 단서를 줌, '기(期)'는 적과의 만남, 곧 너무 드러나면 적이 눈치를 챌 수 있으므로 '은미하게 단서를 주고 유인해서 적과의 교전을 기약함'으로 해석할 수 있음.

8) 踐墨隨敵以決戰事(천묵수적이결전사) '법도를 실행하고 밟음이 통상적이지 않음(行踐規矩無常也)'(曹操), '병법을 실천함이 먹줄(繩墨)과 같은 뒤에야 적을 따라서 이기고 짐을 가림(決勝)'(王晳), '문장에 대한 해석은 다양하게 있지만, 여기서는 묵(墨)은 곧 먹줄(繩墨)로 보고 목수가 나무(敵情)에 먹줄을 대는 것(用兵)처럼, 먹줄을 대길 적의 상황에 따라 수시로 대처(隨敵)함으로써 전쟁의 이기고 지는 일을 결정한다는 뜻으로 해석함.

9) 是故始如處女(시고시여처녀) '처녀처럼 약하게 보임'(曹操, 李筌), 곧 적에게 약함을 보여줌.

10) 敵人開戶後如脫兎(적인개호후여탈토) '개호(開戶)'는 적이 경계를 풀고 대비를 늦춤, '탈토(脫兎)'는 신속하게 적의 성으로 진입함, 왕석(王晳)은 '처녀(處女)'는 '적을 따름', '개호(開戶)'는 적이 '우려하지 않음', '탈토(脫兎)'는 '질주함'으로 해석했는데 적절함.

11) 敵不及拒(적불급거) 세차고 신속하게 진입하므로 적이 미처 저항할 수 없는 상황에 이르게 되었음을 말함.

제12장

전쟁의 최후 무기인 화공의 원칙과 방법 — 『화공(火攻)』

「화공(火攻)」에서는 화공의 원칙과 방법에 대해 서술한다. '화공(火攻)'은 불을 사용하여 적을 공격하는 현대적 의미에서 화력전이라 할 수 있다. 화약이 발명되기 전인 손무가 활동하던 춘추시대에 불을 사용한 화공은 가장 강력한 무기를 사용하는 전략 중 하나였고, 그 파괴력이 매우 컸으므로 손무 또한 화공(火攻)은 매우 조심스럽고 신중하게 사용해야 한다고 경계한다. 이 편에서는 화공의 종류, 조건과 사용 방법 등을 간략하게 서술하고, 이에 필요한 천문(天文)과 기상(氣象) 등의 문제를 병법(兵法) 운용에 필요한 매우 중요한 요소로 다룬다. 이 점은 화약을 사용하지 않던 전쟁시대의 군사이론에 매우 진일보한 발전이 있음을 보여준다. 『죽간본』에서는 「화공」을 가장 마지막 편인 결론으로 삼는데, 이는 전쟁에서 '화공'을 사용하는 것은 그만큼 중요한 전략이면서도 그에 비례하여 가장 신중하게 사용해야 하는 것이기 때문이다. 역대 주석가들은 이를 두고, 화공의 사용이 당시 인명과 재산을 가장 해치는 매우 위험한 방법이었기 때문에 저자 또한 화공의 전략을 운용하는 것에는 매우 신중을 기하고 화공의 사용은 부득이한 경우에만 제한해서 사용할 것을 강조하기 위한 것이라고 해석한다.

「화공」12-1: 손자가 말하다. 무릇 화공(火攻)에는 (다음의) 다섯 가지가 있다. 첫째는 적을 불태움이고, 둘째는 적취를 불태움이고, 셋째는 보급품을 불태움이고, 넷째는 창고를 불태움이고, 다섯째는 대열을 불태움이다.

「火攻」12-1: 孫子曰: 凡火攻有五.[1] 一曰火人,[2] 二曰火積,[3] 三曰火輜,[4] 四曰火庫,[5] 五曰火隊.[6]

---

1) 凡火攻有五(범화공유오) 『죽간본』에 '범화공(凡火攻)'이 '범공화(凡攻火)'로 되어 있음.

2) 一曰火人(일왈화인) '인(人)'은 '적(敵)', '적의 군영(營)을 불태워서 적군을 죽임'(李筌), '적의 군영과 목책(營柵)을 불태워서 병사들을 불사름'(杜牧), '적의 진영과 목책과 군사와 병마를 불태움'(周亨祥).

3) 二曰火積(이왈화적) '적(積)'은 쌓아 모아 놓은 '적취(積聚)'(李筌), '적축(積畜)으로 양식(糧食)과 땔나무(薪)와 말이나 소의 먹이인 건초(芻)'(杜牧), '적의 적취해 놓은 것을 불태워서 식량과 꼴을 부족하게 함'(張預).

4) 三曰火輜(삼왈화치) '치(輜)'는 군대의 여러 군수물품인 '치중(輜重)'(李筌), '치중(輜重)이란 군대에 수반되는 의복, 식량, 무기, 의장(儀仗)으로 큰 수레에 싣는 것'(劉寅).

5) 四曰火庫(사왈화고) '고(庫)'는 '부고(府庫)'(張預), '부고(府庫)는 재화와 진귀한 보물을 보관하는 곳, 군대의 장비와 군대의 무기 또한 창고에 거두어 보관함'(劉寅), '수레 속에서 길 위에서 멈추어 있지 않은 것은 치(輜)이고, 성과 군영의 보루(城營壘)에 이미 멈추어 머물러 있는 것(止舍)은 고(庫)라 함'(杜牧).

6) 五曰火隊(오왈화대) '대 · 수 · 추(隊)'는 "『통전』에서는 '추(墜)'로, 『어람』에서는 '추(隊)와 수(燧)'로 되어 있으며 고대에 모두 통용됨"(安丙安), '큰 의장(大杖)과 병기(兵器)를 불사름'(李筌), '군대의 전쟁무기(隊仗)를 불태움으로써 전쟁 도구(兵具)를 탈취함'(梅堯臣), '수(隊)는 길(道), 군량을 나르는 길(糧道)과 보급로(轉運)를 불살라 끊음'(賈林, 何氏), "다섯 번째는 불을 사용하여 적의 대오(隊伍)를

불태워서 적을 혼란에 빠뜨리는 것으로 말미암아 공격하는 것이다. 예컨대 지금 사람들이 화차(火車)와 화전(火箭)의 종류를 사용하여 적의 대오를 불태워 혼란하게 하는 것이 이것이다. …… 장예(張預)가 말하길 '적의 전쟁무기를 불태워 적에게 전쟁도구가 없게 한다.'라고 하였으나, 위의 글에서 이미 '치중(輜重)을 불태운다.'라고 하였으면 전쟁도구(器械) 또한 그 안에 들어있는 것이다. 만약 전쟁무기(隊仗)라고 말한다면 사람들 각자가 손에 쥐고 있는 것인데 어찌 그것을 불태울 수 있겠는가?"(劉寅), '수(隊)는 수(遂)와 통함, 적의 운수 시설을 불태움'(周亨祥), 여기서는 앞서 이미 보급품을 공격하는 내용이 있으므로 '화대(火隊)'를 유인(劉寅)의 관점을 참조하여 길게 늘어선 적의 대열을 끊기 위해서 공격하는 것으로 봄.

「화공」12-2: 불을 실행함에는 반드시 원인이 있어야 하고, 불을 놓는 도구는 반드시 평소에 갖추어 두어야 한다. 불을 냄에는 때(時)가 있고 불을 일으킴에는 날(日)이 있다. 때란 하늘의 건조함이고, 날이란 달이 기수(箕宿)·벽수(壁宿)·익수(翼宿)·진수(軫宿)에 있음이다. 무릇 이 네 별(四宿)은 바람이 일어나는 날짜이다.

「火攻」12-2: 行火必有因,[1] 煙火必素具.[2] 發火有時, 起火有日.[3] 時者, 天之燥也,[4] 日者, 月在箕·壁·翼·軫也.[5] 凡此四宿者,[6] 風起之日也.

---

1) 行火必有因(행화필유인) '간인(姦人)으로 말미암음(因姦人)'(曹操), '모름지기 그 편리함을 얻어야 하며 독자적으로 적을 어지럽게 하지 않음'(陳皥), '바람의 건조함에 말미암아 그것을 불태움'(賈林), '무릇 화공은 모두 자연현상(天時)이 가물어 건조함에 말미암는 것으로, 군영과 막사, 띠 풀과 대나무, 쌓아놓은 건초와 모아놓은 식량, 가까이에 있는 풀이 무성한 곳을 바람으로 태움'(張預), '화공을 실행할 때에는 반드시 일정한 조건을 갖추어야 함, 인(因)은 조건'(周亨祥).

2) 煙火必素具(연화필소구) 『죽간본』에는 '인필소구(因必素具)'로 되어 있음. '연화(煙火)는 불사르는 도구(燒具)임'(曹操). 곧 불을 피우는 도구는 평소(素)에 갖추어 둠.

3) 發火有時起火有日(발화유시기화유일) '망발(妄發)하지 않음'(李筌). 화공을 실시할 때에는 자연현상과 부합된 일정한 천시(天時)가 있어야 하고, 구체적으로 점화할 때에는 합당한 날짜에 맞게 함.

4) 時者天之燥也(시자천지조야) '조(燥)란 가물다는 의미의 한(旱)임'(曹操). '자연현상(天時)이 가물면(旱燥) 불이 쉽게 불태움(火易燃)'(張預).

5) 日者月在箕壁翼軫也(일자월재기벽익진야) 화공을 실행하기 합당한 날(日)은 달(月) 안에 28성좌의 별(28星宿)들 중 기수(箕宿) · 벽수(壁宿) · 익수(翼宿) · 진수(軫宿)의 네 별이 있는 날임. 달과 네 별의 운행이 일치하는 날짜에는 일반적으로 바람이 많음. '『천문지(天文志)』에서는 달이 이 별에 머물면 바람이 많이 일어난다고 함'(李筌). '기(箕)는 동방 창룡(蒼龍) 7수(宿) 중 첫 번째, 벽(壁)은 북방 현무(玄武) 7수(宿) 중 두 번째, 익(翼)과 진(軫)은 남방 주작(朱雀) 7수(宿) 중 두 번째에 해당하는 별임'(周亨祥).

6) 凡此四宿者(범차사수자) '사수(四宿)'는 앞의 기수(箕宿), 벽수(壁宿), 익수(翼宿), 진수(軫宿).

「화공」12-3: 무릇 화공은 반드시 다섯 가지 불의 변화에 말미암아 대응해야 한다. 불이 안에서 일어나면 서둘러 밖에서 대응해야 한다. 불이 일어났는데도 적병이 조용하면 기다리며 공격하지 않는다. 화력을 극도에 이르게 해서 따를 수 있으면 따르고 따를 수 없으면 그친다. 불이 밖에서 일어나게 할 수 있으면 안에서 기다리지 않으며 제때에 불을 일으킨다. 불은 위로 부는 바람에서 놓고 아래로 부는 바람에서는 공격하지 않는다. 낮바람이 오래되면 밤바람은 그치게 된다. 무릇 군대는 반드시 다섯 가지 불의 변화가 있음을 알아서 (자연의) 이치로써 그것을 지킨다.

「火攻」12-3: 凡火攻, 必因五火之變而應之.[1] 火發於內, 則早應之於外.[2] 火發而其兵靜者, 待而勿攻.[3] 極其火力,[4] 可從而從之, 不可從而止.[5] 火可發於外, 無待於內,[6] 以時發之.[7] 火發上風, 無攻下風.[8] 晝風久, 夜風止.[9] 凡軍必知有五火之變, 以數守之.[10]

---

1) 必因五火之變而應之(필인오화지변이응지) '오화(五火)'는 위에 나온 '화인(火人)', '화적(火積)', '화치(火輜)', '화고(火庫)', '화대(火隊)'를, '오화지변(五火之變)'은 각 대상에 따라 공격하는 방법의 변화 내지 차이를 말함, '응지(應之)'는 변화에 적절하게 대응함.

2) 火發於內則早應之於外(화발어내즉조응지어외) '병사로써 대응함(以兵應之也)'(曹操), '불의 기세(勢)를 틈타 대응함'(李筌), '안이 놀라 혼란해진 것 같으면 밖에서 병사들로써 공격함'(梅堯臣).

3) 火發而其兵靜者待而勿攻(화발이기병정자대이물공) 『죽간본』에는 '화발이기병정이물공(火發而其兵靜而勿攻)'으로 되어 있음, '불이 났는데도 놀라지 않으면 적이 평소에 대비함이 있는 것이므로 급히 공격할 수 없으며 모름지기 적의 변화를 기다려야 하는 것임'(杜牧), '놀라 동요하지 않는 것은 반드시 대비가 있는 것임'(梅堯臣).

4) 極其火力(극기화력) 『죽간본』에는 '극기화앙(極其火央)'로 되어 있음, '극(極)'은 사동사, 화력을 극도로 일어나게 함, '극(極)'은 '진(盡)'(杜佑, 張預), 일설에는 '그 화력이 극도로 치솟기를 기다림(待盡其火力)'(劉寅).

5) 可從而從之不可從而止(가종이종지불가종이지) '종(從)'은 '종공(從攻), 곧 불을 따라 공격함'(周亨祥), '보고서 할 수 있으면 나아가고 불리함을 알면 물러남(見可而進知難而退)'(曹操), '적이 혼란하게 변하는 것을 보면 그것을 틈타고 끝내 혼란하게 변하지 않으면 스스로를 다스리며 힘을 비축함'(王晳), '그 화력을 다하여 혼란하게 변하면 공격하고 안정되어 있으면 물러남'(張預).

6) 火可發於外無待於內(화가발어외무대어내) '불을 또한 밖에서 일어나게 할 수 있으면 반드시 안에서 일어나길 기다릴 필요가 없음'(張預).

7) 以時發之(이시발지) '이른바 하늘의 전조함, 달이 네 별에 머물러 있을 때임'(陳

皞), '편리함이 있다면 당연히 때에 맞게 불을 일으켜야 하며, 만약 조금이라도 지체하여 늦는다면 적이 먼저 진영 가까이의 풀 더미를 스스로 불태울 것을 염려함이니, (이렇게 되면) 내가 불을 놓아도 유익함이 없음'(劉寅).

8) 火發上風無攻下風(화발상풍무공하풍) '순조롭지 않음(不便也)'(曹操), '불의 기세가 역으로 불면 순조롭지 않고(不便也) 적이 반드시 죽기로 싸움'(梅堯臣), '그것을 불태우면 반드시 물러나야 하고 물러나면 맞받아 공격하며(逆擊) 반드시 죽기로 싸우므로 순조롭지 않음(不便也)'(張預). 상풍(上風)은 바람이 높게 나는 방향을, 하풍(下風)은 낮게 나는 방향을 일컬음. 곧 화공을 사용할 때는 바람이 높게 나는 쪽을 향해야 하며, 만약 바람이 낮게 나는 방향을 향하면 바람의 방향이 바뀔 가능성이 높으므로 자신의 군대가 불에 탈 수도 있음을 말함. 곧 윗바람이 일 때 화공을 펼치는 것이 타당함.

9) 晝風久夜風止(주풍구야풍지) '이치가 당연함(數當然'(曹操), '무릇 낮바람은 반드시 밤에 그치고 밤바람은 반드시 낮에 그치는 것은 이치가 당연한 것임'(梅堯臣), '낮에 바람이 일면 밤에 그침은 이치가 당연한 것임'(張預), "장분(張賁)은 이르길 '구(久)'자는 옛 '종(从, 從)'자의 잘못이다. 대낮에 바람을 만나 불을 놓았다면 마땅히 병사들로써 적을 쫓고, 밤이 되어 바람이 있어 불을 놓았으면 중지하여 그치고 적을 쫓지 말아야 하니 적에게 복병이 있어 도리어 나를 틈탈까 염려해서이다. 즉, 위의 글에서 '따를 수 있으면 따르고 따를 수 없으면 그쳐야 한다.'는 뜻이다. 만약 '구(久)'자로 보면 매우 의미가 없다"(劉寅), 또한 "『통전』의 두우(杜佑)의 주석에서는, '자연의 법칙이다(常數也). 풍(風)은 양(陽)으로 낮에 바람이 불면 불의 기세가 서로 감응하고(火氣相動) 밤에는 바람이 마친다(卒). 불을 놓고자 하는 것 역시 마땅히 바람의 길고 짧음을 알아야 한다.'라고 함"(楊丙安).

10) 以數守之(이수수지) '수(數)'는 자연의 이치 또는 법칙, 자연의 이치를 잘 파악해서 화공(火攻)을 사용해야 한다는 의미.

「화공」12-4: 그러므로 불로써 공격을 돕는 것을 '밝음(明)'이라 하고, 물로써 공격을 돕는 것을 '강함(强)'이라 한다. 물은 끊을 수는 있지만 탈취할 수는 없다.

「火攻」12-4: 故以火佐攻者明.[1] 以水佐攻者强.[2] 水可以絕, 不可以奪.[3]

---

1) 故以火佐攻者明(고이화좌공자명) '불을 사용하여 공격을 도우면 명백하게(灼然) 이기기 쉬움'(張預), "불을 사용하여 공격을 도우면 불타는 위세가 빛나 밝으므로(炳然) '명(明)'이라 함"(劉寅).

2) 以水佐攻者强(이수좌공자강) '세(勢)의 강함'(梅堯臣), '물은 적의 군대를 분산시킬 수 있으며, 적의 세(勢)가 분산되면 나의 세(勢)는 강해짐'(張預), "물을 사용하여 공격을 도우면 호탕(浩蕩)한 형세가 맞설 수 없기 때문에 '강(强)'이라 함"(劉寅).

3) 水可以絕不可以奪(수가이절불가이탈) '불로 돕는 것은 승리를 취하는 것이 명백하다. 물로 돕는 것은 단지 적의 길(敵道)을 끊을 수 있고 적군을 분산시킬 수 있지만 적의 저축해놓은 것(蓄積)을 탈취할 수 없음'(曹操), '물은 적의 식량 수송로를 끊고 적의 구원을 끊고 적의 도망함을 끊고 적의 공격(衝擊)을 끊을 수 있지만, 물은 험준한 요새와 저축해 놓은 것을 탈취할 수 없음'(杜牧), '물은 적군을 막아 끊어서 앞과 뒤가 서로 미칠 수 없게 하여 한때의 승리를 취할 수 있지만, 불이 적이 저축해 놓은 것을 불태우고 빼앗아서 적을 멸망시킬 수 있는 것만 못함'(張預).

「화공」12-5: 대저 싸워서 승리하고 공격해서 취하였는데도 그 공적을 닦지 않는 자는 흉(凶)하게 되며, (이것을) 명명하여 '쓸 것을 남겨놓음(費留)'이라고 한다. 그러므로 말하길, "현명한 군주는 그것을 헤아리고 훌륭한 장수는 그것을 닦는다."라고 하는데, 이롭지 않으면 움직이지 않고, 얻지 않으면 쓰지 않으며, 위험하지 않으면 싸우지 않는다.

「火攻」12-5: 夫戰勝攻取, 而不修其功者, 凶,[1] 命曰'費留'.[2] 故曰, "明主慮之, 良將修之",[3] 非利不動,[4] 非得不用,[5] 非危不戰.[6]

---

1) 而不修其功者凶(이불수기공자흉) '수(修)'는 '거(擧)'(杜牧), '수거(修擧)'(劉寅), 곧 '수기공(修其功)'은 그 공적을 들추어냄(擧), 그 공적을 들추어내어서 상을 줌, '불수기공(不修其功)'은 그 공적을 들추어내어서 상을 내리지 않는 것을 말함, '그 공적을 들어 상을 주지 않음은 역시 흉함이 있음'(劉寅).

2) 命曰費留(명왈비류) '명(命)'은 명명(命名)함, "마치 물이 머물러 다시 돌아가지 않는 것과 같다. 혹 말하길 '상을 제때에 실행하지 않고 단지 비류(費留)할 뿐'인데 상을 주어 칭찬함은 하루를 넘겨서는 안 된다"(曹操), '비류(費留)'는 '쓰는 것을 아까워함(惜費)'(賈林), '써야 할 것을 아껴 놓음(費耗留滯)'(劉寅).

3) 明主慮之良將修之(명주려지양장수지) '지(之)'는 모두 공적을 들어 상을 내리는 '수기공(修其功)'을 의미함.

4) 非利不動(비리부동) '먼저 군사를 일으키는 이로움을 본 뒤에야 군사를 일으킴'(杜牧), 전쟁은 도덕적 명분이 아닌 이로움을 추구하기 위한 것이라는 손무의 이익본위 전쟁관이 드러남.

5) 非得不用(비득불용) '먼저 적에게 (승리를) 얻을 수 있는가를 본 뒤에 군사를 씀'(杜牧), 손무의 만전주의 전쟁관이 드러남.

6) 非危不戰(비위부전) '어쩔 수 없을 때 군사를 씀'(曹操), '위험함에 이르지 않으면 싸우지 않음'(李筌), 손무의 전쟁신중론의 관점이 드러남.

「화공」12-6: 군주는 화가 난다고 해서 군사를 일으킬 수 없고 장수는 서운하다고 해서 싸울 수 없다. 이익에 부합하면 움직이고 이익에 부합하지 않으면 그친다. 화남은 다시 기뻐질 수 있고 서운함은 다시 기뻐질 수 있지만, 망한 나라는 다시 존재할 수 없고 죽은 자는 다시 살 수 없다. 그러므로 현명한 군주는 그것을 신중히 하고 훌륭한 장수는 그것을 경계하는데, 이것이 국가를 안정시키고 군대를 온존하게 하는 길(道)이다.

「火攻」12-6: 主不可以怒而興師,[1] 將不可以慍而致戰.[2] 合於利而動, 不合於利而止. 怒可以復喜, 慍可以復悅,[3] 亡國不可以復存, 死者不可以復生. 故明君愼之, 良將警之.[4] 此安國全軍之道也.[5]

---

1) 主不可以怒而興師(주불가이노이흥사) '흥사(興師)'는 군사 또는 군대를 일으킴, 개인적인 감정으로 군사를 일으켜서는 안 됨.

2) 將不可以慍而致戰(장불가이온이치전) '치전(致戰)'은 전쟁을 함.

3) 怒可以復喜慍可以復悅(노가이부희온가이부열) '부(復)'는 '다시', '얼굴색에 나타나는 것을 일러 희(喜)라 하고, 마음에서 얻어지는 것을 일러 열(悅)라 함'(張預). '노(怒)'와 '온(慍)', '희(喜)'와 '열(悅)' 등의 감정은 군주와 장수 모두에게 해당되는 호문(互文)임.

4) 故明君愼之良將警之(고명군신지량장경지) '지(之)'는 전쟁, 군주와 장수가 가볍게 군사를 일으켜서 전쟁하는 것을 경계함.

5) 此安國全軍之道也(차안국전군지도야) 전쟁이란 나라를 안정시키고 군사를 온전하게 하는(安國全軍) 중대사임을 다시 한 번 강조함. 즉, 『손자병법』은 첫 편인 「계」의 첫 구절부터 '전쟁이라고 하는 것은 국가의 큰일로서, (군사가) 죽느냐 사느냐 하는 곳이고, (국가가) 보존되느냐 망하느냐 하는 갈림길이므로 살피지 않을 수 없다.'라고 하며 전쟁의 중대성을 각인시키며 시작하는데, 이 구절 또한 첫 구절의 내용과 호응하며 「화공」의 끝을 마무리하고 있음. 이를 두고 『죽간본』에서는 수미(首尾)를 상관시켜 「화공」을 마지막 편에 위치시키고 있음.

제13장

『용간用間』 간첩의 포섭과 활용의 중요성

'용간(用間)'의 '간(間)'은 '간첩' 또는 '적의 빈틈(罅隙)'을, 곧 '용간(用間)'은 간첩의 활용 또는 적의 빈틈을 노리는 전략을 의미한다. 이 편에서는 적정에 대한 정보 획득이 군사를 움직이고 부리는 근본적인 요체임을 강조하며 적의 실정을 알 수 있는 정보의 중요성에 대해서 논한다. 적정에 대한 정보의 획득은 관념적인 미신이나 추측에 의존할 수 없는 문제이며 직접적으로 인간의 활용 곧 간첩을 활용하는 것이 최상의 방책임을 밝히고 있다. 즉, 적정에 대한 정보의 획득은 용병의 요체이자 군사를 일으키는 데 결정적인 단서가 되는 것인 만큼, 정보의 수집과 역정보의 전달을 담당하는 뛰어난 간첩의 포섭과 운용은 군사 전략상 절대적이고 필수적인 조건임을 밝히고 있다. 이 장에서는 다섯 가지 유형의 간첩을 구체적으로 소개하고 그들의 역할에 대해서도 매우 구체적으로 서술하는 가운데, 현명한 군주와 장수만이 뛰어난 지혜(上智)가 있는 자를 자신의 간첩으로 삼을 수 있으며, 훌륭한 간첩을 두는 것이 반드시 전쟁을 승리로 이끄는 큰 공을 이룰 수 있는 토대가 됨을 강조한다. 현대 정치학과 군사학에서도 정보전은 매우 비중 있게 다루어지는 중요한 전략의 하나라는 점에서, 춘추시대에 활동한 손무의 정보와 역정보에 대한 언급은 현재에도 매우 유효한 의미를 지닌다.

「용간」13-1: 손자가 말하다. 무릇 군사 10만을 일으켜서 출병하길 1천 리이면, 백성의 비용과 국가의 지출이 하루에 천금(千金)을 쓰며, 안과 밖이 어수선하게 움직이고 도로에서 고달파서 일을 잡지 못하는 자가 70만 가호이다. 서로 지키길 몇 년간 하며 하루의 승리를 다투면서도 작위와 녹봉과 백금을 아껴 적의 실정을 알지 못하는 자는 어질지 못함이 지극한 것으로, 사람들의 장수가 아니며 군주의 보좌가 아니며 승리의 주인이 아니다. 그러므로 밝은 군주와 현명한 장수가 움직여서 적에게 이기고 이룬 공로가 다른 많은 사람들보다 뛰어난 이유는, 먼저 알기 때문이다. 먼저 안다는 것은 귀신에게서 취할 수 없고, (지나간) 일에서 형상화할 수 없고, 도수(度數)에서 검증할 수 없으며, 반드시 사람에게서 취해서 적의 실정을 아는 것이다.

「用間」13-1: 孫子曰: 凡興師十萬, 出兵千里, 百姓之費, 公家之奉,[1] 日費千金,[2] 內外騷動,[3] 怠於道路,[4] 不得操事者,[5] 七十萬家.[6] 相守數年,[7] 以爭一日之勝, 而愛爵祿百金,[8] 不知敵之情者,[9] 不仁之至也,[10] 非人之將也,[11] 非主之佐也,[12] 非勝之主也. 故明君賢將, 所以動而勝人, 成功出於衆者,[13] 先知也. 先知者, 不可取於鬼神,[14] 不可象於事,[15] 不可驗於度.[16] 必取於人, 知敵之情者也.[17]

---

1) 公家之奉(공가지봉) '봉(奉)'은 씀씀이 곧 지출. '공가지봉(公家之奉)'은 앞의 '백성의 비용(百姓之費)'과 대비되는 '국가의 비용 내지 지출'.

2) 日費千金(일비천금) '천금(千金)'과 아래에 나오는 '백금(百金)'은 매우 많은 돈을 의미.

3) 內外騷動(내외소동) '공(公) · 사(私)가 번잡하게 일함(煩役)'(梅堯臣).

4) 怠於道路(태어도로) '태(怠)'는 일을 돕느라 몹시 피곤하고 고달픔.

5) 不得操事者(부득조사자) '조사(操事)'는 본업에 종사함.

6) 七十萬家(칠십만가) '옛날에는 여덟 가구가 공동으로 연대하여(鄰) 한 집이 종군(從軍)하면 (나머지) 일곱 가구가 뒷바라지함, 10만의 군사가 일어나면 경작하는 70만 가구가 일을 할 수 없었음을 말함'(曹操), 곧 옛날 정전(井田)제도에서는 9백 묘(畝)를 8가구가 나누어 각 1백 묘씩을 개인 몫으로 경작하고 나머지 1백 묘(畝)는 공동 경작하여 국가에 세금으로 바쳤으며, 또한 한 가구에서 징집자가 발생하면 나머지 일곱 가구가 징집이 발생한 한 집을 도와야 했으므로 더욱 피곤해질 수밖에 없었음.

7) 相守數年(상수수년) '상수(相守)'는 '상지(相持)'(張預), 곧 상대방과 서로 양보하지 않고 대치하고 있는 상황.

8) 而愛爵祿百金(이애작녹백금) '애(愛)'는 '아낄 석(惜)'(李筌, 梅堯臣), '인색함'(周亨祥), '작록(爵祿)'은 작위와 봉록(녹봉).

9) 不知敵之情者(부지적지정자) '적지정(敵之情)'은 적의 실정, 곧 벼슬과 재물 등을 쓰는 데 인색하여 적에 대한 정보를 알지 못하는 자.

10) 不仁之至也(불인지지야) '인(仁)'은 유가적 의미의 도덕적 소양을 말하는 것이 아닌 전쟁을 빨리 끝내서 백성을 쉬도록 할 수 있는 정치능력 내지 군사적 소양을 말함.

11) 非人之將也(비인지장야) 『죽간본』에 '인(人)'은 '민(民)'으로 되어 있음.

12) 非主之佐也(비주지좌야) "'비인지좌(非仁之佐)'로 된 판본도 있으며, 매요신(梅堯臣)은 말하길 '인(仁)으로 나라를 보좌하는 자가 아니다'라고 함"(楊丙安).

13) 成功出於衆者(성공출어중자) '출(出)'은 출중하게 뛰어나다는 의미의 '초절(超絕)'(張預), '초연출(超然出)'(劉寅), '중(衆)'은 보통의 무리.

14) 不可取於鬼神(불가취어귀신) '귀신 형상과 같은 종류(鬼神象類)에서 취할 수 없음'(李筌), '보아도 보이지 않고 들어도 들리지 않으므로 빌고 제사지내어(禱祀) 취할 수 없음'(張預), 곧 적의 실정을 먼저 아는 일을 무축(巫祝)과 같은 것에 의거할 수 없음.

15) 不可象於事(불가상어사) '상(象)'은 일을 비교한다는 의미의 '유비(類比)', '기도하고 제사지내며 구할 수 없음은 또한 일을 비교함으로써 구할 수 없음임'(曹操), '상(象)은 류(類), 다른 일들을 비교하여 구할 수 없음을 말함'(杜牧), '지나간 일로써 비교함(以往事類比)'(周亨祥), 즉, '상어사(象於事)'는 이미 지나간 비

슷한 일들을 서로 비교 유추하며 형상화, 곧 그려본다는 의미임, 곧 적의 실정을 먼저 아는 일을 점보는 복서(卜筮)와 같은 것에 의거할 수 없음.

16) 不可驗於度(불가험어도) '역법(曆法)으로 일삼을 수 없음(不可以事數度也)'(曹操), '도(度)는 수(數)임'(李筌), '도수(度數)로 징험할 수 없음'(梅堯臣), '도(度)'는 '역수(歷數), 운수(運數), 기수(氣數) 등과 같은 도수(度數)를 말함'(周亨祥), 곧 적의 실정을 먼저 아는 일을 역법과 같은 것에 의존할 수 없음. 이상 미신이나 점복, 역법 등에 의존에서 적의 실정을 먼저 파악할 수 없다는 세 구절에는 모두 미신을 부정하는 유물론적 사고가 엿보임.

17) 必取於人知敵之情者也(필취어인지적지정자야) '사람에 말미암음'(曹操), '오직 적의 실정은 반드시 간자(間者)를 통한 뒤에 알아야 함'(梅堯臣), 오직 『죽간본』에만 '필취어인지자(必取於人知者)'로 되어 있음.

「용간」13-2: 그러므로 간첩을 이용함에는 다섯 가지가 있는데, 인간(因間)이 있고, 내간(內間)이 있고, 반간(反間)이 있고, 사간(死間)이 있고, 생간(生間)이 있다. 다섯 가지 간첩이 함께 일어남에는 (누구도) 그 방법(道)을 알지 못하는데, 이것을 신묘한 기강(神紀)이라 이르며 군주의 보배이다. 인간(因間)이란 것은 그 고향 사람을 이용함이며, 내간(內間)이란 것은 적의 벼슬한 사람을 이용함이며, 반간(反間)이란 것은 적의 간첩을 이용함이며, 사간(死間)이란 것은 밖에서 속이는 일을 만들어 나의 간첩이 그것을 알게 해서 적에게 전달함이며, 생간(生間)이란 것은 돌아와 보고함이다.

「用間」13-2: 故用間有五, 有因間,[1] 有內間, 有反間, 有死間, 有生間.[2] 五間俱起,[3] 莫知其道,[4] 是謂神紀,[5] 人君之寶也. 因間者, 因其鄕人而用之.[6] 內間者, 因其官人而用之.[7] 反間者, 因其敵間而用之.[8] 死間者, 爲誑事於外,[9] 令吾間知之, 而傳於敵.[10] 生間者, 反報也.[11]

1) 有因間(유인간) '인간(因間)'은 마땅히 향간(鄕間)이 되어야 함'(張預, 賈林).

2) 有生間(유생간) 인간(因間), 내간(內間), 반간(反間), 사간(死間)을 비롯하여 생간(生間)은 다섯 가지 유형에 해당하는 간첩의 명칭을 말함.

3) 五間俱起(오간구기) '동시에 다섯 가지 (유형의) 간첩을 임용함'(曹操), '다섯 가지 간첩을 순환하여 사용함'(劉寅), 다섯 가지 간첩을 함께 적정을 알아보기 위해 기용함 또는 파견함.

4) 莫知其道(막지기도) '기도(其道)'는 간첩을 이용하는 방법 내지 이치.

5) 是謂神紀(시위신기) "다섯 가지 간첩을 함께 이용함으로써 적을 살피지만 누구도 내가 간첩을 사용하는 방법을 알지 못하는데, 이를 일러 '신묘한 기강(神妙之紀綱)'이라 말함"(梅堯臣), '기(紀)는 이치(理), 적이 내가 무슨 방법을 사용하는지 알지 못함이 마치 신묘한 이치에 통하는 것(如通神理)과 같음'(賈林).

6) 因間者因其鄕人而用之(인간자인기향인이용지) '기(其)'는 적국, '적이 고향인 나라의 사람을 이용하여 그를 후하게 대접하고 위무하여 간첩으로 삼아 이용하는 것'(杜牧), 곧 적국의 사람이 그 나라의 사정을 바닥까지 제일 잘 알므로 대우를 잘해주고 어루만져 주면서 간첩(因間)으로 이용하는 것.

7) 內間者因其官人而用之(내간자인기관인이용지) '기(其)'는 적국, '적국의 사람으로 실직한 관리'(李筌), '적의 관리란, 어질지만 관직을 잃은 자가 있고, 잘못을 저질러서 형벌을 받은 자가 있고, 총애를 받으면서도 재물을 탐하는 자가 있고, (자신을) 굽혀서 낮은 지위에 있는 자가 있고, 책임을 맡으며 쓰이지 못하는 자가 있고, (적국이) 패망함으로써 자기의 재능을 펴길 구하고자 하는 자가 있고, 반복하여 속이면서 항상 양 극단의 마음을 지닌 자가 있는데, 이와 같은 관리는 모두 몰래 통하여 안부를 물으며 뇌물을 선사하고(潛通問遺) 금과 비단을 후사하여 결탁해서, 그 나라 안 사정을 구하고 그들이 나를 도모하는 일을 살피며, 반복해서 그 군주와 신하의 틈을 생기게 하여 서로 다시 뜻이 맞지 않게 하여야 함'(杜牧).

8) 反間者因其敵間而用之(반간자인기적간이용지) '용지(用之)'는 적의 간첩을 이용함, '적의 간첩으로 와 있으면서 나를 엿보면 나는 반드시 그것을 먼저 알고 혹은 후한 뇌물을 주어 그를 유인하여 반대로 내가 이용하거나, 혹 거짓으로 알지 못하는 척하며 거짓으로 정을 주어서 따르게 한다면 적군의 간첩이 반대로 나를 위해 쓰이게 됨'(杜牧).

9) 死間者爲誑事於外(사간자위광사어외) '광(誑)'은 속인다는 의미의 '사(詐)'(杜牧), '광사(誑事)'는 거짓으로 간첩을 속이기 위해 꾸민 일.

10) 令吾間知之而傳於敵(령오간지지이전어적) '령(令)'은 사역, '지(之)'는 적을 속이기 위해 거짓으로 밖에서 꾸민 일, '거짓을 적에게 알려 일이 어그러지면(乖) 반드시 살해됨'(梅堯臣), '사간(死間)이란 거짓으로 허구의 속이는 일을 밖에서 만들어 나의 간첩에게 그것을 알게 해서 적의 간첩에게 전달하여 누설하게 하는 것임'(劉寅), 예컨대 그들의 현명하고 능력 있는 사람을 제거하고자 한다면 그에 관한 거짓된 일을 꾸며 자신의 간첩에게 알려 적에게 누설함으로써 그들 스스로 자신의 인재를 죽이게 하는 것 등을 하나의 사례로 들 수 있으며, 이 경우 사실이 밝혀지면 자신의 간첩과 그에게 거짓 정보를 받은 적국의 사람이 모두 죽게 될 수 있음, 비단 이뿐만 아니라 현대의 역정보전에 가까운 것으로 사간(死間)은 일부러 비밀을 누설하여 적을 말려들게 하는 일을 담당하는 간첩을 모두 지칭함.

11) 生間者反報也(생간자반보야) '왕래하는 사자임(使)'(李筌), '지혜롭고 능력이 있는 인물(士)을 선발하여 적정(敵情)을 가서 보고 돌아와 나에게 알리는 것'(張預), 곧 사신 등과 같은 임무를 띠고 적의 진영에 직접 들어가서 동향을 관찰한 뒤 돌아서 보고하는 것.

「용간」13-3: 그러므로 삼군(三軍)의 일은 간첩보다 친함이 없고, 상은 간첩보다 후함이 없고, 일은 간첩보다 은밀함이 없다. 성스럽고 지혜롭지 않으면 간첩을 쓸 수 없으며, 어질고 의롭지 않으면 간첩을 부릴 수 없으며, 섬세하고 오묘하지 않으면 간첩의 실질을 얻을 수 없다. 미묘하고도 미묘하므로 간첩을 쓰지 않는 곳이 없도다!

「用間」13-3: 故三軍之事, 莫親於間,[1] 賞莫厚於間,[2] 事莫密於間.[3] 非聖智不能用間,[4] 非仁義不能使間,[5] 非微妙不能得間之實.[6] 微哉微哉, 無所不用間也![7]

1) 故三軍之事莫親於間(고삼군지사막친어간) 『죽간본』에는 '삼군지사(三軍之事)'는 '삼군지친(三軍之親)'으로 되어 있어서 뒤의 '친(親)'과 겹쳐 중복됨. 이 문장은 '삼군지친(三軍之親), 사막친어간(事莫親於間)'이 되어야 아래 문맥과 고르게 균형 잡힘. '만약 친하게 위무하고 녹봉과 상을 무겁게 하지 않는다면, 도리어 적에게 쓰이게 되어 나의 실정의 사실적 내막(情實)을 (적에게) 누설함'(杜牧).

2) 賞莫厚於間(상막후어간) '무거운 상으로 그를 칭찬함으로써 그 쓰임을 의지함(賴)'(杜牧), '군공(軍功)의 상이 이보다 후한 것 없음'(王晳).

3) 事莫密於間(사막밀어간) '밀(密)은 어떤 경우 꼼꼼하게 자세히 살핀다는 의미의 심(審)으로도 봄'(杜牧), '간첩의 일이 은밀하지 못하면 자기에게 해가 됨'(杜佑). 이상 이 문단의 세 구절은 모두 간첩의 소중함을 강조한 내용임.

4) 非聖智不能用間(비성지불능용간) '먼저 간자의 성품을 헤아려서 성실하고 지혜가 많은 뒤에야 그를 사용함'(杜牧), '성(聖)은 통하지 않는 것이 없음이고, 지(智)는 생각하고 사려하는 것이 깊고 원대함'(劉寅).

5) 非仁義不能使間(비인의불능사간) '위무하길 어짊으로써 하고 보이길 의로움으로써 해야 부릴 수 있음'(梅堯臣), '인(仁)은 은혜로움을 위주(主)로 하므로 은혜로움으로써 간사(間使)의 마음을 결탁하고, 의(義)는 결단함을 위주(主)로 하므로 결단함으로써 자기의 의혹됨을 결단하여 피차가 의혹하지 않은 뒤에야 만 번을 죽을 땅에 들고나면서 적의 실정을 탐지(探知)할 수 있음'(劉寅). 이 구절은 역대 주석가들이 인의(仁義)를 유가의 도덕적 관점에서 해석하였으나, 앞서 나온 문장들의 내용에 비추어 볼 때, '인(仁)'은 간첩을 두텁게 대우하는 것, '의(義)'는 서로 믿고 일을 결단력 있게 실행하는 것으로 보는 것이 타당함.

6) 非微妙不能得間之實(비미묘불능득간지실) '간첩이 이롭고 해로움을 와서 보고하면 모름지기 마음을 씀이 깊고 정미하고 미묘해야 그 진위(眞僞)를 살필 수 있음'(張預), '간첩 중에 또한 적의 재화(財貨)를 탐내어서 적의 실정을 (제대로) 알지 못하고 단지 장차 헛된 말로 나에게 달려오는(달려와서 보고하는) 자가 있음'(劉寅). 곧 섬세하고 오묘한 능력을 지닌 자만이 간첩의 실질 내지 간첩이 보고하는 내용의 진위를 가릴 수 있음.

7) 微哉微哉無所不用間也(미재미재무소불용간야) '미재미재(微哉微哉)'는 감탄사를 중첩시켜서 감탄의 의미를 더욱 강조함. '매사에 모름지기 먼저 앎을 말한 것

임'(杜牧), '미묘하고 미묘한데 어찌 알지 못하는 것이 있겠는가?'(梅堯臣), 곧 먼저 적의 실정을 아는 것(先知)의 중요성을 거듭 강조함.

「용간」13-4: 간첩의 일이 미처 드러나기 전에 먼저 들은 자는, 간첩과 알려준 자가 모두 죽는다. 무릇 치고자 하는 군대나 공격하고자 하는 성이나 죽이고자 하는 사람은, 반드시 그 (성을) 지키는 장수, 좌우(의 측근), 빈객을 담당하는 자, 문지기, 집사의 성명을 먼저 알아서 나의 간첩에게 반드시 그를 찾아서 알아내도록 한다. 반드시 적의 간첩이 나에게 와서 첩자노릇을 하는 자를 찾아서, 이익을 주어서 유도하고 그를 머물게 하므로 반간(反間)을 얻어서 이용할 수 있다. 이로 인해서 적의 실정(之)을 알게 되므로 향간(鄕間)과 내간(內間)을 얻어서 이용할 수 있다. 이로 인해서 알게 되므로 사간(死間)이 속는 일을 만들어서 적에게 알릴 수 있게 한다. 이로 인해서 알게 되므로 생간(生間의 보고)을 예정대로 기약하게 할 수 있게 한다. 다섯 가지 간첩의 일은 군주라면 반드시 알아야 하며, 그것을 앎에는 반드시 반간(反間)에게 달려 있으므로 반간(反間)은 두터이 (대우)하지 않을 수 없다.

「用間」13-4: 間事未發而先聞者,[1] 間與所告者皆死.[2] 凡軍之所欲擊,[3] 城之所欲攻, 人之所欲殺, 必先知其守將 · 左右 · 謁者 · 門者 · 舍人之姓名,[4] 令吾間必索知之.[5] 必索敵人之間, 來間我者,[6] 因而利之, 導而舍之,[7] 故反間可得而用也. 因是而知之,[8] 故鄕間 · 內間可得而使也.[9] 因是而知之, 故死間爲誑事, 可使告敵.[10] 因是而知之, 故生間可使如期.[11] 五間之事, 主必知之, 知之必在於反間,[12] 故反間不可不厚也.

1) 間事未發而先聞者(간사미발이선문자) '간사(間事)'는 간첩의 일, 곧 간첩의 정보에 의거한 일, '미발(未發)'은 아직 실행되지 않음, 즉, 간첩의 정보에 의거에 일을 모의하고 아직 실행에 옮기지 않은 상태를 말함.

2) 間與所告者皆死(간여소고자개사) '간(間)'이 '문(聞)'자로 된 판본을 따른 경우(『직해』)도 있음, 이때 '문(聞)'은 간첩에게서 정보를 들은 자의 의미가 되고, 알린 자는 당연히 간첩이 됨, 『십일가주』와 『무경본』에 의거해서 '간(間)'으로 보면 앞 문장의 먼저 들은 자가 있다는 것은 곧 간첩이 정보를 누설했기 때문으로 간첩과 간첩에게 정보를 듣고 알린 자가 모두 처형된다는 뜻이 됨.

3) 軍之所欲擊(군지소욕격) 군대 중에서도 (자신이) 공격하고자 하는 것(적의 군대).

4) 必先知其守將左右謁者門者舍人之姓名(필선지기수장좌우알자문자사인지성명) '수장(守將)'은 공격하고자 하는 적군의 장수, '좌우(左右)는 좌우의 일을 맡겨 부리는 사람, 알자(謁者)는 손님(賓客)을 맡아 담당하는 관원(官), 문자(門者)는 문을 맡아 담당하는 관리(吏), 사인(舍人)은 숙사를 지키는 사람'(劉寅).

5) 令吾間必索知之(령오간필색지지) '오간(吾間)'내가 부리는 간첩, '지(之)'는 앞에서 거론한 성을 지키는 장수부터 숙사를 지키는 사람까지 모두 가리킴.

6) 來間我者(내간아자) '간(間)'은 동사로 비밀리에 엿보다, 또는 살핀다는 의미.

7) 因而利之導而舍之(인이리지도이사지) '사(舍)는 머무르게 함(居止)'(曹操, 杜佑), '지(之)'는 적국의 간첩, 그에게 이익을 주는 것에 말미암아서(因), 그를 유도하여 (자신의 곁에) 머물게 함, '혹 유도하여 떠나보내서(引導舍去) 나의 반간(反間)이 되게 하는 것이라고도 말함'(劉寅).

8) 因是而知之(인시이지지) '시(是)'는 앞 문장의 내용, 곧 적의 간첩을 후하게 대접하며 오래 머물게 하면서 많이 논의하는 것에 말미암아서 적국의 실정에 대해 앎.

9) 故鄕間內間可得而使也(고향간내간가득이사야) 앞의 반간(反間)으로 삼음으로써 그를 통해 다시 적국의 고향 사람을 향간(鄕間)으로, 벼슬살이 한 사람들을 내간(內間)으로 포섭하여 부림.

10) 故死間爲誑事可使告敵(고사간위광사가사고적) 반간(反間)을 통해 속일 수 있는 일(誑事)을 만들어서 사간(死間)에게 적국에 가서 고하게 함.

11) 故生間可使如期(고생간가사여기) '여기(如期)'는 예정대로 기약할 수 있다는 의미, 곧 적의 실정을 잘 아는 반간(反間)의 도움으로 인해, 생간(生間) 또한 적국을 오가면서 예정대로 적정에 대해 돌아와 보고하는 일을 기약하게 할 수 있다는 의미.

12) 知之必在於反間(지지필재어반간) '지지(知之)'는 군주가 간첩을 활용하는 일, '필재어(必在於)'는 '반드시 ~에게서 달려 있음' 곧, 반간(反間)을 제외한 네 가지 간첩의 일이 반드시 반간(反間)에게 달려있으므로, 군주라면 반드시 그를 후대해서 간첩으로 이용해야 함을 알아야 한다는 의미.

「용간」13-5: 옛날 은(殷)나라가 흥할 적에 이지(伊摯)는 하(夏)나라에 있었고, 주(周)나라가 흥할 적에 여아(呂牙)는 은(殷)나라에 있었다. 그러므로 오직 밝은 군주와 현명한 장수만이 뛰어난 지혜(上智)가 있는 자로 간첩을 삼을 수 있는 것이며 반드시 큰 공을 이룬다. 이것이 병법의 요체이며 삼군이 믿고 움직이는 것이다.

「用間」13-5: 昔殷之興也, 伊摯在夏,[1] 周之興也, 呂牙在殷.[2] 故惟明君賢將, 能以上智爲間者,[3] 必成大功. 此兵之要,[4] 三軍之所恃而動也.[5]

---

1) 伊摯在夏(이지재하) 이지(伊摯)는 이윤(伊尹)을 말함. 『사기』에 의하면, 이윤은 스스로 탕(湯)의 인품에 이끌려 그의 신하가 되기를 바랐으나 좀처럼 기회가 없다가 유신씨(有莘氏)의 딸이 은나라 탕과 결혼할 때 그녀의 잉신(媵臣)이 되어 주방일을 맡아 담당하다가 차츰 탕에게 인정을 받아 재상의 지위에 오른 인물로, 하(夏)의 걸왕(桀王)을 토벌하는 데 공헌하였다고 전해짐. 탕왕을 뒤이은 외병 · 중임 두 왕에게서도 벼슬을 했으며, 중임이 죽고 난 뒤에 왕위에 오른 태갑의 재상까지 지낸 인물, 곧 간첩의 인재를 알아볼 수 있는 군주의 현명함이 필요하다는 의미.

2) 呂牙在殷(여아재은) '여아(呂牙)는 태공(太公)을 말함'(曹操). 여아(呂牙)는 이름이 강상(姜尙)으로 주(周)나라 문왕(文王)이 은(殷)나라에 낚시하던 그를 발탁하여 등용하였고 후일 은(殷)나라를 격파하는 공로를 세운 인물, 일명 강태공(姜太公)을 말함.

3) 能以上智爲間者(능이상지위간자) '이(以)~ 위(爲)~'는 '~로써 ~을 삼음', '상지(上智)'는 뛰어난 지혜가 있는 자.

4) 此兵之要(차병지요) '차(此)'는 간첩을 이용하는 것, '병지요(兵之要)'는 병법의 요체, 곧 군사(軍事)의 요점.

5) 三軍之所恃而動也(삼군지소시이동야) 적의 실정을 알지 못하면 군사를 출동시킬 수 없음으로 간첩이 파악한 적정에 대한 정보는 군대가 믿고 움직이는(恃而動) 절대적 근거가 됨.

고전의 향기 ❹
손자병법 정독

초판 발행 2017년 03월 20일

역 주 | 김예호
발 행 인 | 신재석
발 행 처 | (주)삼양미디어
등록번호 | 제 10-2285호
주 소 | 서울시 마포구 양화로 6길 9-28
전 화 | 02 335 3030
팩 스 | 02 335 2070
홈페이지 | **www.samyangm.com**

ISBN | 978-89-5897-326-3 (03390)

* 이 책은 저작권법에 따라 보호받는 저작물이므로 무단전재와 복제를 금합니다.
* 이 책의 전부 또는 일부를 이용하려면 반드시 (주)삼양미디어의 동의를 받아야 합니다.
* 잘못된 책은 구입하신 서점에서 바꾸어 드립니다.